普通高等教育农业农村部“十四五”规划教材
普通高等教育农业农村部“十三五”规划教材
全国高等农林院校“十三五”规划教材

生物化学实验
技术原理和方法

第三版

张杰道　齐盛东　主编

中国农业出版社
北　京

内容简介

本书是为生物化学理论学习编写的配套实验教材。内容分为生物化学实验技术原理（上篇）、生物化学实验方法（下篇）和附录三部分。上篇介绍生物化学实验技术的基本原理，包括生物化学实验样品制备技术、电泳技术、离心技术、层析技术、光谱分析技术、标记分析技术和其他分离纯化技术，共7章。下篇提供了常用的生物化学实验方法，包括糖类化学、脂类化学、蛋白质化学、核酸化学、酶化学、维生素、新陈代谢、免疫化学50个实验项目和2个综合实验项目。附录介绍了生物化学实验室规则、安全及防护知识，常用仪器的使用方法，常用缓冲液的配制和酸碱指示剂等内容。

该教材所选的实验方法均为编者多年来在教学和科研中反复验证过的比较成熟的实验方法，可供高等院校农业和生命科学领域等各类相关专业的本科生实验课程选择使用，也可以为研究生的科研提供帮助。

第三版编审人员名单

主　编　张杰道　齐盛东

副主编　高　峥　郗冬梅

参　编　（按姓名拼音排序）

白吉刚　盖英萍　郭恒俊　黄金光　姜兆玉

李海芳　李新征　刘红梅　苏英华　孙庆华

田　明　王　琛　吴长艾　许瑞瑞　颜　康

杨国栋　袁学军　张世忠　张数鑫　赵　强

朱春原

审　稿　李　菡　郭兴启　王晓云

第二版编审人员名单

主　编　李　菡　郭兴启

副主编　张杰道　高　峥

参　编　（按姓名拼音排序）

白吉刚　曹学成　盖英萍　高　杨　郭恒俊
黄金光　李海芳　李新征　刘红梅　聂永新
苏英华　孙庆华　许瑞瑞　杨国栋　袁学军
赵　强　赵亚华　朱春原

审　稿　王晓云　吴长艾

第一版编审人员名单

主　编　王宪泽

副主编　冯　炘　王保莉

参　编（按姓名拼音排序）

陈　鹏　盖英萍　郭恒俊　韩洪岩　李　菡
李新征　王晓云　杨景芝

审　稿　孙存孝　文树基

第三版前言

本教材修订秉持以学生为中心的实验教学理念，在传授实验理论知识、培养实验技能的同时传承科学精神。第三版在保留前两版特色的基础上，对第二版内容做了以下修改：

1. 对上篇实验技术原理部分内容进行了修订和较大补充：对“生物化学实验样品制备技术”“离心技术”和“光谱分析技术”三章的内容进行部分修订，对“电泳技术”和“层析技术”两章的结构和内容进行了较大修改和补充。将第二版中的“核技术在生物科学中的应用”和“免疫化学技术”两章改为“同位素标记”和“免疫标记”两节内容，合并到本版教材的第六章“标记分析技术”中，还补充了“发光标记”“酶标记”和“胶体金标记”三节内容。此外，补充了第二版教材没有涉及的沉淀、滤分、萃取、浓缩和干燥等技术的原理，作为本版教材第七章“其他分离纯化技术”的内容。

2. 对下篇实验方法进行删减和补充：在“蛋白质化学”一章中，删除了实验16中应用较少的“双缩脲法”（方法二）和“紫外吸收法”（方法五）以及实验19“小麦高分子质量麦谷蛋白亚基的聚丙烯酰凝胶电泳”。在“酶化学”一章中增加了新实验“质粒DNA的限制性酶切鉴定”。增设了一章“综合实验”（第十六章），包含核酸和蛋白质两个大综合实验，培养学生对所学知识的综合运用能力和创新实践能力。

本教材的编者由山东农业大学（张杰道、齐盛东、高峥、白吉刚、盖英萍、郭恒俊、黄金光、李海芳、李新征、刘红梅、苏英华、孙庆华、田明、王琛、吴长艾、颜康、杨国栋、袁学军、张世忠、张数鑫、朱春原）、临沂大学（郗冬梅、姜兆玉）、潍坊学院（许瑞瑞）、济宁学院（赵强）4所院校的一线教师组成，教学经验丰富。编写本教材，旨在帮助学生掌握生物化学和分子生物学常用的技术原理和方法，提高学生的实验技能。既可以配合理论教学使用，也可以满足实验课独立设课的需求。

由于作者水平有限，难免会有不足之处，敬请读者批评指正。

编　者

2021年12月

第三版前言

第一版前言

生物化学实验技术的发展，使生物化学的理论研究和实际应用得到了快速发展，不仅进一步大大推动了生命科学研究的迅猛发展，同时为工业、农业、食品、医药、环保等科学的发展提供了重要的理论基础和实验手段。因此，生物化学实验技术是推动生物化学及其他相关学科发展的重要工具，成为生物科学工作者必须掌握的知识与技能。

本教材是为配合生物化学基础理论课学习而编写的一本实验课教材。全书分为两篇，第一篇为实验技术原理，包括生物化学实验样品制备技术、离心技术、层析技术、电泳技术、分光光度法、酶的分离纯化及活力测定、放射性同位素技术和免疫化学技术；第二篇为实验方法部分，共选编了51个实验项目，内容包括糖类化学、脂类化学、蛋白质化学、核酸化学、酶化学、维生素、新陈代谢和免疫化学等。本教材所选的实验均系编者所在单位多年来在教学和科研中反复验证的比较成熟的实验方法，大多数实验项目可在2～3学时内完成，使用者可根据专业性质和教学条件选择适当的内容。

本教材与以往农业院校生物化学实验教材相比，突出了以下几点：

（1）本教材分为实验技术原理和实验方法两部分，理论部分比较系统地介绍了生物化学研究基本技术的原理及其最新进展，以加强学生对实验技术操作的宏观理解；实验方法部分详细具体，便于操作。

（2）鉴于目前大多数院校的实验设备条件已有较大更新，因此实验方法部分删掉了个别陈旧实验，增添了一些现代实验分析技术。

（3）为了使学生毕业后还能以本教材作为实验操作指导书，因此某些项目同时列出几种不同的方法，便于在不同条件下，对不同的研究材料选择使用。

（4）本着面向21世纪课程体系改革精神，为了与生物化学基础理论教材配套，将动物生物化学实验与植物生物化学实验合并，实验材料与内容覆盖动物、植物、微生物三大类别。

本教材初稿完成后由西北农林科技大学文树基教授和山东农业大学孙存孝教授详细审阅，提出了详尽的修改方案和具体意见，值此本教材出版之际，谨表示衷心的感谢。

由于编写时间比较仓促，加之水平有限，不足及错误之处在所难免，竭诚希望读者不吝赐教。

编　者

2002年6月

第二版前言

《生物化学实验技术原理和方法》（第二版）分上、下两篇，上篇为生物化学实验技术原理，下篇为生物化学实验方法。本教材知识结构是将生物化学技术理论与实践结合，内容全面，叙述简明易懂，并方便将生物化学实验课作为独立课程教学。本教材第一版出版以来得到广大师生好评，被不少高等院校选作教材。

根据近年的生物化学实验技术发展和实验课程教学改革需要，本教材第二版在保留第一版特色的基础上，主要做了以下修改：

1. 上篇实验技术原理部分增加较多内容："电泳技术"一章增加了等电聚焦电泳、双向电泳及变性梯度凝胶电泳；"分光光度法"一章改为"光谱分析技术"，除在原先的可见光分析基础上增加了紫外吸收光谱分析，还增加了目前生物化学研究中发展较快的荧光发射光谱分析；考虑到内容有所重复，去掉了"酶的分离纯化及活力测定"一章；"核技术在生物科学中的应用"一章增加了辐射安全防护及放射性实验室规则；"免疫化学技术"一章加强了理论知识，并增加了免疫印迹和原位杂交组织化学等内容。

2. 下篇实验方法部分添加如蛋白质印迹、核酸的分子杂交中 Southern 印迹杂交和 Northern 印迹杂交等 20 个实验项目或方法，其中包括配合教学改革需要增加的 6 个综合性实验，如精氨酸激酶的分离纯化及活力测定等。删除了 17 个较难实施和方法需要更新的实验或方法。

3. 附录部分增加硫酸铵溶液饱和度计算表，更新了部分仪器使用说明，增添了紫外分光光度计、PCR 仪和自动液相色谱分离层析仪的使用说明。

4. 为了更好地使读者理解相关内容，全书增加了部分插图。

希望本教材在生物化学实验课教学改革，提高学生的实验技能方面发挥更好的作用。

由于作者水平有限，难免会有错误与不足之处，敬请读者批评指正。

编　者

2013 年 5 月

目　录

上篇　生物化学实验技术原理

下篇 生物化学实验方法

上　篇

生物化学实验技术原理

第一章

生物化学实验样品制备技术

生物化学实验中常常涉及生物样品的制备。生物样品包括植物样品（如植株组织样品、籽粒样品、瓜果样品、丙酮干粉等）、动物样品（如血液样品、组织样品、尿液样品等）及微生物样品，它们的采取、制备方法是否得当对生物化学分析的准确性起着至关重要的作用。以下将分别说明各类样品采集和处理的一般原则和方法。

第一节　植物样品的制备

一、植株组织样品的制备

植株组织样品多用于诊断分析。采集植株组织样品首先要选定样株，样株必须有充分的代表性，通常按照一定路线多点采取，组成平均样品。样株数目须视作物种类、种植密度、株型大小、株龄或生育期以及要求的准确度而定，过大或过小，遭受病虫害或机械损伤以及由于边际效应长势过强的植株都不宜采集。当实验目的比较特殊，如缺素诊断而采样时，则应注意植株的典型性，并要同时在附近地块另行选取有对比意义的正常典型植株，从样品采集的步骤开始，就需要设置合适的对照组，以便使分析的结果置信度更高，更能说明问题。

样株选定后还要决定取样的部位和组织器官，原则是所选部位的组织器官要具有最大的指示意义，也就是植株在该生育期对该养分的丰歉最敏感的组织器官，如大田作物在生殖生长开始时期常采取主茎或主枝顶部新成熟的健壮叶或功能叶，而待其开始结实后，营养体中的养分转化很快，不宜再做叶分析；幼嫩组织的养分组成变化很快，一般不宜采样。苗期诊断则多采集整个地上部分。多年生植物的营养诊断通常采用叶分析或不带叶柄的叶片分析，个别果树如葡萄等则常做叶柄分析。

针对植物在不同生育期以及日变化周期问题，在分期采样时，取样的时间应当一致，通常以上午 8:00～10:00 为宜，因为这时植物的生理活动已趋活跃，地下部的根系吸收速率与地上部正趋于上升的光合作用强度接近动态平衡。此时，植物组织中的养料储量最能反映根系养料吸收与植物同化需要的相对关系，因此最具有营养诊断的意义。另外，诊断作物氮、磷、钾、钙、镁等元素营养状况的采样还应考虑各元素在植物营养中的特殊性。

采集的植株样品如需要分不同器官（如叶片、叶鞘或叶柄、茎、果实等部分）测定，须立即将其剪开，以免养分运转。剪碎的样品太多时，可在混匀后用四分法缩分至所需的量。

植株组织样品一般需要洗涤，但应在尚未萎蔫时进行，洗涤方法一般可用湿布仔细擦净表面的污物。微量元素分析用的样品须用 0.1%～0.3%洗衣粉之类的去垢剂溶液洗涤，再用纯水淋净，但不能用过多的水长时间浸洗。

测定易起变化的成分（如硝态氮、氨基酸态氮、水溶性糖、维生素等）须用新鲜样品。

鲜样如需短期保存，必须在冰箱中冷藏，以抑制其变化。分析时将洗净的鲜样剪碎混匀后立即用称量瓶或铝盒等称样，放在瓷研钵中与适当溶剂（或再加石英）共研磨，进行浸提测定。

测定不易变化的成分则常用干燥样品。洗净的鲜样必须尽快干燥，以减少化学和生物学变化。一般分析用的植物鲜样要分两步干燥，通常先将鲜样在 80～90 ℃烘箱（最好是鼓风烘箱）中烘 15～30 min（松软组织烘 15 min，致密坚实的组织烘 30 min），然后降温至 65 ℃，连续烘干至恒重，时间视鲜样水分含量而定，一般为 12～24 h。

干燥后的样品可用研钵或带刀片的（用于茎叶样品）或齿状的（用于种子样品）粉碎机粉碎，并全部过筛，分析样品的细度视称样的大小而定，通常可用圆孔直径为 1 mm 的筛。如称样仅 1～2 g，宜用 0.5 mm 筛；称样小于 1 g，宜用 0.25 mm 或 0.1 mm 筛。磨样和过筛都必须考虑到样品被污染的可能性。特别是微量元素分析时，更要注意所用工具和操作细节。例如，用干燥箱烘干时，要防止金属粉末等的污染；粉碎样品选用的研磨设备，应采用不锈钢工具——钢刀和网筛；如要准确分析铁、锰等样品，不可使用铁器；测定铜、锌用的样品不能接触黄铜器械，必须在玛瑙研钵上研磨。研磨分析标本的细度相当重要，至少通过 20 目筛，并充分混合，磨细过的样品，要储存在密封的容器中。在分析前，样品应在 60～70 ℃下烘干 20 h，然后再进行分析。样品过筛后要充分混匀，保存于磨口的广口瓶中，内外各贴放一张样品标签，注明样品的名称、编号、采取地点、处理方式、采样日期及采样人姓名等信息。

样品在粉碎和储存过程中又会吸收一些空气中的水分，所以在精密分析工作中，称样前还需将粉状样品在 65 ℃(12～24 h) 或 90 ℃(2 h) 再次烘干；一般常规分析则不必。干燥的磨细样品必须保存于密封的玻璃瓶中，称样时应充分混匀，多点勺取。

二、籽粒样品的制备

籽粒样品多用于品质分析。籽粒样品有的采自个别植株，有的采自试验小区或大田地块，有的采自大批收获物。从试验区或大田采样时，可按组织样品的采法，选定样株后脱粒。也可用混合取样法，即将全区或地块脱粒的种子混匀、铺平，再按对角线把样品分成四个三角形，取两个相对的三角形的样品，而将另外两个三角形的样品淘汰。如此操作，一直淘汰到所要求的数量为止，这种取样法称为四分法。从成批粮食取样时，在保证样品有代表性的原则下，可在散装堆中设点取样，或从包装中扦取原始样品，再用四分法或分析器缩分至所要求的数量。

样品风干后，除去杂质、不完善粒和污染粒，剩余合格样品用电动样品粉碎机粉碎。粉碎前注意清洁机器。最初粉碎出的少量样品可弃去不用，然后正式粉碎，使全部样品通过一定筛孔的筛子，混合均匀，按四分法取出一定数量的样品细粉作为分析样品，储存于干燥的磨口广口瓶中，同时贴上标签（标签格式如前文所示）。长期保存时，标签应涂石蜡，并在样品中加适当的防腐剂。蓖麻、芝麻等油料种子应取少量样品在研钵内研碎，以免脂类损失。

三、瓜果样品的制备

瓜果样品多用于品质分析。由于瓜果蔬菜类样品成熟期短，一般在主要成熟期采样，必要时也可在成熟过程中采两三次样。每次应在试验区或地块中不少于 10 个样株上采取簇位相同、成熟度一致的果实（或块根茎）若干个组成平均样品。果树上果实的采样要选品种特征典型的样株，这样才能比较各品种的品质。样株要注意挑选树龄、株形、生长势、载果量等一致的正常株，幼、老和旺长植株都缺乏代表性。

采得的瓜果样品要刷洗、擦干。瓜果和蔬菜分析通常都用新鲜样品，有的分析样品全部，有的只分析可食部分，根据分析目的和要求而定。大的瓜果或数量多时，可均匀地切取其中一部分，但要使所取部分中各种组织的比例与全部样品相当。分析用的样品切碎后用高速植物组织粉碎机或研钵打碎成浆状，从混匀的材料中多点勺取称样。如果所测物质不稳定（如某些维生素和酶类等），则上述操作均应在低温下进行，样品匀浆如来不及测定，可暂存冰箱内，或灭菌后密封保存。

瓜果样品如需干燥，则必须力求快速，以保证样品的成分不变。加速干燥的主要方法是将样品磨碎后高温通风干燥；打碎的鲜样先在110～120 ℃鼓风烘箱中经100～105 ℃烘20～30 min，然后降温，在60～70 ℃烘至变脆易压成粉末为止。烘的时间不易太长，一般短则4～5 h，长则8～10 h。如无鼓风烘箱，可用普通烘箱代替，初期把门打开，以利水分逸出；如能真空干燥更佳。

四、丙酮干粉的制备

在分离、提纯或测定某种酶的活力时，丙酮干粉法是常用的有效方法之一。将新鲜材料打成匀浆，放入布氏漏斗，按匀浆质量缓缓加入10倍在低温冰箱内冷却至－20～－15 ℃的丙酮，迅速抽气过滤，或使用高速离心机离心收集沉淀，再用5倍冷丙酮洗3次，注意洗涤离心收集过程中防止沉淀的损失。在室温下通风处放置1 h左右至无丙酮气味，也可用惰性气体吹干后移至盛五氧化二磷的真空干燥器内干燥。丙酮干粉的制备在低温下完成，所得丙酮干粉可长期保存于低温冰箱中。用这种方法不仅能有效地抽提细胞中的物质，除掉脂类物质，免除脂类干扰，而且使得某些原先难溶的酶变得易溶解于水。

第二节　动物样品的制备

一、血液样品的制备

（一）血液标本的采取

各种实验动物的采血部位和方法需视动物的种类、检验项目、实验方法及所需血量而定。一般较大动物如马、牛、猪等多由颈静脉采取，小动物如兔常由耳静脉采取，也可从颈静脉采取。采血前，须把采血部位的毛拔掉或剪掉，用手指压迫或手掌拍打，使其静脉充盈，然后用细针尖刺入；穿刺心脏可采集到多量的血液，穿刺部位在左侧第三肋间距胸骨4 mm处。鼠则由心脏采取。鸡采少量血液可用针穿刺肉冠部或用剪刀剪去肉冠的尖顶部采取；需要多量的血液时，可由肘关节内侧的翅静脉采取。

严格控制血液样品的变异因素，是使检测结果尽可能符合客观情况的重要环节。因此，在采血过程中应注意下列问题：

1. 采血时间　因为有些血液化学成分有明显的昼夜波动，如血浆皮质醇在早晨高而傍晚低，至午夜降到最低水平；血清铁也有类似的波动。对于单胃动物，应在禁食12 h后采血，这样可以将食物对血液各种成分的影响减少到最低限度。

2. 来源一致　动脉血和静脉血的化学成分略有差异，除血氧饱和度、二氧化碳分压等有明显不同以外，静脉血中乳酸的浓度比动脉血中的略高，在饥饿时，毛细动脉血中的葡萄糖比静脉血中的葡萄糖每 10 mL 血中高 5 mg。为此，整个试验期间，采取的血液样品必须一致。

3. 防止分解　血液内若干化学成分在离体后由于氧化酶或细菌的作用极易分解，因此血液样品被采集后应立即按规定处理，及时检测或加入适当的保存剂按规定保存。

4. 防止污染　采血器皿及样品容器都必须清洁，尤其在测定蛋白结合碘、血氨及血清中微量元素（如铜、铁）等时，均需用化学法处理并用重蒸馏水冲洗器材，以防污染而影响结果。

5. 防止溶血　由于红细胞内和血浆中有许多成分的浓度是不一样的，因此，溶血可以影响许多生化检测项目的结果。防止溶血的方法如下：采血用的注射器、针头、试管等器具必须清洁干燥；采血后卸下针头再将血液沿管壁徐徐注入试管内，轻轻倒转试管使血液与抗凝剂混合，切忌强力振摇；不要过多、过早拨动血凝块；低温能使红细胞脆性增大，应将血液放于 37 ℃中预温 0.5 h 后再用竹签将血凝块从管壁剥离，并继续保温，使血清析出；如果不能及时检测，血液应放于 4 ℃保存。

（二）血液样品的制备

1. 全血　全血是指抗凝的血液，即在取出血液后必须立即与适量的抗凝剂充分混合，以免血液凝固。抗凝剂预加于准备承接血液的容器中。每毫升血液中加入抗凝剂的剂量可以根据实验的需要进行选择，但是用量不宜过大，否则会影响实验的结果。常用剂量如下：草酸钾或草酸钠 1～2 mg，柠檬酸钠 5 mg，氟化钠 5～10 mg，肝素 0.01～0.2 mg。

通常先将抗凝剂配成水溶液，按所取血量的需要加于试管或其他合适的容器中，转动试管或容器使其溶液成一薄层，在 100 ℃以下烘干（肝素干燥温度应在 30 ℃以内）。烘干时要转动容器使抗凝剂形成薄层，利于血液与抗凝剂的均匀接触。取得的全血如不立即使用，应储存于 4 ℃冰箱中。

2. 血浆　血浆是指抗凝血浆。游离血红蛋白、变性血红蛋白、纤维蛋白原的测定须用血浆。制备方法是将抗凝全血在离心机中离心，使血细胞下沉，所得上清液即为血浆。分离较好的血浆应为淡黄色。为避免产生溶血，必须采用干燥清洁的采血器具和容器，尽量少振荡。

3. 血清　不加抗凝剂的血液在室温下自行凝固，析出的淡黄色液体即为血清。血清成分更接近于组织液的化学组成，测定血清成分的含量，比用全血样品更能反映机体的客观情况。另外，血清中葡萄糖和多数酶都比较稳定；血清中无机离子在室温下至少可稳定 8 h，在冰箱中可稳定若干天；血清电泳分析，可不受纤维蛋白原的干扰，比血浆进行电泳更易掌握。为使血清尽快析出，可以采用离心法缩短分离时间，但离心速度不宜过高。制备血清也要防止溶血，故所用设备必须干燥，且在血块收缩后及早分出血清。

4. 无蛋白血滤液　在测定某些血液化学成分时，标本内的蛋白质常与试剂作用产生混浊或沉淀，往往可影响其化学成分的测定。因此，必须先除去血液标本中的蛋白质，且保留应测的化学成分，此操作过程称为无蛋白血滤液制备。常用的无蛋白血滤液的制备方法有：

（1）钨酸钠-硫酸法。取全血（加抗凝剂）1 mL 于 20 mL 三角瓶中，加蒸馏水 7 mL，摇匀后使溶血，加入 10%钨酸钠 1 mL 并摇匀，然后加入 0.4 mol/L H_2SO_4 溶液 1 mL，随加随摇，加完后充分振荡，放置 5～15 min。当沉淀变为暗棕色时，用干滤纸过滤，每毫升滤液相当于 1/10 全血。

（2）硫酸锌法。

① 0.45% $ZnSO_4$ 溶液 5 mL 和 0.1 mol/L NaOH 溶液 1 mL 混合成胶体溶液，然后加入血液 0.1 mL，在沸水中加热 4 min，冷却后用棉花过滤，滤液可直接用于测定糖含量，尤其适用于滴定法。

② 向试管中加入 0.3 mol/L $Ba(OH)_2$ 溶液 1 mL、蒸馏水 7.5 mL，混匀后加 0.5 mL 全血、血清或血浆。混合后放置 0.5 min，再加入 5% $ZnSO_4$ 溶液 1 mL，混匀后放置 2 min，过滤或离心，滤液为 1∶20 的无蛋白血滤液。

（3）硫酸钠-硫酸锌试剂法。此法用于制备不溶血的无蛋白血滤液。取血液 0.1 mL，加入 1.8 mL 硫酸钠-硫酸锌试剂和 0.5 mol/L NaOH 溶液 0.1 mL，混匀后离心，上清液相当于 1/20 全血。

二、组织样品的制备

在生化实验中，常利用动物离体组织研究各种物质代谢途径和酶系的作用，或者从组织中分离和纯化核酸、酶以及对某些具有生物活性的代谢物质进行研究。离体组织的采集必须在低温条件下进行，并且尽快完成测定。否则，其所含物质的量和生物活性物质的活性都将发生变化。

一般采用断头法处死动物，放出血液，立即取出所需脏器或组织，除去脂肪和结缔组织后，用预冷的生理盐水洗去血液，按实验要求制成组织糜或者匀浆等。

（1）组织糜的制备。迅速将组织剪碎，用组织捣碎机绞成糜状，或者加入少量石英砂于研钵中，研磨至糊状。

（2）组织匀浆的制备。取新鲜的组织迅速剪碎，加入适量匀浆制备液（如生理盐水、缓冲液或 0.25 mol/L 蔗糖溶液等），用高速电动匀浆器或者玻璃匀浆器磨碎组织。由于匀浆器杵头在高速运转中会产生热量，因此在制备匀浆前和匀浆时，均需将匀浆器置于冰浴中。

（3）组织浸出液的制备。组织匀浆液经过离心分离出的上清液即为组织浸出液。

三、尿液样品的制备

尿液中化学物质含量随食物、饮水和昼夜生理变化的影响而有很大差异，因此应根据实验的不同需要采集尿液。一般定性实验只收集一次尿液即可，若立即用于分析不必加防腐剂。若作定量测定，则需收集 24 h 尿液，通常在早晨一定时间排去尿液（丢弃），从此时起，每次排出的尿液均收集于清洁的大玻璃瓶中，直到第二天早晨同一时间收集最后一次尿液。随即混匀，用量筒量出 24 h 尿液的总量。收集 24 h 尿液必须防腐，常用的防腐剂有甲苯(5 mL/L 尿)或盐酸（浓盐酸，5 mL/L 尿）。有的实验需要采集晨起第一次尿液，此尿液一般较浓，称为晨尿。也有采集定时尿的。

第三节　微生物样品的制备

研究微生物的生理生化或代谢活动，需要收集完整的细胞，有时还要对细胞进行适当的处理，如将细胞破碎抽取其内含物，制备无细胞制剂等。

一、微生物细胞的收集

微生物的培养有固体培养和液体培养两种方式，细胞的收集方法有如下两种：

1. 固体培养刮取法　从大号培养皿和克氏瓶的固体培养基上收集细胞时，需采用刮取法。首先将少量的无菌生理盐水倾注到固体培养物的表面，把琼脂盖起来，然后用无菌的玻璃刮刀（弯玻璃棒）在琼脂表面刮取培养物，以获得浓的菌体细胞悬浮液。刮取时尽量不要把培养基带入菌体细胞悬浮液中，必要时可用粗布过滤除去琼脂小凝块。

2. 液体培养离心沉淀法　从微生物的液体培养液中收集细胞时，常用离心沉淀法。根据微生物细胞的大小范围，可以选用不同类型的离心机。一般情况下用 4 000 r/min 离心沉淀 10 min，就可从培养液中收集得到细菌、放线菌和酵母菌的细胞。

此外，还可以采用过滤（如用板框压滤机）等方法收集微生物细胞。

二、干细胞制剂的制备

干细胞制剂通常有两种类型：一种是丙酮细胞干粉，另一种是真空干燥细胞制剂。

1. 丙酮细胞干粉的制备　培养收集微生物菌体细胞，经离心洗涤，制成较浓的菌体细胞悬浮液，逐滴加入约为细胞悬浮液 10 倍体积的冰冷丙酮，使之脱水，激烈搅拌。当出现细胞沉淀时，过滤，取其细胞滤饼，干燥粉碎，即得丙酮细胞干粉。将其装入密封瓶内，置 4 ℃冰箱中保存，有效期为 6 个月。

2. 真空干燥细胞制剂的制备　先将细胞制成较浓的细胞悬浮液，此悬浮液应含有足量的水使细胞能够自由活动。然后，把悬浮液放至一扁平皿中，将扁平皿置于装有干燥剂（P_2O_5 或 $CaCl_2$ 等）的真空干燥器中，接真空油泵抽气，水分则迅速逸出。经 5～10 min 细胞即冻结，接着由冰冻状态变成干燥的细胞制剂。

三、细胞的破碎

在微生物生理代谢机制的研究中，为了除去细胞壁的影响，研究单一酶系统的作用，分析、提取菌体细胞内的化学成分，研究某一细胞器或生物大分子的结构与功能等，需要把细胞破碎，制成无细胞制剂。破碎细胞的方法很多，常用的有以下几种：

1. 研磨法　利用机械的方法，使细胞破碎。通常使用由硬质玻璃制造的组织细胞研磨器或者陶瓷研钵。操作方法是将微生物细胞和磨料颗粒（如氧化铝、玻璃粉或石英砂等）混合，加入套管或研钵内，然后用研棒研磨，使微生物细胞破裂，内容物得以释放。如果研磨操作是在很低的温度下进行的（如用液态氮冷冻后进行研磨），往往不必另加磨料，因为在低温下（－100 ℃以下），水的晶体（即冰晶）非常坚硬，起着磨料的作用。细胞研碎后用离心法除去磨料。也可用电动细菌磨，转速一般采用 120 r/s，将细菌细胞与玻璃粉混合后进行研磨。大肠杆菌采用细菌磨研磨 20 s 后，99.9%的细胞可被磨碎，所制得的无细胞制剂具有理想的酶活力。

2. 超声波振荡法　超声波振荡法是利用能引起液体内部发生激烈振动的超声波使细胞碎裂的方法。采用频率 9 000 Hz、容量 60 mL 的 50W 超声波发生器，处理乳酸菌和葡萄球菌等细胞悬浮液 3 h 左右，90%以上的细胞可碎裂。频率 10 000 Hz、容量 150 mL 的 200 W

超声波发生器，处理革兰氏阴性杆菌细胞悬浮液 60～100 mL，10～15 min 后 90%以上的细胞破碎；处理乳酸菌和葡萄球菌等，则需处理 60 min。

3. 酶解法　利用一些能分解微生物细胞支持结构（细胞壁）的酶类，将细胞酶解。目前，应用较多的是溶菌酶。

溶菌酶能破坏细菌细胞壁中由 *N*-乙酰胞壁酸肽和 *N*-乙酰葡萄糖胺构成的β-1，4 糖苷键。将溶菌酶制剂加到巨大芽孢杆菌（*Bacillus megaterium*）或小球菌（*Micrococcus lysodeikticus*）的细胞悬液中，很快就会发生溶菌作用。对于其他的一些细菌（如肠道细菌），除了加入溶菌酶制剂外，还需要配合附加的处理［如采取冷冻复融处理或加乙二胺四乙酸（EDTA）处理］，才能获得理想的效果。

利用我国海南岛出产的褐云玛瑙螺（*Achatina fulica*）制备的蜗牛消化酶冷冻干粉，可有效地破坏酵母菌的细胞壁。纤维素酶也常用来破坏真菌微生物的细胞壁。

此外，破碎细胞的方法还有压挤法、渗透压碎裂法、冷冻复融法和细胞与磨料颗粒搅动法等。

第二章

电 泳 技 术

电泳（electrophoresis，EP）是由俄国科学家 Ferdinand Frederic Reuss（1807）最早发现的一种带电颗粒在电场中向带相反电荷的电极移动的现象。颗粒所带电荷可以来自其本身的解离作用，也可以来自其表面吸附的其他带电离子。当溶液中两性电解质（如核酸、蛋白质等生物分子）解离后正负电荷不相等，即自身净电荷不等于零，就可以在连接电场的溶液中发生定向泳动。

电泳技术是指利用带电粒子在电场中迁移方向和速率的差异来进行分离和分析的技术。1937 年瑞典生物学家 Arne Wilhelm Kaurin Tiselius 首先发明移动界面电泳技术，并设计了世界上第一台自由电泳仪，成功分离了血清蛋白中的清蛋白、α_1 球蛋白、α_2 球蛋白、β 球蛋白和 γ 球蛋白 5 种主要成分。20 世纪 40 年代后，随着电泳系统的不断改进，电泳技术从无支持介质的自由电泳逐步过渡到有支持介质的电泳。尤其是琼脂糖和聚丙烯酰胺凝胶等电泳介质的应用，为核酸、蛋白质等生物大分子的分析提供了重要的技术支持。80 年代以后，又陆续出现了毛细管电泳和芯片电泳等电泳形式。

电泳技术具有设备简单、操作方便、分辨率高等优点。利用电泳技术可以对复杂样品中各种组分进行分离，然后通过测定显色深浅、紫外吸收能力大小、放射性自显影强弱、生物活性高低做进一步的定量分析。

第一节　基本原理

一、基本概念

1. 电泳速率和泳动度　带电颗粒在电场中移动的快慢称为泳动速度或电泳速率。单位电场强度下的泳动速度称为泳动度或迁移率。

泳动度可用下列公式计算：

$$\mu = v/E = (d/t)/(U/l) = dl/Ut$$

式中，μ 为泳动度 [$cm^2/(V \cdot min)$]，v 为泳动速度（cm/min），E 为电场强度（V/cm），d 为颗粒泳动的距离（cm），l 为电泳有效长度（cm），U 为实际电压（V），t 为通电时间（min）。通过测量 d、l、U 和 t，即可计算出被分离物质的泳动度。

2. 电场强度　电场强度也称电位梯度，是指单位长度（cm）支持物体上的电势，它对泳动速度起着十分重要的作用。例如纸电泳，测量 20 cm 长纸条两端电压为 200 V，则电场强度为 200 V/20 cm=10 V/cm。

3. 电渗　在电场中，液体对于一个固体支持物的相对移动，称为电渗现象。例如，在纸电泳中，由于滤纸上吸附 OH^- 带负电荷，而与滤纸相接触的水溶液由于静电感应而带正电荷，液体便向负极移动，并携带颗粒同时移动。所以电泳时，带电颗粒泳动的表观速度是颗粒本身的泳动速度与电渗作用下携带颗粒的移动速度的矢量和。

二、电泳系统的组成

对于有支持介质的电泳技术，电泳分析系统包括仪器设备和配套试剂。仪器设备主要有电泳仪、电泳槽、分析系统及其他辅助装置。试剂主要有电泳支持介质、电泳缓冲液、染色液和脱色液。

1. 电泳仪　电泳仪是为电泳技术提供稳定的电压、电流或功率的电场。电泳仪上有一组（正极和负极）或多组接口，可以通过电源线连接到电泳槽上的正极和负极接线柱上。电泳过程中电压始终稳定不变的称为稳压电泳，电流强度稳定不变的称为稳流电泳。

2. 电泳槽　电泳槽是凝胶电泳分离的核心装置，一般由电极、槽体和其他附件组成。电极由接线柱和铂金电极丝组成，一个电泳槽可以有一组或多组电极，两组电极可以共用一个正极或负极。槽体是电泳缓冲液的容器，一般为聚氯乙烯（PVC）或聚丙烯（PP）塑料材质。除了工作槽之外，复杂的电泳槽中还有溢流槽、循环过滤系统、温控系统等附加装置，以满足对电泳分析更高的要求。

3. 电泳支持介质　电泳支持介质可以为电泳提供稳定的电场，并且有助于样品的电泳分离和分析。支持介质要求不与待分离的样品或缓冲液发生化学反应，还应有一定的坚韧度，不易断裂而且易保存，一般由惰性材料制作而成，如滤纸、醋酸纤维素薄膜、琼脂糖凝胶、葡聚糖凝胶、聚丙烯酰胺凝胶等。其中，琼脂糖凝胶和聚丙烯酰胺凝胶广泛用于多糖、核酸、蛋白等的生化分析中。

4. 电泳缓冲液　电泳缓冲液是具有一定离子强度和 pH 的缓冲溶液。电泳缓冲液的 pH 可以通过影响样品颗粒和分子的解离来影响其电泳速率。对于蛋白质、核酸等两性电解质而言，当电泳缓冲液的 pH 低于其等电点时，净电荷为正电荷，向负极泳动；当溶液 pH 高于其等电点时，其净电荷为负电荷，向正极泳动。电泳缓冲液的 pH 距离等电点越远，解离程度越高，所带净电荷越多，电泳速率越大。

电泳缓冲液有较强的缓冲能力。电泳过程中正极与负极分别发生氧化反应和还原反应，长时间的电泳会使正极侧的缓冲液 pH 减小，负极侧的缓冲液 pH 增大。电泳缓冲液的组成各不相同，但其共同的特点是具有一定的离子强度和较强的缓冲能力，以保证电泳过程中的导电性和 pH 的稳定。核酸电泳常用的电泳缓冲液有三羟甲基氨基甲烷（Tris）和乙二胺四乙酸（EDTA），另外再添加一种酸性成分，如乙酸、硼酸或磷酸；蛋白质电泳常用 Tris－甘氨酸电泳缓冲液。

5. 染色液和脱色液　电泳完成后，分布在介质中的样品（如核酸和蛋白质）自身没有颜色或发光能力，因此不能直接观察。为了能够直接观察和分析介质中样品组分，需要在电泳前或电泳后用染色液处理样品或电泳介质，以指示样品组分在介质中的位置。电泳所用的染料根据功能可以分为两类：电泳指示剂和分析指示剂。

电泳指示剂是指上样缓冲液中的溴酚蓝等显色染料，其指示作用体现在加样时和电泳过程中：①加样时辅助判断样品是否进入电泳介质的加样孔；②电泳过程中辅助判断样品分子在介质中的大致位置。染料分子与核酸、蛋白质等样品分子带电荷相同，泳动方向相同，而且电泳速率超过绝大多数样品分子，跑在样品分子前面。但由于染料分子和样品分子二者并没有结合在一起，所以根据染料谱带在介质中的位置可以估计样品分子的相对位置，便于掌握电泳时间。

分析指示剂是一类能够与样品分子结合在一起的染料分子，可准确指示样品分子在介质中的实际位置。核酸常用溴化乙锭（EB）等荧光染料作为分析指示剂，这类染料在特定波长光照射后可激发肉眼可见的橙红色荧光。溴化乙锭成本低，但有一定致癌毒性，而且需要紫外光激发，近年来逐渐被低毒、可见光激发的荧光染料取代。荧光染料可以加在凝胶中，也可以在电泳后对凝胶染色。由于凝胶吸附的荧光染料自身发光强度远低于结合在核酸分子上的荧光染料，不影响对核酸的观察和分析，所以吸附在凝胶上的荧光染料不需要洗脱。蛋白质常用氨基黑、考马斯亮蓝、硝酸银等为分析指示剂，氨基黑、考马斯亮蓝是自身显色，而银离子是氧化后显色。电泳完成后，凝胶在染色液中浸泡染色。

由于蛋白质指示剂染料吸附在凝胶上会影响对蛋白质的观察，所以染色后的凝胶要用脱色液洗去吸附在凝胶上的染料。

6. 凝胶成像系统　凝胶成像系统包含光源、相机和电脑系统，主要用于电泳后凝胶的拍照和分析。以核酸或蛋白分子量标准物为参照物，借助各种专业软件可以计算泳道中样品分子的大小和含量。

此外，电泳还需要制胶装置和摇床等辅助装置。制胶装置包括制胶槽、制胶板和样品梳子，用于制作不同长度、厚度和带有加样孔的凝胶。摇床可用于凝胶的染色和脱色，使凝胶与溶液充分接触，保证染色和脱色均匀。

三、电泳技术的分类

按照不同的分类标准，电泳技术的分类有很多方法。同一种电泳技术按照不同的分类标准可以有不同的名称。

1. 根据电泳原理和目的分类

（1）根据电泳分离原理可以分为普通区带电泳、梯度电泳和等电聚焦电泳等。

区带电泳是目前广泛使用的电泳技术。样品中的不同组分根据荷质比和体积不同，在支持物上沿泳动方向形成不同的区带，达到分离和分析的目的。

梯度电泳是根据需要使用专用电泳仪，当电泳达到平衡后，各组分形成的电泳区带依次相随，相互之间形成清晰的界面，并以等速向前运动。

等电聚焦电泳是根据待分离组分的等电点差异来进行分离。当两性电解质在电场中形成pH梯度，被分离的生物大分子会泳动到各自等电点相同的pH处聚集成很窄的区带。

（2）根据电泳的目的可以分为分析电泳、转移电泳和制备电泳。

分析电泳是通过电泳对样品的处理（如消化、酶解、合成或连接等）效果或直接对组分的种类、分子量、构象和含量等特性进行分析的技术。转移电泳用于样品组分在不同支持物之间的转移，如核酸（或蛋白质）的分子杂交技术中的印迹转移就是将电泳分离后的核酸（或蛋白质）组分从凝胶原位转印到杂交膜上。制备电泳是指通过电泳分离样品中特定的组分（如酶切产物），然后进行纯化和回收的技术。

2. 根据电泳支持介质分类

（1）根据电泳支持介质有无可以分为自由电泳和介质电泳。

自由电泳没有电泳支持介质。Tiselius 最早建立的移动界面电泳就是一种在装有溶液的

U形管中进行的自由电泳，无固体支持介质。由于分离后的样品不易收集，目前自由电泳较少使用。常用的毛细管电泳也属于移动界面电泳，电泳过程中要通过专业设备对分离效果进行实时监测。

鉴于自由电泳分离的灵敏度和效果的稳定性受到很大限制，科学家先后找到了滤纸、醋酸纤维素薄膜、淀粉、琼脂糖和聚丙烯酰胺等制成的凝胶作为支持介质，发明了梯度电泳、等电聚焦电泳等各种新电泳技术。现在生命科学领域广泛应用的电泳技术大多数有电泳支持介质。

（2）根据电泳支持介质的物理形态可以分为丝线电泳、平板电泳和管状电泳。

丝线电泳是以尼龙丝、人造丝等为电泳支持介质的一类微量电泳。平板电泳的电泳支持介质被制作成平板状，如滤纸、薄膜和凝胶平板。管状电泳如圆盘电泳和毛细管电泳等的电泳支持介质灌制在两通的玻璃管中，被分离的物质在其中泳动。同一种电泳支持介质可以有多种形态，如凝胶可以制成平板，也可以制成凝胶柱。

（3）根据电泳支持介质化学组成不同可以分为纸电泳、醋酸纤维素薄膜电泳、琼脂糖凝胶电泳和聚丙烯酰胺凝胶电泳等。

纸电泳以滤纸为支持物，缓冲液和样品自滤纸顶端垂直向下连续流动。醋酸纤维素作为电泳支持介质一般平铺在薄膜表面，制成醋酸纤维素薄膜。纤维素、淀粉粉末也可以与适当的溶剂调和，铺成电泳平板。琼脂糖凝胶一般是琼脂糖在高温下熔化后，又在低温下凝固而成。聚丙烯酰胺凝胶是由甲叉双丙烯酰胺和丙烯酰胺在氧化剂和催化剂的作用下聚合而成。3种常用电泳支持介质的电泳比较见表2-1。

表2-1　3种常用电泳支持介质的电泳比较

电泳支持介质	物理形态	分离原理	pH连续性	缓冲液连续性	电泳方向
醋酸纤维素薄膜	平板	区带	连续	桥式	水平
琼脂糖凝胶	平板、圆柱	区带	连续	潜水式、桥式	水平、垂直
聚丙烯酰胺凝胶	平板、圆柱	区带、梯度、等电聚焦	连续、不连续	桥式	水平、垂直

（4）根据电泳支持介质中是否加入样品组分的变性剂可以分为非变性电泳和变性电泳。

非变性电泳的支持介质中不加入变性剂，电泳过程中样品分子保持天然构象和电荷状态，对于保持样品的生物学活性是必需的，如同工酶电泳。变性电泳的支持介质中需要加入变性剂，如琼脂糖凝胶中加入甲醛和甲酰胺使RNA变性，聚丙烯酰胺凝胶中加入变性剂（如十二烷基磺酸钠或尿素）和还原剂（如巯基乙醇或二硫苏糖醇）使蛋白质变性。样品分子在电泳分离中保持变性状态，可以减少空间结构差异对电泳速率的影响。

（5）根据凝胶介质中pH和凝胶网孔是否均一可以分为连续电泳和不连续电泳。

连续电泳的凝胶介质中的pH和凝胶网孔都相同，而不连续电泳的凝胶中的pH和（或）凝胶网孔是不均一的。以聚丙烯酰胺凝胶电泳为例，不连续聚丙烯酰胺凝胶电泳的凝胶包括分离胶和浓缩胶，前者凝胶浓度高，pH为8.8；后者的浓度低，pH为6.8。这种差异产生了电泳过程中的样品浓缩效应。在等电聚焦电泳中，凝胶的pH在一定范围内呈连续梯度分布，使等电点不同的样品组分电泳后在凝胶中呈梯度分布。在孔径梯度电泳中，凝胶网孔的孔径在一定范围内呈连续梯度分布，适用于非变性条件下根据样品组分的分子量不同进行分离。

3. 根据电泳槽分类

（1）根据电泳槽中正负极电泳缓冲液是否连通可以分为潜水式电泳和桥式电泳。潜水式电泳的正极和负极的电泳缓冲液直接连通。如琼脂糖凝胶电泳分离核酸样品时，凝胶浸泡在电泳缓冲液中，电泳槽中正极和负极之间的电泳缓冲液是相通的。醋酸纤维素薄膜电泳和聚丙烯酰胺凝胶电泳一般进行桥式电泳，其正极和负极电泳缓冲液是分开的，电场只能通过电泳支持介质连通。

（2）根据电泳槽正负极的位置关系可以分为水平电泳和垂直电泳。水平电泳的一组电极（正极和负极）水平分布在电泳槽的左右两端，正极和负极的凹槽可以相通，也可以是分离的。一个电泳槽内一般设置一组电极，也可以是两组电极，但两组电极常常共用一个正极或负极（如醋酸纤维素薄膜电泳）。垂直电泳的正极和负极分布在电泳槽的上下两端或内外两侧，因此一般是分离的，常用于桥式电泳。

4. 根据电场分类

（1）根据电泳方向可以分为单向电泳和双向电泳。一般单向电泳在正极和负极之间通过一次电泳迁移完成分离，相同电泳速率的样品离子在电泳支持介质中聚集在一起形成区带。双向电泳是在一次电泳分离后将电泳支持介质转动一定角度后进行第二次电泳分离。一般所说的双向电泳专指蛋白组学分析所用的电泳技术。第一向电泳和第二向电泳方向呈 90°，电泳分离后的样品成斑点状。

（2）根据电压的大小可分为常压电泳和高压电泳。常压电泳的电压在 100～500 V，电场强度一般是 2～10 V/cm，电泳时间一般较长，可以从几十分钟至数天。高压电泳的电压可高达 500～10 000 V，电场强度在 200～2 000 V/cm，电泳时间短，有时仅几分钟即可。常压电泳多用于分离蛋白质等大分子物质，高压电泳则主要用于分离氨基酸、小肽、核苷酸等小分子物质。

（3）根据电泳过程中电场的稳定因素可以分为稳压电泳、稳流电泳和稳功率电泳。3 种电泳方法分别是电场中的电压、电流、功率维持稳定不变。在电泳过程中，支持介质的电阻并不是稳定不变的。随着电泳时间的延长，电场中电阻率会在一定范围内逐渐变大，导致稳压电泳过程中电流强度会逐渐变小，而稳流电泳中的电压会逐渐变大。

根据不同的分类标准，同一种电泳方法可以有不同的命名。最常用的电泳命名方法是根据电泳支持介质来区分，区带电泳之外的电泳技术常常根据分离原理来命名。有些命名具有一定的专属特性，如琼脂糖凝胶电泳一般是指用于核酸样品分离的电泳，聚丙烯酰胺凝胶电泳一般是指用于蛋白样品分离的电泳，双向电泳一般是指蛋白组学分析中复杂蛋白样品分离所用的电泳。但也有例外，由于琼脂糖凝胶电泳对小分子核酸分辨率较低，miRNA 和简单重复序列（SSR）标记等小分子核酸的电泳一般是用聚丙烯酰胺凝胶电泳。

四、电泳分析的基本原理

1. 电荷效应　在电泳过程中，样品中各组分在电场中以一定速度向正极或负极迁移。样品分子解离后所带净电荷的种类决定了其泳动方向，所带净电荷的数量决定其受电场作用的大小。

2. 分子筛效应　在有固体电泳支持介质（如凝胶）的电泳过程中，样品组分泳动的快慢受其大小和形态的影响。一般样品分子量越小，体积越小，形状越接近球形，在电泳过程中受到阻力越小，泳动越快；反之，分子量大、体积大和形状不规则的分子在电泳过程中受到的阻力较大，泳动较慢。不同样品组分在电泳介质中的电泳速率不同，由此产生的筛分作用称为分子筛效应。

3. 浓缩效应　在聚丙烯酰胺凝胶垂直电泳分析蛋白样品过程中，凝胶常常制作成不连续凝胶，上层是低浓度、低 pH（pH=6.8）的浓缩胶，下层是高浓度、高 pH（pH=8.8）的分离胶。在从浓缩胶进入分离胶时，蛋白质样品中的各组分会高度压缩，这种作用称为浓缩效应。产生浓缩效应的原因如下：①浓缩胶与分离胶的孔径不同。蛋白质向下移动到两层凝胶层界面时阻力突然加大，速度变慢，使待分离的蛋白质区带在两层凝胶交界处变窄，浓度升高。②浓缩胶和分离胶的 pH 不同。在 pH 为 8.3 的 Tris－HCl－甘氨酸电泳缓冲液中，强电解质盐酸几乎全部电离，使 Cl^- 布满整个凝胶。在 pH 为 6.8 的浓缩胶中，有效迁移率最大的 Cl^- 跑到最前边，成为快离子（前导离子），而解离度仅有 0.1%～1%的甘氨酸有效迁移率最低，跑在最后边，成为慢离子（尾随离子）。快离子和慢离子之间形成了一个不断移动的界面，带有负电荷的样品分子的有效迁移率介于快、慢离子之间，被夹持分布于界面附近。由于快离子快速向前移动，在其原来停留的位置离子浓度变低，形成低电导区。在电流恒定的条件下，低电导区两侧就产生了较高的电位梯度。高电位梯度使慢离子（甘氨酸）加速前进追赶快离子。在慢离子追赶快离子过程中，夹在快慢离子之间的样品分子被逐渐地压缩聚集成一条更为狭窄的区带。

当样品分子和慢离子都进入分离胶后，pH 从 6.8 变为 8.8，甘氨酸解离度剧增，有效迁移率迅速加大到超过所有样品，从而赶上并超过所有样品分子。此时，快慢离子的界面跑到被分离的蛋白质之前，高电位梯度不复存在。此后的电泳过程中，蛋白质在一个均一的电位梯度和 pH 条件下，仅按电荷效应和分子筛效应而被分离。

4. 影响电泳速率的因素　影响电泳速率的因素很多，主要包括以下几方面：

（1）样品的性质。待分离样品颗粒或分子的大小、构象和所带电荷的多少都会对电泳速率有明显影响。一般来说，颗粒或分子所带净电荷越多，其电泳迁移越快。在有支持介质的电泳中，颗粒或分子越小，其形状越接近球形，其电泳迁移越快。相同的样品分子由于构象状态的差异，其电泳速率可能也不同。

（2）电场强度。在一定电压范围内，线性分子的电泳速率与所用电压成正比。在相同的电泳系统中，电泳仪提供的电压越高，电场强度越大，样品分子泳动越快。但是过高的电压会导致电泳分辨率下降。在高电压下，电泳介质中样品分子泳动增快的同时，其受电泳支持介质中的摩擦力也增加，从而使分子量与移动速度就不再成线性关系，导致电泳谱带的迁移一致性下降。

（3）电泳缓冲液的性质。电泳缓冲液的 pH 和离子强度（I）都影响样品分子的电泳速率。

电泳缓冲液的 pH 通过影响样品分子的解离来改变其净电荷的种类和多少。样品分子的等电点（pI）和电泳缓冲液的 pH 差异越大，样品分子解离后所带净电荷越多，其电泳迁移越快，反之则越慢。当要分离多种组分的混合样品时，电泳缓冲液的 pH 应选择一种能扩大各种组分所带电荷量差异的状态，以利于各种样品分子的解离和分离。

电泳缓冲液的离子强度影响缓冲能力和电泳速率。离子强度过低，会导致缓冲能力差。离子强度越高，样品分子电泳速率下降越多。因为样品解离后形成的带电颗粒会吸引带相反电荷的离子在周围形成离子扩散层，使其向相反的方向泳动，从而降低了该粒子的迁移率。此外，高浓度缓冲液的扩散常数较低，可以产生较细窄的电泳区带，但同时会因电阻小和电流大而产热较多，长时间电泳会增加样品分子变性，导致区带分离困难。

因此，在保持足够缓冲能力的前提下，电泳缓冲液的离子强度要小，通常选择在0.02～0.2 mol/L之间。离子强度可按下式计算：

$$I = 0.5\sum_{i=1}^{n} c_i Z_i^2$$

式中，c 为离子的物质的量浓度，Z 为离子的价数。也就是说，单价化合物（如NaCl）的离子强度等于其物质的量浓度；双价化合物（如$CuSO_4$）的离子强度为其物质的量浓度的4倍；而单双价或双单价离子化合物的离子强度为其物质的量浓度的3倍。

（4）支持介质。电泳支持介质在提供稳定的支持物的同时，也影响样品分子的电泳速率。其作用主要表现在如下两个方面：①吸附作用。支持介质的表面对待分离样品有吸附作用，使样品分子滞留而降低电泳速率，从而出现样品拖尾现象。不同介质对各种物质的吸附能力不同，一般来说纸的吸附性最大，醋酸纤维素薄膜的吸附作用很小。②电渗作用。在纸电泳中，若颗粒在电场中向负极移动，与电渗作用造成的液体向负极移动同方向，则其表观速度将比泳动速度快；若颗粒向正极移动，则其表观速度将比泳动速度慢。为校正这一误差，可用中性物质（如糊精、蔗糖、葡聚糖等）与样品同时做纸上电泳，然后将其移动距离自实验结果中除去。在电泳时应尽量避免使用具有高电渗作用的支持物。

（5）温度。环境温度升高时，电泳介质的黏度下降，分子运动加剧，会引起自由扩散变快，使样品分子的迁移率增加。温度每升高1℃，迁移率约增加2.4%。为降低热效应对电泳的影响，可在电泳系统中安装冷却装置。

电泳过程中电流也会产生焦耳热。热量通常是由中心向外周散发，因此介质中心温度一般要高于外周，引起中央部分介质相对外周部分黏度下降，摩擦系数减小，电泳迁移率增大。当介质中央部分的电泳速率明显比边缘快时，会导致电泳谱带呈弓形。

第二节　常用支持介质在电泳中的应用

一、醋酸纤维素薄膜

醋酸纤维素薄膜电泳（cellulose acetate membrane electrophoresis）的支持介质是醋酸纤维素薄膜。将纤维素的醋酸酯溶于丙酮等有机溶液中，涂布在薄膜表面，形成均一细密的微孔。薄膜厚度以0.1～0.15 mm为宜，膜片太厚会导致吸水性差而降低分离效果，太薄则会因机械强度过低而易碎。

醋酸纤维素薄膜作为电泳支持物有以下优点：

① 电泳后薄膜上的区带界限清晰。

② 电泳所需时间较短（20～60 min）。

③ 几乎完全不吸附蛋白质（包括血清白蛋白、溶菌酶及核糖核酸酶），因此电泳分离后无拖尾现象。

④ 灵敏度高，样品用量少。蛋白质的检出下限可达到5 μg/mL。

⑤ 对染料几乎没有吸附，未与样品分子结合的染料能完全洗掉，无样品处几乎完全无

色。电渗作用虽高但很均一，不影响样品的分离效果。

以上优点使得醋酸纤维素薄膜电泳具有简单、快速和价廉等优点，广泛用于血清蛋白、血红蛋白、球蛋白、脂蛋白、糖蛋白、甲胎蛋白、类固醇及同工酶等的电泳分离和分析中。当然，醋酸纤维素薄膜电泳也有很多缺点。由于该电泳分辨率比聚丙烯酰胺凝胶电泳的低，膜片厚度小且样品用量很少，故醋酸纤维素薄膜不适于制备电泳。由于醋酸纤维素薄膜吸水量较低，电泳需在密闭容器中进行，使用的电流也较低，以避免产热过多而导致电泳缓冲液蒸发。

二、琼脂糖凝胶

琼脂糖（agarose）是由琼脂经过反复洗涤除去硫酸根离子之后的链状多糖制成，主要结构单元是D-半乳糖和3,6-脱水-L-半乳糖。琼脂糖凝胶是将琼脂糖干粉在一定量的电泳缓冲液中加热熔化，冷却后形成的大网孔型凝胶。琼脂糖凝胶具有结构均匀、含水量大、对样品吸附作用小、透明度高、易染色等特点，可以用于核酸、蛋白质、免疫复合物及同工酶等多种生物分子的电泳分析，尤其是在核酸的分离和鉴定中广泛应用。

琼脂糖凝胶可以制作成不同的形态。圆柱胶和平板胶是常见的凝胶形态，分别用于垂直电泳（如圆盘电泳）和水平电泳。垂直电泳的分离效果好于水平电泳，但平板胶也有很多优点：①制备方便，大小和厚度灵活多变；②由于整块胶下面有支撑，因此适用于低浓度琼脂糖；③加样和样品回收更方便。因此，琼脂糖凝胶多用于水平电泳。

琼脂糖凝胶浓度是影响样品分离的重要因素，不同浓度的琼脂糖凝胶有各自适宜的样品分离范围。在电泳分析核酸样品时，应根据样品中分子的大小选择适宜的琼脂糖凝胶浓度。琼脂糖凝胶浓度一般以每100 mL电泳缓冲液中加入琼脂糖干粉的质量（g）来标识，即质量和体积的百分比浓度（%）。电泳分离DNA分子时应根据其大小确定合适的凝胶浓度。如表2-2所示，凝胶的浓度越低，适用于分离的DNA分子大小范围越大，因此分离大的DNA分子在低凝胶浓度条件下分离效果较好。但是，凝胶浓度太低也会给制胶和电泳结束后的取胶带来困难。凝胶浓度越大，越适宜较小DNA分子的分离，但浓度一般控制在2%以下，因为过高的浓度会使凝胶变得硬而脆，电泳速率慢，样品回收困难。

表2-2　DNA分子大小与琼脂糖浓度的关系

琼脂糖凝胶浓度/%	可分辨的线性DNA大小范围/kb
0.3	5～60
0.6	1～20
0.7	0.8～10
0.9	0.5～7
1.2	0.4～6
1.5	0.2～4
2.0	0.1～3

在琼脂糖凝胶电泳分离核酸时，核酸分子的大小和空间结构也是影响其电泳速率的重要因素。在构象相同的情况下，分子越大的DNA，其电泳速率越小。在分子量相当的情况下，双链DNA可以有共价闭合环状DNA（covalently closed circular DNA，cccDNA）、双链断开的线性DNA（linear DNA，lDNA）和一条链断开一条链环状的开环DNA（open circular

DNA，ocDNA）3种构象，其电泳速率为：cccDNA＞lDNA＞ocDNA。因此，一种质粒DNA会因为两条链的断裂情况不同，在琼脂糖凝胶中分为3种具有不同电泳速率的谱带。在琼脂糖浓度很高时，环状DNA（一般为球形）不能进入胶中，相对迁移率为0，而同等大小的线性双链DNA（刚性棒状）可以按长轴方向前进。RNA虽然是单链分子，但局部碱基配对形成的高级结构同样影响其电泳速率。

三、聚丙烯酰胺凝胶

聚丙烯酰胺凝胶（polyacrylamide gel，PAG）是由单体丙烯酰胺（acrylamide，Acr）和交联剂甲叉双丙烯酰胺（bis - acrylamide，Bis）在加速剂和催化剂的作用下聚合交联成的三维网状结构。

与其他凝胶相比，聚丙烯酰胺凝胶有下列优点：①几乎无电渗作用，不易和样品相互作用。只要丙烯酰胺纯度高，操作条件一致，则样品分离重复性好。②化学性质稳定。丙烯酰胺不会与被分离物发生化学反应，而且对pH和温度变化较稳定。③在一定浓度范围内凝胶无色透明，有弹性，机械性能好，易观察，可用检测仪直接测定。④凝胶孔径可调。可以根据被分离物的分子量选择合适的浓度，通过改变单体及交联剂的浓度调节凝胶的孔径大小。⑤分辨率高。尤其是在不连续凝胶电泳中，分离集浓缩、分子筛和电荷效应为一体，比醋酸纤维素薄膜电泳、琼脂糖凝胶电泳等有更高的分辨率。这些优点使得聚丙烯酰胺凝胶电泳广泛用于蛋白质、核酸等生物分子的分离、制备和定量分析，如测定蛋白质的分子量、等电点及核酸分子的序列等。

根据加速剂和催化剂的不同，制备聚丙烯酰胺凝胶时常用化学聚合和光聚合两种体系。催化剂有过硫酸铵［$(NH_4)_2S_2O_4$，APS］、过硫酸钾、过氧化氢等，加速剂有N,N,N',N'-四甲基乙二胺（TEMED）、二甲胺丙腈等。APS - TEMED系统是化学聚合体系：加速剂可促使催化剂在水溶液中产生自由基，然后激活Acr单体，形成单体长链，与交联剂Bis作用聚合成凝胶。核黄素- TEMED系统是光聚合体系，光聚合作用通常需要痕量氧原子和光激发才能发生，核黄素在氧及紫外线作用下还原成无色核黄素，然后再被氧化生成自由基，从而引发聚合作用。核黄素催化聚合可以不加TEMED，但加入TEMED可以加速光聚合。化学聚合比光聚合的凝胶孔径小，重复性和透明度好，但凝胶中残留的过硫酸铵可能会导致蛋白质的氧化变性或电泳区带变形。除催化剂和加速剂外，制备该凝胶时还要注意以下几点：①空气中的氧能淬灭自由基，使聚合反应变慢，所以在聚合过程中要使反应液与空气隔绝。②某些材料（如有机玻璃）能抑制聚合反应。③某些化学药物（如赤血盐）可以减慢反应速度。④温度升高使聚合加快，温度降低使聚合变慢。

聚丙烯酰胺凝胶的筛孔、机械强度及透明度等很大程度上由凝胶的总浓度和交联剂的含量决定。衡量聚丙烯酰胺凝胶筛分特性有两个重要指标：凝胶浓度和交联度。每100 mL凝胶溶液中含有单体和交联剂的总克数称凝胶浓度，用T表示。凝胶浓度过高时，凝胶硬而脆，容易破碎；凝胶浓度太低时，凝胶稀软，不易操作。凝胶溶液中交联剂占单体和交联体总量的百分数称为交联度，常用C表示。交联度过高，胶不透明并缺乏弹性；交联度过低，凝胶呈糊状。T与C不仅与凝胶的机械性能有关，还与凝胶的孔径关系极为密切，而凝胶孔径是影响电泳分离效果的重要因素。一般凝胶浓度越大，凝胶孔径越小，样品颗粒穿过网孔的阻力越大。对于特定的蛋白质，可以采用4%～10%的一系列凝胶浓度梯度进行预先试验，以选出最适凝胶浓度。经验值如表 2－3 所示，生物体内大多数蛋白质采用 7.5%浓度的凝胶都能获得较好的分离效果。

表 2－3　不同分子质量范围的蛋白质和核酸与凝胶浓度的关系

物质类型	分子质量范围/u	适用的凝胶浓度/%
蛋白质	$<10^4$	20～30
	$1\times10^4\sim4\times10^4$	15～20
	$4\times10^4\sim1\times10^5$	10～15
	$1\times10^5\sim5\times10^5$	5～10
	$>5\times10^5$	2～5
核酸	$<10^4$	10～20
	$10^4\sim10^5$	5～10
	$10^5\sim2\times10^6$	2～3.6

第三节　几种常用的电泳技术

一、十二烷基硫酸钠-聚丙烯酰胺凝胶电泳

十二烷基硫酸钠-聚丙烯酰胺凝胶电泳（SDS－PAGE）是由 Shapiro(1967) 建立继而由 Weber 和 Osborn(1969) 改进的一种变性凝胶电泳。在样品和聚丙烯酰胺凝胶中加入十二烷基硫酸钠（sodium dodecyl sulfate，SDS）后，蛋白质分子的迁移率主要取决于其分子大小，与所带的净电荷和形状无关，主要用于蛋白质亚基分子量的测定。

SDS 是一种阴离子去污剂，样品和凝胶中的 SDS 能破坏蛋白质分子内和分子间的氢键，使分子去折叠，从而破坏蛋白质分子的高级结构。处理样品时加入强还原剂，如 β－巯基乙醇（β－mercapto ethanol）和二硫苏糖醇（dithiothreitol，DTT），能使蛋白质分子中半胱氨酸残基之间的二硫键断裂。在 SDS 和还原剂的作用下，蛋白质分子被解聚成独立的多肽链。多肽链与 SDS 结合形成的复合物在溶液中都是长椭圆棒状，椭圆棒的短轴直径对不同的肽链- SDS 复合物基本上是相同的，约为 1.8 nm，但椭圆棒的长轴则与亚基分子量大小成正比，从而使迁移率不受蛋白质亚基形状的影响。由于 SDS 带有大量负电荷，当其与多肽链结合后，所带负电荷大大超过了多肽链解离所带的电荷量，消除或掩盖了不同种类多肽链之间的电荷差异，使其带有近乎相同密度的负电荷。因此，多肽链在 SDS－PAGE 中的电泳速率不再受蛋白质原有电荷和形状的影响，而主要取决于椭圆棒的长轴长度，即蛋白质亚基的分子量大小。当蛋白质亚基的分子质量在 15～200 ku 之间时，其电泳迁移率与相对分子质量的对数成线性关系。

使用 SDS－PAGE 测定蛋白质或亚基的相对分子量时，应注意以下几点：①SDS 与蛋白质的结合按质量成比例（1.4 g SDS∶1 g 蛋白质），蛋白质含量过高会造成 SDS 结合量不足。②用 SDS－PAGE 测定蛋白质分子量时，要同时做标准曲线，以提高测定的准确性。且用此法测定分子量有一定误差，不可完全信任。③有些蛋白质的亚基（如血红蛋白）是由两条以上多肽链（如 α－胰凝乳蛋白酶）组成的，变性后测定的是它们的亚基或单条肽链的相

对分子量。④有的蛋白质不能采用该法测定分子量，如电荷异常或结构异常的蛋白质、带有较大辅基的蛋白质。

二、梯度凝胶电泳

1. 孔径梯度凝胶电泳 用SDS-PAGE测定蛋白质分子量时，由于SDS及还原剂的作用，天然蛋白质被解离成亚基或肽链，因此测得的分子量并不是天然蛋白质的分子量，要确定其真正的分子量还需要配合其他方法验证。Margolis和Slater等以聚丙烯酰胺为电泳支持物，制备成有孔径梯度（pore gradient，PG）的非变性凝胶，进行孔径梯度-聚丙烯酰胺凝胶电泳（PG-PAGE），用于分离和鉴定各种蛋白质组分或测定寡聚蛋白的分子量。

孔径梯度凝胶的制备与均一浓度凝胶制备不同，应预先配制低浓度胶（2%～4%）和高浓度胶（16%～30%）贮备液，将前者与后者按体积比1∶1混合，在梯度混合仪及蠕动泵的协助下，自下至上灌胶。待凝胶聚合后，形成从下到上浓度从大到小依次排列的孔径梯度凝胶。

在pH大于蛋白质等电点的缓冲体系中电泳时，蛋白质样品从负极向正极自上而下移动，随着凝胶浓度逐渐增加，凝胶孔径逐渐减小，蛋白质颗粒所受阻力越来越大。在电泳刚开始时，蛋白质在凝胶中的迁移速度主要受其分子量和电荷密度影响，分子量越小，电荷密度越高，迁移速度越快。当蛋白质迁移到所受阻力最大时，完全停止前进，此后低电荷密度的蛋白质将“赶上”与之大小相似、但具有较高电荷密度的蛋白质。因此，在聚丙烯酰胺梯度凝胶电泳中，蛋白质最终的迁移位置只取决于本身分子大小，与蛋白质的电荷密度无关。

与均一聚丙烯酰胺凝胶电泳相比，PG-PAGE具有以下优点：①寡聚蛋白质不会被解离成亚基，可以直接测定天然蛋白质的分子量；②梯度凝胶孔径的不连续性能够使样品充分浓缩，低浓度样品可以分多次加样，不影响样品在凝胶中的最终滞留位置；③可提供更清晰的蛋白质区带，用于蛋白质纯度鉴定；④在一个凝胶板上可以同时测定数个分子量相差很大的蛋白质，浓度范围为4%～30%的PG-PAGE可以分辨分子质量在50 000～200 000 ku之间的各种蛋白质。

虽然PG-PAGE具有以上优点，但其主要适用于测定球状蛋白的分子量，对纤维状蛋白的分子量测定存在较大的误差。另外，电泳时，要求足够高的电压和足够长的时间（一般不低于2 000 V·h）。

2. 变性梯度凝胶电泳 变性梯度凝胶电泳（denaturing gradient gel electrophoresis，DGGE）最早是由Lerman等在检测DNA片段中的点突变时发明的一种电泳方法，此后Muyzer等（1993）将其应用于微生物群落结构研究。温度梯度凝胶电泳（temperature gradient gel electrophoresis，TGGE）也可以看作特殊的DGGE，目前已经成为研究微生物群落结构的主要分子生物学方法之一。

在一般的聚丙烯酰胺凝胶电泳中，序列组成不同但长度相同的双链DNA分子的电泳速率几乎没有差异，但可以利用DGGE/TGGE进行区分。只需在凝胶中加入变性剂（尿素和甲酰胺）梯度或温度梯度，就能够把同样长度但序列不同的DNA片段区分开来。

一个DNA片段特有的序列组成决定了其解链区（melting domain，MD）的解链行为（melting behavior），不同解链区的序列差异使得其变性要求的变性剂浓度（或温度）也各不相同。长度相同但序列不同的双链DNA进行DGGE/TGGE时，一开始变性剂浓度（或温度）较低，即使最容易变性解链的区域也没有解链，此时DNA片段的迁移行为和在一般聚丙烯酰胺凝胶中泳动没有区别。随着DNA向前迁移，变性剂浓度或凝胶温度逐渐升高，当变性能力达到DNA最低的解链区的变性要求时，该区域一段连续的序列发生解链。当变性剂浓度（或温度）继续升高，其他解链区域依次解链，直至变性剂浓度（或温度）达到最高解链区要求时，螺旋最稳定的解链区也发生解链，双链DNA完全解链。一旦DNA片段发生解链，部分解链的DNA片段在胶中的迁移率会急剧降低，不同解链区的变性使得DNA片段会在胶中不同位置发生电泳速率的剧烈变化，使长度相同但序列不同DNA在胶中被区分开来。

序列差异发生在最高解链区的DNA之间需要辅助以GC夹子才能进行区分。一旦变性剂或温度浓度达到DNA片段最高的解链区域的要求时，DNA片段会完全解链，成为单链DNA分子，此后它们在胶中的电泳速率又变得没有差异。因此，如果不同DNA片段的序列差异发生在最高的解链区域时，这些片段就不能被区分开来。可以在DNA片段的一端加入一段富含G-C的长30～50个碱基对的DNA片段来解决这一难题，称之为GC夹子。含有GC夹子的DNA片段最高的解链区域在GC夹子这一段序列处，它的解链要求变性剂浓度（或温度）很高，可以防止DNA片段在DGGE/TGGE胶中完全解链，DNA片段中基本上每个碱基处的序列差异都能被区分开。当用DGGE/TGGE技术来研究微生物群落结构时，首先利用PCR技术扩增16S rRNA，通常根据16S rRNA基因中比较保守的碱基序列来设计通用引物，其中一个引物的5′端含有一段GC夹子，扩增产物用于DGGE/TGGE分析。

三、等电聚焦电泳

等电聚焦（isoelectric focusing，IEF）电泳是20世纪60年代建立的一种依据两性解离物质的等电点（p*I*）差异进行分离的一种技术。目前等电聚焦技术已经可以分辨等电点相差0.001 pH单位的生物分子。由于其分辨率高、重复性好、操作简便迅捷，被广泛应用在生物化学、分子生物学及临床医学研究中。

1. 等电聚焦的原理 样品颗粒净电荷不为零是其在电场中定向移动的前提。以蛋白质等电聚焦电泳为例，当等电点（p*I*）各不相同的蛋白质分子在pH梯度聚丙烯酰胺凝胶中定向迁移时，当蛋白质分子迁移至与其p*I*相同的pH处，因所带净电荷为零而不再继续迁移。

等电聚焦的分辨率大大高于常规聚丙烯酰胺凝胶电泳，这种聚焦效应是高分辨率的保证。在电泳迁移过程中，如果蛋白质是向负极扩散，将进入高pH范围而使自身带负电，正极就会吸引它回去，直至回到净电荷为零的位置。同样，如果蛋白质是向正极扩散，将会带正电，负极将吸引它回去，直到回到净电荷为零的位置。因此，蛋白质只能在与其等电点相同的pH位置被浓缩成一条狭窄而稳定的区带。

2. pH梯度的形成 等电聚焦电泳技术的关键在于凝胶中pH梯度的建立。根据建立pH梯度原理的不同，又可以将pH梯度分为载体两性电解质pH梯度（carrier ampholyte pH gradient）和固相pH梯度（immobilized pH gradient，IPG）。

载体两性电解质pH梯度是由电泳支持介质中的载体两性电解质在预电泳中形成的。载体两性电解质实际上是许多异构体和同系物的混合物，包含一系列多羧基多氨基脂肪族化合物，要求具有缓冲能力强、导电性良好、分子质量小且不干扰被分析样品等一系列特点。最常用的载体两性电解质是Ampholine，它是一种分子质量为300～1 000 u的多氨基多羟基两性化合物的混合物。当通以直流电时，经过适当时间电泳后，等电点各自相异却又相近的两性电解质按照等电点递增的次序在支持物中从正极向负极依次排列，彼此相互衔接，形成一个由正极到负极逐渐升高的线性 pH 梯度，如 pH 7～8 或 pH 3～10 等。当蛋白质进入凝胶时，靠近正极侧的蛋白质因处于酸性环境中带正电荷而向负极移动，靠近负极侧的蛋白质因处于碱性环境中而带负电荷向正极移动，最终都聚焦在与其等电点相同的 pH 位置上，形成不同的蛋白质区带。在样品分析中多选用超薄水平板式凝胶，分辨率可达 0.01 pH 单位，具有分析样品多、两性电解质用量少、结果重复性好等优点。

固相 pH 梯度是由固定化电解质与聚丙烯酰胺凝胶聚合而成。固定化电解质是一系列具有弱酸或弱碱性质的丙烯酰胺衍生物，如 Immobiline 包含 7 种丙烯酰胺衍生物。在与丙烯酰胺和甲叉双丙烯酰胺聚合过程中，固定化电解质一端的双键在聚合中共价结合到聚丙烯酰胺上，另一端的 R 基团为弱酸或弱碱，在聚合物中形成弱酸或弱碱的缓冲体系，在滴定终点附近形成固定的、不随环境电场等条件变化的近似线性的 pH 梯度。

固相 pH 梯度与载体两性电解质 pH 梯度所用电解质不同，电泳特性也各有特点。固相 pH 梯度用的电解质不是两性分子，在 PAG 聚合时便形成 pH 梯度，不随环境电场条件的改变而改变；后者是两性分子，在电场中迁移到自己的等电点后才形成 pH 梯度。除此之外，固相 pH 梯度还具有以下优点：①分辨率更高，可达 0.001 pH，可以分离和制备等电点及其相近的蛋白质和多肽；②固相 pH 梯度更稳定，不漂移；③样品中盐的干扰小，对碱性蛋白质也能很好地分离，无边缘效应，重复性好；④加样容量更大。这些优点使固相 pH 梯度特别适合于双向电泳的第一向，但也存在灌胶技术复杂、只能使用聚丙烯酰胺凝胶、电泳时需要高电压、电泳时间长和 pH 范围窄时测定困难等缺点。目前商用固相 pH 梯度凝胶一般是窄的干胶条。

两种 pH 梯度等电聚焦电泳时样品的处理方法大致相同。对未知样品，应先用宽 pH 范围的载体两性电解质聚焦大致确定其等电点位置，再用固相 pH 梯度凝胶精确分离。对复杂成分的样品和双向电泳的第一向，应采用宽范围的固相 pH 梯度凝胶。有些蛋白质的溶解度很低或在接近等电点时溶解度很低，需要使用增加可溶性的添加剂，如载体两性电解质、尿素、去垢剂等提高分离效果。膜蛋白等电聚焦时，样品和凝胶中加入载体两性电解质可增加膜蛋白的可溶性。

四、双向电泳

双向电泳又称为二维聚丙烯酰胺凝胶电泳（2D－PAGE），它是将等电聚焦技术和 SDS－PAGE 技术相结合形成的一种分离分析蛋白质最有效的电泳手段。通常双向电泳的第一向电泳是等电聚焦，根据蛋白质等电点不同将蛋白质分离开；第二向电泳是 SDS－PAGE，电泳方向与第一向电泳垂直，根据蛋白质分子量的差异将蛋白质分开。各个蛋白质根据等电点和分子量不同而被分离，分布在二维图谱上，分离的结果不是条带，而是斑点。图 2－1 为小麦黄化叶片的全蛋白双向电泳图，从左到右是等电点的增加，从下到上是分子量的增加。双向电泳的分辨率极高，细胞提取液的双向电泳可以分辨出 1 000～3 000 个蛋白质，有些报道可以分辨出 5 000～10 000 个斑点，与细胞中可能存在的蛋白质数目接近。双向电泳是目前所有电泳技术中分辨率最高、获取信息最多的技术，也是研究蛋白质组的关键技术。

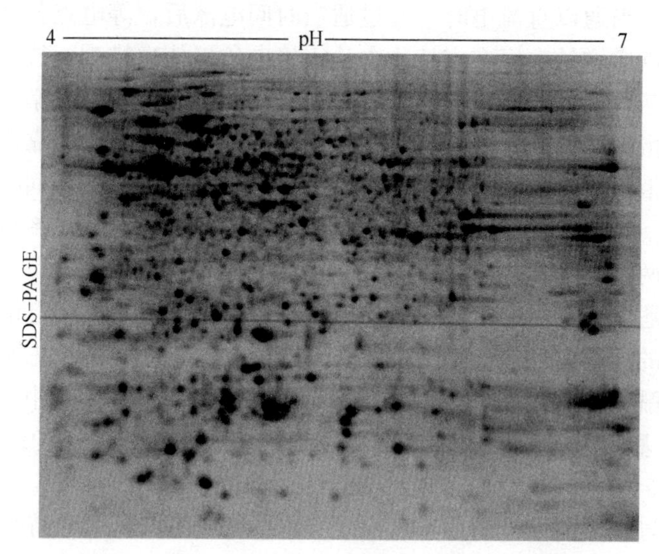

图 2-1　小麦黄化叶片全蛋白双向电泳图

五、毛细管电泳

毛细管电泳（capillary electrophoresis，CE）是一类以毛细管为分离通道，以高压直流电场为驱动力的电泳技术。瑞典科学家 Hjerten(1967）最先提出毛细管区带电泳（capillary zone electrophoresis，CZE)，此后 Jorgenson 和 Lukacs(1981）引入了荧光检测器进行分析，Terabe(1984）将胶束引入毛细管电泳，Hjerten 等（1987）将等电聚焦技术引入毛细管电泳，同年 Cohen 建立了毛细管凝胶电泳技术。液相色谱和毛细管电泳相结合形成了电色谱技术，进一步扩大了电泳的应用范围。在各种毛细管电泳技术中，以毛细管区带电泳、毛细管凝胶电泳和胶束电动毛细管色谱应用较多。

毛细管电泳具有分析速度快、分离效率高、成本低、样品消耗少和可自动化等特点，能检测尿样、血浆、血清、脑脊液、红细胞及其他体液或组织，对氨基酸、多肽、蛋白质（包含酶)、糖、寡核苷酸、DNA 等生物活性分子、离子、药物及其代谢产物等进行分离和分析，广泛用于生理、生化和分子生物学研究等领域。

第三章

离　心　技　术

离心是一种通过高速旋转产生的强大离心力使样品颗粒移动和沉降，从而对其进行分离和分析的技术。离心技术是从细胞匀浆中分离出亚细胞成分或蛋白质、核酸、酶等生物大分子最常用的方法，是生物化学和分子生物学研究不可缺少的实验技术之一。

第一节　基本原理

将样品放入离心机转头的离心管内，离心机驱动时，样品溶液就随离心管做匀速圆周运动，于是就产生了一个向外的离心力。由于不同颗粒的质量、密度、大小及形状等彼此各不相同，在相同大小的离心力场中沉降速度也就不同，因此可以相互分离。

一、离心力

当溶液中质量为 m 的颗粒（生物大分子或细胞器）以一定角速度做圆周运动时要受到一个向外的离心力 F。这种力的大小取决于角速度（ω）和旋转半径（r），由下式定义，即：

$$F=m\cdot r\cdot \omega^2=m\cdot r\cdot \left(\frac{2\pi N}{60}\right)^2$$

式中，m 为沉降颗粒的有效质量（g）；r 为离心半径（cm），即沉降颗粒到转头中心轴之间的距离；N 为离心机每分钟的转数（r/min）。通常离心力常用地球引力的倍数来表示，因而称为相对离心力（RCF）。可用下式计算：

$$RCF=\left(\frac{2\pi N}{60}\right)^2\cdot r\cdot m/(m\cdot g)$$

$$=1.119\times 10^{-5}\times N^2\cdot r$$

由上式可见，只要给出旋转半径 r，则 RCF 和 N 之间可以相互换算。但是由于转头的形状及结构的差异，使每台离心机的离心管从管口至管底的各点与旋转轴之间的距离是不一样的，所以在计算时规定旋转半径均用平均半径“r_{av}”代替，即 $r_{av}=(r_{min}+r_{max})/2$。

r_{max} 和 r_{min} 分别指从离心管底和管口到旋转轴中心的距离。

二、沉降系数

1924 年，Svedberg 定义沉降系数为颗粒在单位离心力作用下的沉降速度，即：

$$S=(\mathrm{d}r/\mathrm{d}t)/(\omega^2 r)$$

沉降系数的物理意义是颗粒在离心力作用下从静止状态到达极限速度所经过的时间。沉降系数的单位用 Svedberg 表示，简称 S，量纲为秒，1 S$=10^{-13}$ s，质量未知的细胞器、亚细胞器、生物高分子常用 S 值粗略表示其大小，如 70S 核糖体、16S rRNA 等。

$$S=2.303\frac{\lg(r_2/r_1)}{\omega^2(t_2-t_1)}$$

式中，r_1、r_2 为测定起始与结束时颗粒距转轴中心距离；t_1、t_2 为沉降起始与结束时间。

第二节　离心机的种类和基本结构

一、种类

离心机是借助离心力产生的沉降作用用来分离液体、固体颗粒或其混合物中各组分的仪器。实验用离心机可以根据其用途、转速、使用温度等进行分类（表3-1）。制备型离心机主要用于样品中组分的分离、浓缩和纯化，每次分离的样品容量比较大；分析型离心机一般都带有光学系统，主要用于研究纯的生物大分子和颗粒的理化性质，依据待测物质在离心力场中的行为（用离心机中的光学系统连续监测），推断物质的纯度、形状和分子质量等。

表3-1　离心机分类依据

分类依据	转速	使用温度	用途
离心机类型	普通（<6 000 r/min） 高速（6 000～25 000 r/min） 超速（>25 000 r/min）	常温、低温 常温、冷冻 冷冻	制备型 制备型 制备型、分析型

二、基本结构

离心机主要包括转头、驱动和速度控制系统、温度控制系统、真空系统4个部分。

制备型离心机广泛用于各种细胞器、病毒以及生物大分子的分离、纯化，是实验室不可缺少的离心设备。制备型超速离心机具有超过500 000g 的离心力，是目前制备型离心机发展的最高形式。现以这种离心机为例介绍离心机的结构。

1. 转头　在制备型超速离心机中采用的转头种类繁多，一般可分为5类：角式转头、水平式转头、垂直式转头、区带转头和连续转头。其中角式转头和水平式转头最为常见。

（1）角式转头。其名称来源是因为离心管放到转头中和旋转轴始终保持着一定的角度。这类转头的优点是具有较大的容量，速度可升得较高。

（2）水平式转头。由一个转头悬吊着3～6个自由活动的吊桶（离心管套）构成。当转头静止时，这些吊桶垂直悬挂，随着转头升速，吊桶外甩到水平位置。这类转头主要用于过滤离心和密度梯度离心。离心时离心管保持水平状态，样品组分均匀通过滤膜或梯度物质，以横过离心管的方式分布在滤膜上下或离心管的不同区域。与角式转头相比，水平离心所形成的区带分布均匀，但所需时间更长。

2. 驱动和速度控制系统　大多数超速离心机的驱动装置是由水冷或风冷电动机通过精密齿轮变速，或直接用变频马达连接到转头轴构成。由于驱动轴的直径仅仅0.48 cm左右，在旋转中细轴可有一事实上的弹性弯曲，以便适应转头不平衡，而不至于引起震动或转轴损伤。但是，离心管及其内含物必须精密地被平衡到相互之差不超过0.1 g。除速度控制系统以外，还有一个过速保护系统，以防止转速超过转头最大规定转速。如果出现转速超过转头最大规定转速的情况，会引起转头的撕裂或爆炸。因此离心腔总是用能承受此种爆炸的装甲钢板密闭。

3. 温度控制系统 超速离心机的温度控制是由安置在转头下面的红外线射量感受器直接并连续监测转头的温度，以保证更准确更灵敏的温度调控。

4. 真空系统 当转速超过 40 000 r/min 时，空气与旋转的转轴以及转头之间的摩擦产热较多，会影响样品的生物活性，因此，超速离心机配置了真空系统。

普通制备型离心机和高速制备型离心机的结构较简单，其转头多是角式和水平式两种，没有真空系统。普通制备型离心机多数在室温下操作，速度不能严格控制。高速制备型离心机有消除空气和转头间摩擦热的制冷装置，速度和温度控制较严格。

三、分析型超速离心机

分析型超速离心机主要是为了研究生物大分子物质的沉降特征和结构。因此，它使用了特殊设计的转头和检测系统，以便连续监测物质在离心力场中的沉降过程。转头是椭圆形的，通过一个有柔性的轴连接到一个超速的驱动装置上，在一个冷冻的、真空的腔中旋转。转头上有 2～6 个离心杯小室，离心杯是扇形的，可以上下透光。离心机中装有光学系统，在整个离心期间能通过紫外吸收或折射率的变化监测离心杯中沉降着的物质，在预定的时间可以拍摄沉降物质的照片。物质沉降时，在重颗粒和轻颗粒之间形成的界面就像一个折射的透镜，在检测系统的照相底板上产生一个峰，由于沉降不断进行，界面向前推进，因此峰也移动。根据峰移动的速度可以得到有关物质沉降速度的指标。

第三节 制备超离心法

制备超离心法可用来分离细胞、亚细胞结构或生物高分子。根据分离的原理不同，制备超离心法又可分为差速离心法和密度梯度离心法。

一、差速离心法

差速离心法又称分级分离法，是最普通的离心法，即采用逐渐增加离心速度或低速和高速交替进行离心，使沉降速度不同的颗粒在不同的离心速度及不同的离心时间下分批分离的方法。此法一般用于分离沉降系数相差较大（一般在一个到几个数量级）的颗粒。沉降系数差别越大，分离效果越好。

进行差速离心时，首先要选择好颗粒沉降所需的离心力和离心时间。离心力过大或离心时间过长，容易导致大部分或全部颗粒沉降及颗粒被挤压损伤。当以一定离心力在一定的离心时间内进行离心时，沉降速度最大的颗粒首先沉降在离心管底部，将上清液转移至另一离心管中加大转速并控制一定的离心时间，就可获得沉降速度中等的颗粒。如此多次离心操作，就可在不同转速及时间组合条件下，实现沉降系数不同的各个组分的分离（图 3－1）。用差速离心法分离到的某一组分并不十分均一，沉淀中混杂有部分沉降速度稍小的组分，需经再悬浮和再离心（2～3 次），才能得到较纯的组分。

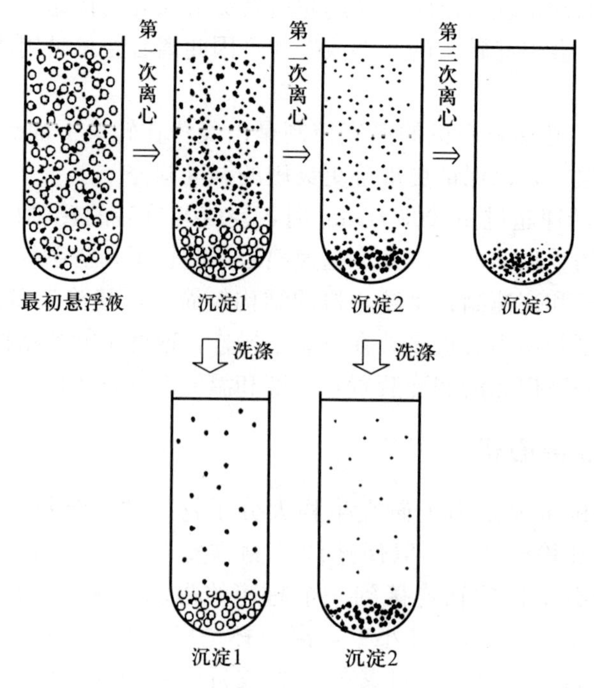

图 3－1　差速离心的操作步骤

差速离心法主要用于分离细胞器和病毒。优点是：操作简单，离心后用倾倒法即可将上清液与沉淀分开，并可使用容量较大的角式转头。缺点是：①分离效果差，不能一次得到纯组分；②壁效应严重，即颗粒很大或浓度很高时，在离心管壁一侧会出现沉淀；③颗粒被挤压，离心力过大或离心时间过长会使颗粒变形、聚集而失活。

二、密度梯度离心法

密度梯度离心法又称区带离心法，是将样品加在密度梯度介质中进行离心沉降或沉降平衡，在一定的离心力下把颗粒分配到梯度中某些特定位置上，形成不同区带的分离方法。此法的优点是：①分辨率高，可分离沉降系数值仅相差 10%～20%的组分，同时使样品中几个或全部组分分离，这是差速离心所不及的；②适应范围广，既能像差速离心法一样分离具有沉降系数差的颗粒，又能分离有一定浮力密度差的颗粒；③颗粒不会挤压变形，能保持颗粒活性，并防止已形成的区带由于对流而引起混合。此法的缺点是：①离心时间较长；②需要制备密度梯度介质溶液；③操作严格，不易掌握。根据操作方法的不同，密度梯度离心法可分为速率区带离心和等密度梯度离心。

1. 速率区带离心　首先在离心管中装好预制的一种正密度梯度介质，介质密度自上而下逐渐增大，然后在其表面小心铺上一层样品溶液（图 3－2）。离心时，由于离心力的作用，样品中各组分离开原样品层，按照它们各自的沉降速度向管底沉降，离心一定时间后，沉降的颗粒逐渐分开，故称速率区带离心。

预制密度梯度介质的作用有两个：一是支撑样品；二是防止离心过程中产生的对流对已形成区带产生破坏作用。但是样品颗粒的密度一定要大于密度梯度介质的最大密度，否则就不能使样品各组分得到有效分离。也正因如此，速率区带离心时间不能过长，必须在沉降速

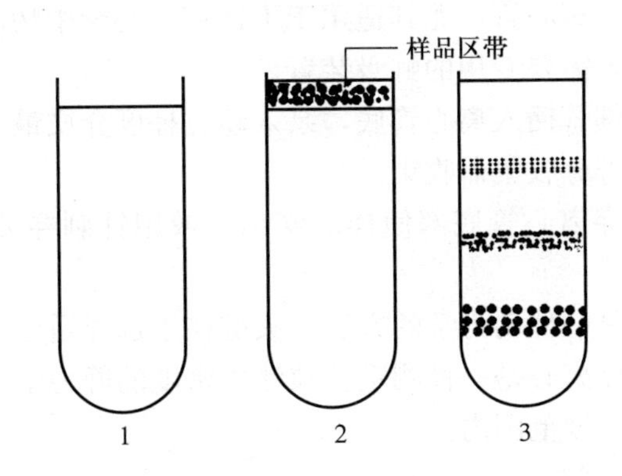

图 3-2　在水平式转头中进行速率区带离心

1. 充满密度梯度溶液的离心管　2. 样品加于梯度液的顶部

3. 在离心力作用下颗粒按照各自的沉降速度移动分离

度最大的样品区带沉降到管底之前停止离心，否则样品中所有的组分都将共沉下来，不能达到分离的目的。蔗糖是对生物大分子及颗粒进行密度梯度区带离心时最常用的材料。它易溶于水，而且对核酸及蛋白质具有化学惰性，常用的梯度为 5%～60%。

速率区带离心对物质的分离取决于样品物质颗粒的质量，也就是取决于样品物质的沉降系数，而不是取决于样品物质的密度，因而适宜于分离密度相近而大小不同的颗粒物质。离心过程中，各组分的移动是相互独立的，因此，沉降系数相差很小的组分也能得到很好的分离，这是差速离心所做不到的。但速率区带离心不适于大量制备实验。此离心法的关键是选择合适的离心转速和时间。

2. 等密度梯度离心　等密度梯度离心又称平衡密度梯度离心，是依据氯化铯、硫酸铯等密度较大物质能在强离心力下自发形成密度梯度溶液来进行离心分离的技术。开始离心前，把待分离样品溶液和氯化铯溶液混合在一起，离心过程中各组分将逐步移至与它本身密度相同的液相介质区域形成区带（图 3-3），故称为等密度梯度离心。

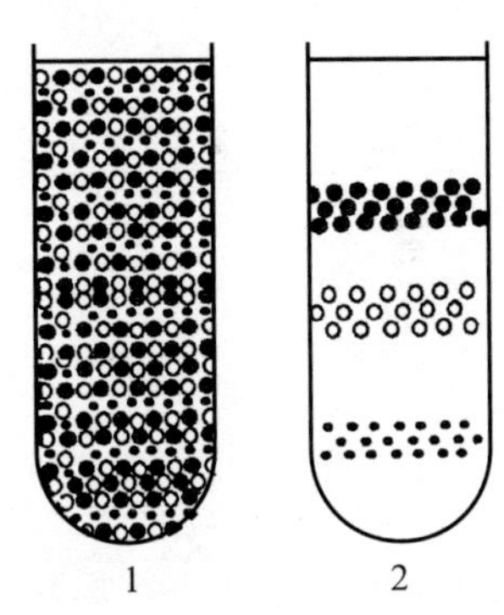

图 3-3　等密度梯度离心时颗粒的分离

1. 样品与梯度物质混合的均匀溶液

2. 在离心力作用下，梯度物质重新分配，样品颗粒停留在各自的等密度处形成区带

在等密度梯度离心中，组分的分离完全取决于组分之间的密度差。离心时间的延长或转速太高都不会破坏已形成的样品区带，也不会发生共沉现象。等密度梯度离心法的分离效率取决于样品颗粒的浮力密度差，密度差越大，分离效果越好，与颗粒大小和形状无关，但大小和形状决定着达到平衡的速度、时间和区带宽度。等密度梯度离心法所用的梯度介质通常为氯化铯（CsCl），其密度可达 1.7 g/cm^3。此法可分离核酸、亚细胞器等，也可以分离复合蛋白质，但不适用于分离简单蛋白质。

离心后离心管中各分离物质一般用 3 种方法进行分部收集，即虹吸法、取代法及穿刺法。

（1）虹吸法。不会损伤离心管，尤其适用于不锈钢离心管中物质的分部收集。因为虹吸时要严防已分离物被扰动，需要专用的虹吸装置。

（2）取代法。用一根细管插入离心管底，泵入超过梯度介质最大密度的取代液，将样品和梯度介质压出，用自动部分收集器收集。

（3）穿刺法。用针刺穿离心管底部使样品滴出，或用针刺穿离心管区带所在部位的管壁，把样品区带抽出。

综上所述，差速离心是一种动力学的方法，关键在于选择适合于各分离物的离心力和相应的离心时间。等密度梯度离心是一种测定颗粒浮力密度的静力学方法，关键是选择氯化铯密度使之处于待分离物的密度范围内。

第四章 层析技术

1903年，俄国植物学家 M. Tswett 发现植物叶片的石油醚提取液在流经碳酸钙吸附柱时各种色素可以排列成色谱，故把这种分离方法命名为色谱法，又称层析法。随后，该技术被广泛用于无色物质的分离和分析。现在，层析技术已成为生物化学、分子生物学、生物工程等学科领域广泛使用的研究技术。

第一节　层析技术的原理和分类

一、层析技术的原理

层析技术是利用不同物质之间的理化性质的差异建立起来的一类分离技术。所有的层析系统都有两个最基本的组成部分：固定相和流动相。在层析分离过程中，固定相始终保持静止状态，而流动相沿固定相定向移动。固定相一般是固体物质，也可以是附着或结合在固体支持物上的液体，如纸层析中滤纸表面吸附的水。流动相可以是液体（如水和各种有机溶剂），也可以是气体。固定相的化学成分一般是单一成分的聚合物或两种以上成分的化学复合物，流动相可以是单一成分，也可以是多种成分按比例配制而成的混合物。因此，层析系统的固定相和流动相有固-液、液-液、固-气和液-气多种组合形式。

当待分离的样品组分随流动相通过固定相时，由于各组分的理化性质（如分子的形状、大小、极性、酸碱度、电荷、亲和力等）存在差异，它们与两相发生直接或间接的相互作用（如吸附、溶解、结合等）的能力也不同。样品在两相中做相对移动时，样品组分与固定相相互作用力越弱，随流动相移动时受到的阻滞作用越小，向前移动的速度越快。反之，与固定相相互作用越强的组分，向前移动速度越慢。根据移动速度的差异，分部收集流出物，即可得到样品中所含的各组分，从而达到分离和分析样品中的组分的目的。

二、层析技术的分类

层析的种类有很多，如表 4-1 所示，可以根据不同的标准进行分类。

根据固定相的物理形态的不同，可以将层析分为平板层析和柱层析。在平板层析中，固定相以薄层的形式附着或结合在纸、薄膜或玻璃等固体支持物表面；液体流动相借助毛细作用在平板的一个方向上定向迁移，称为展层剂。在柱层析中，固定相一般为填充在不同材质（如塑料、玻璃、金属）的中空柱中的固体颗粒，称为层析柱；液体流动相从柱的一端进入，流经固定相后从另一端流出，称为洗脱液。平板层析一般用于一些体积小、组分简单的样品分离，大体积、组分复杂的样品分离多采用柱层析。

根据流动相的物理形态，可以将层析分为液相层析、气相层析和超临界流体层析。液相层析主要用于分离溶于水或有机溶剂的样品组分，操作灵活，形式多样。气相层析主要用于分析挥发性有机物，分离效率高，但容量低、环境条件要求高。超临界流体层析兼具气相层析和液相层析的特点，既可分析气相层析不适用的高沸点、低挥发性样品，又比高效液相层析具有更高的柱效和更大的分离速度。

根据分离原理可以将层析分为分配层析、吸附层析、离子交换层析和亲和层析等。每种层析方法的分离原理见本章第二节内容。

根据实验目的可以将层析分为制备型层析和分析型层析。制备型层析的目的是分离混合物，从中获得一定数量的纯净组分，大多数柱层析都可以用于制备。分析型层析的目的是定性或定量测定混合物中各组分的性质和含量。纸层析和薄层层析主要用于定性分析，气相层析和高效液相层析主要用于定量分析。

根据流动相和固定相的极性不同，液相层析分为正相层析和反相层析。正相层析中流动相的极性小于固定相，层析过程中非极性分子或极性小的分子比极性大的分子移动速度快，主要用于分离纯化极性大的分子。反相层析中流动相的极性大于固定相，层析过程中极性大的分子比极性小的分子移动速度快，主要用于分离纯化极性小的有机分子（如有机酸、醇、酚等）。液相层析分离操作大多数是在非极性键合固定相上进行的。

同一种层析方法可以有多种名称。可以按照一种分类标准进行命名，如硅胶 G 薄层层析；也可以根据不同分类标准进行混合命名，如吸附薄层层析、气体分配层析。

表 4－1　层析技术的一般分类

固定相	流动相	分离装置	分离原理	名　称
固相吸附剂	液体	柱	吸附能力	吸附层析
固相离子交换剂	液体	柱	酸碱度，极性	离子交换层析
固体	液体	薄层	分配系数，吸附能力	吸附薄层层析
液体	液体	柱	分配系数	分配层析
液体	液体	薄层	分配系数	分配薄层层析
液体	液体	纸	分配系数	纸层析
固体	液体	柱	分子大小	凝胶层析
固相配基	液体	柱	分子亲和力	亲和层析
固体	气体	柱	吸附能力	气体吸附层析
固体	气体	柱	分配系数	气体分配层析

三、常用柱层析参数

1. 溶胀度　溶胀是固定相颗粒吸水膨胀的过程。溶胀度（swelling capacity）是固定相吸附溶剂分子达到溶胀平衡时，溶胀后的体积与未溶胀前的体积的比值。在一定溶液中，单位质量（g）的固定相颗粒充分溶胀后所占有的体积，用 V_g 表示。以葡聚糖凝胶为例，Sephadex G 系列凝胶的吸水体积大约为 G 后数字的 1/10，溶胀后的总体积大约为吸水体积的两倍，如 1 g G－200 凝胶干粉颗粒大约吸收 20 mL 水，溶胀后的凝胶总体积为 40 mL。

2. 交换容量　一定条件下，待分离样品分子或离子与固定相（如离子交换剂、吸附剂）

的结合（或交换）达到平衡时，存在于基质上的饱和容量称为交换容量。交换容量反映固定相与样品分子或离子的结合（或交换）能力，一般以每克（或毫升）基质结合此组分的毫摩尔数（或毫克数）来表示，通常可用滴定法测定。有效交换容量既与固定相和样品组分的性质有关，也与实验条件有关。一方面，固定相颗粒大小和颗粒内孔隙大小影响其与样品组分作用的有效表面积，表面积越大，交换容量越高。样品分子的大小、带电荷多少也影响其与固定相的结合（或交换）能力。同一种固定相对不同种类组分的交换容量不同，不同固定相对同一种组分的交换容量也可能不同。交换容量数值越大，表明固定相对组分的亲和力越高。另一方面，溶剂的离子强度、pH 等实验条件影响样品组分和离子交换剂的带电性质。离子强度增大，交换容量下降。洗脱时增大离子强度就是要降低交换容量，将结合在离子交换剂上的样品组分洗脱下来。pH 对弱酸型和弱碱型离子交换剂影响较大。在 pH 较高时，弱酸型离子交换剂的电荷基团可以充分解离，交换容量大；而在 pH 较低时，弱酸型离子交换剂的电荷基团不易解离，交换容量小。

3. 层析体积和时间

（1）柱床体积（V_t）。柱床体积是固定相溶胀后在层析柱中所占有的体积（V_g）、外水体积（V_o）和内水体积（V_i）的总和，即 $V_t=V_o+V_i+V_g$。外水体积是指基质颗粒之间体积的总和，可以通过测定分子量超出分离范围上限的完全排阻分子的洗脱体积来测定。内水体积是指基质颗粒内部体积的总和，可以通过测定分子量小于分离下限的小分子的洗脱体积来测定。

（2）洗脱时间和洗脱体积（V_e）。自溶质从层析柱的一端进入到全部从另一端洗脱出来所需的时间称为洗脱时间。在洗脱时间内收集的洗脱液的总体积称为洗脱体积。

（3）保留时间（t_R）及保留体积（V_R）。自溶质进入层析柱开始到洗脱液中该溶质的浓度到达最高点所需要的时间称为保留时间。保留时间内所收集洗脱液的体积称为保留体积。

（4）死时间（t_0）及死体积（V_0）。不被固定相所吸附且与固定相不发生任何作用的溶质（如空气和甲烷）通过层析柱所需要的时间称为死时间，即分配系数为 0 的溶质的保留时间。在死时间内所收集的洗脱液的体积称为死体积。

4. 柱效　柱效（column efficiency）是指层析分离过程中主要由热力学因素决定的层析柱的分离效能。理论塔板数（N）和理论塔板当量高度（height equivalent of theoretical plate，*HETP*）是描述柱效常用的两个参数。理论塔板当量高度是柱长与理论塔板数的比值，即 $HETP=L/N$。理论塔板数取决于固定相的种类和特性（如颗粒直径、填充状况等）、流动相的种类和流速、柱长、柱内径等因素。在适宜的流速下，层析柱的长径比越大，固定相颗粒越细密，理论塔板数越大，理论塔板当量高度越小，柱效越高，层析分离效果越好。

第二节　几种常用的层析法

一、分配层析

分配层析是一种利用混合物中各组分在固定相和流动相中的分配系数不同而将它们彼此分离的层析技术。1941 年，Martin 和 Synge 首次提出一种正相分配层析技术，并提出了著名的塔板理论（plate theory）。他们以水分饱和硅胶为固定相，以含有乙醇的氯仿为流动相，成功分离了氨基酸。1950 年，Howard 和 Martin 建立了反相分配层析技术，以正辛烷作为固定相，以水作为流动相，对石蜡油进行了液-液层析分离。

在分配层析中，要求固定相和流动相存在某种性质的较大差异。固定相通常是吸附在载体上的溶剂，可以是水、酸、碱（正相分配层析）或亲脂性有机溶剂（反相分配层析），而流动相是另一种与固定相互不相溶的有机溶剂（正相分配层析）或水溶液（反相分配层析）。固定相载体常选用多孔惰性固体，如硅胶、硅藻土、层析滤纸、聚苯乙烯等。硅胶可吸收其本身质量50%的水分而不显湿，可用于正相层析；也可以偶联辛基（C_8）、十八烷基（C_{18}）等多种正烷烃配基，用于反相层析。在分离极性化合物特别是碱性物质时，硅胶表面未与硅烷化试剂反应的硅醇基会产生亲硅醇基效应，对分离效果存在一定影响。硅藻土和滤纸可吸收等重的水分，主要用于正相层析。聚苯乙烯高分子聚合物对强酸碱稳定性好，不产生亲硅醇基效应，常用于反相层析。

1. 分离原理　分配系数（K_D）是指一种溶质在两种互不相溶的溶剂中溶解达到平衡时，该溶质在两种溶剂中的浓度比值。

$$K_D=\frac{\text{溶质在固定相里的浓度（}C_s\text{）}}{\text{溶质在流动相里的浓度（}C_m\text{）}}$$

分配系数与溶剂和溶质的性质有关，同时受温度、压力等条件的影响。虽然不同物质的分配系数不同，但在恒温恒压条件下，某物质在确定的层析系统中的分配系数是常数。

正相层析机理可用塔板理论来解释。某溶质在流动相的带动下流经固定相的分离过程可以看作是其在两相间进行连续动态分配的过程。当样品中含有多种分配系数各不相同的组分时，分配系数越小的组分，随流动相迁移得越快。两个组分的分配系数差别越大，在两相中分配的次数越多，越容易被彻底分离。流动相一般采用比固定相极性小或非极性的有机溶剂。

反相层析机理普遍被人们接受的是由Horvath(1976）提出的疏溶剂理论（solvophobic theory)。该理论假设层析介质是表面均匀、密集覆盖着非极性配基的颗粒，溶质分子由于受到极性流动相的斥力而以其疏水部分结合至固定相的非极性配基上。除此之外，溶质与固定相之间不存在其他任何相互作用。

2. 纸层析　纸层析是以滤纸为载体的分配层析法。滤纸吸收的水中有6%～7%通过氢键与滤纸纤维的羟基结合，一般情况下较难脱去，这些结合水就是纸层析的固定相。流动相是与水不相混溶或部分混溶的一种或多种有机溶剂，又称展层剂。把待分离的样品加在滤纸的一端，展层剂从加样端沿滤纸展开时，样品中的各组分因分配系数不同而在滤纸上迁移速度不同，从而达到分离的目的。某物质在滤纸上的分配特性可以用比移值 R_f 表示：

$$R_f=\frac{\text{色斑中心至上样原点中心的距离}}{\text{溶剂前缘至上样原点中心的距离}}$$

比移值决定于被分离物质在两相间的分配系数以及两相间的体积比。在同一实验条件下，由于两相的体积比是常数，所以比移值决定于分配系数。不同物质的分配系数不同，比移值也不相同，由此可以根据比移值的大小对物质进行定性分析。影响比移值的主要因素是物质的极性与展层剂。在纸层析中，极性强的物质易进入极性的固定相，非极性或极性弱的物质易进入流动相。所以，纸层析中的物质的比移值主要由其极性的大小所决定，极性越强的物质，比移值越小。此外，温度、pH、滤纸质地及展开方式也会影响比移值。

纸层析不仅可以用以定性分析，也可以进行定量分析。常用的定量法有两种：一种是剪洗法。即层析分离显色后，从滤纸上剪下样品斑点，用适当溶剂洗脱，以等高处面积相同的无样品滤纸为对照，进行比色定量。另一种是扫描法。即用薄层扫描仪或光密度计直接测量斑点颜色浓度，根据记录的峰面积求出含量。

纸层析有多种操作方法，按操作方法可分为垂直型和水平型，前者使用较广；按展开方向可分为单向层析和双向层析。

二、凝胶层析

凝胶层析又称凝胶过滤、分子排阻层析或分子筛层析。它是以惰性多孔珠状凝胶颗粒为固定相，按分子大小顺序分离样品中各个组分的层析技术。一般凝胶层析是以水溶液为流动相，而把流动相为有机溶剂的凝胶层析称为凝胶渗透层析。

1. 分离原理　凝胶层析分离的过程如图 4-1 所示。凝胶颗粒的内部具有立体网状结构，形成很多孔穴。当样品进入层析柱后，各组分就向凝胶颗粒内的孔穴扩散，组分的扩散程度取决于其分子大小和孔穴的大小。比孔径大的分子不能扩散进入孔穴，只能在凝胶颗粒外的空间随流动相迁移，经历的流程短，流动速度快，所以首先流出；比孔径小的分子可以完全进入凝胶颗粒内部，经历的流程长，流动速度慢，所以后流出。在颗粒内孔径范围内，分子越大的组分越先流出，分子越小的组分流出越晚。经过凝胶层析后，各样品组分便按从大到小的顺序依次流出，从而达到分离的目的。

凝胶层析广泛用于蛋白质（包括酶）、核酸、多糖等生物大分子的分子量测定、脱盐和精细分离纯化。凝胶层析的优点：凝胶材料本身不与被分离物质相互作用，操作简单且条件温和，一般不改变样品生物学活性，样品分离效果好，回收率高，重现性强，而且用时较短，凝胶可反复使用。

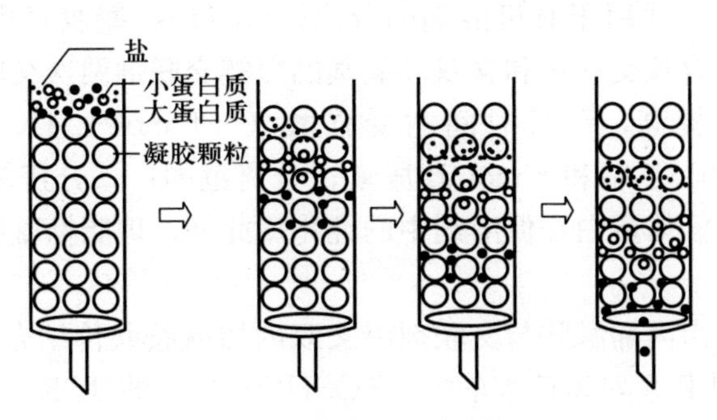

图 4-1　凝胶层析分离原理

2. 凝胶的类型和特性　在凝胶层析实验中，根据样品的性质及分离的要求选择合适的凝胶，是获得好的分离效果的关键因素。凝胶介质本身为惰性物质，不与溶质、溶剂分子发生任何作用，而且要求带电离子基团尽量少以降低非特异吸附，具有优良的理化稳定性及较高的机械强度，且易于消毒。常用的凝胶主要以多糖类凝胶和合成大分子凝胶为主：①多糖类凝胶以琼脂糖、葡聚糖等天然多糖为骨架，具有较好的亲水性及与生物大分子的相容性，可允许生物大分子透过而不发生变性，但缺点是质地软，不适于高压操作。因此，在传统多糖类凝胶的基础上又衍生出（半）刚性凝胶和琼脂糖-葡聚糖复合凝胶。②合成大分子凝胶是通过高亲水性单体聚合反应而成，主要有聚丙烯酰胺类、聚苯乙烯类等。

葡聚糖凝胶（dextran gel）是由 Porath 和 Flodin（1959）发明的一种由葡萄糖借助氯代环氧丙烷等交联剂聚合而成的多孔聚合物。葡聚糖凝胶不溶于大多数溶剂，在水、盐溶液、有机溶剂、碱及弱酸中均较稳定，溶胀后的中性凝胶颗粒可经受常规高压灭菌而不影响层析性能。由于糖苷键在强酸中会发生降解，因此葡聚糖凝胶不能长时间接触较高浓度的强酸，而且要避免接触氧化剂。以瑞典法玛西亚（Amersham Pharmacia）公司生产的 Sephadex G 系列葡聚糖凝胶为例，G 后的数字表示凝胶的吸水量，与凝胶交联度成反比。数字越小，凝胶颗粒交联度越大，孔径越小，排阻的分子越小，机械强度越高，吸水能力越小。孔径较小的凝胶（如 G-25、G-50）主要用于脱盐及有机小分子的分离；孔径较大的凝胶（如 G-100、G-150 和 G-200）可用于蛋白质、DNA 等生物大分子的分离。在经典葡聚糖凝胶的基础上，引入特殊基团后可生成改性凝胶，如 G-25 引入羟丙基生成 LH-20，G-50 引入羟丙基生成 LH-60。烷基化的 LH 系列葡聚糖凝胶的排阻极性与原凝胶相同，但样品负载量更大，而且具有一定分配层析及吸附层析的分离作用，不仅可以分离结构非常相近的分子，也可用于脂类、激素、维生素及其他小分子的分级分离。LH-20 对多环芳香化合物的分离效果比 LH-60 好，LH-60 更适用于分配层析。

琼脂糖凝胶是琼脂糖的多聚物，利用其热溶冷凝的特点可制成凝胶颗粒。琼脂糖凝胶的非特异性吸附极低，分离范围很广（10～40 000 ku），适用于分离分子量差异较大的分子，但分辨率相对较低。商用琼脂糖凝胶以法玛西亚公司生产的 Sepharose 系列和美国伯乐（Bio-Rad）公司的 Bio-Gel A 系列为代表。传统 Sepharose 凝胶为非交联结构，使用范围较小（pH4～9，2～40 ℃）。根据琼脂糖含量的不同，浓度为 2%、4%及 6%（质量体积分数）的凝胶分别命名为 2B、4B 和 6B。Sepharose CL 是琼脂糖经二溴异丙醇反应生成的共价交联结构，凝胶的热稳定性（可在中性条件下进行 120 ℃消毒）及理化稳定性大大提高，且非特异性吸附更低，也适用于有机溶剂的分离。Superose 凝胶是由琼脂糖先后经过含双环氧基及多环氧基的混合长交联剂和含双环氧基的短链交联剂两次交联而成，凝胶颗粒的刚性和理化稳定性大大提高，可长时间耐受强酸（0.1 mol/L HCl）、强碱（0.1 mol/L NaOH）、70%甲酸、30%乙腈和 8 mol/L 尿素，分离范围广，分辨率高，适用于糖类、核酸、病毒等的分离和包涵体蛋白在促溶剂中的纯化。此外，琼脂糖凝胶改性后也可用作离子交换剂及亲和吸附剂。

聚丙烯酰胺凝胶是由丙烯酰胺与交联剂甲叉双丙烯酰胺共价结合形成的亲水性高聚物。以伯乐公司的 Bio-Gel P 系列和日本东曹（TOSHO）公司的 TSK-GEL PW 系列为代表。改变交联剂的用量可调节凝胶颗粒孔径的大小，交联剂越多，孔径越小。聚丙烯酰胺凝胶的分离范围、吸水量等性能与 Sephadex 相近。全碳骨架所带游离电荷极少，非特异性吸附很低，酸碱和热稳定性较好（可在 pH2～11 的范围内使用，能耐受 120 ℃高温消毒），也不易受微生物侵染。只有在极端 pH 条件下，酰胺键才发生水解，使凝胶带有一定的离子交换基团。

聚苯乙烯凝胶是由 Moore 等（1964）最早制备的一类苯乙烯-二乙烯基苯中性大网孔分子筛凝胶。该凝胶的机械强度好，样品承载量高，分离范围广（1 600～40 000 ku），极少需要再生，可用于分离非对映同分异构体等结构相近的分子，也可用于不饱和脂和芳香化合物等脂溶性疏水物质的分级。洗脱液可用甲苯、二氯甲烷、氯（代）苯、全氯乙烯、四氢呋喃和甲基亚砜等多种有机溶剂。除分子排阻作用外，聚苯乙烯凝胶还有一些分配层析及吸附层析的特点。

复合凝胶是由两种凝胶介质交联聚合而成。法玛西亚公司生产的 Sephacryl 系列凝胶是由烯丙基葡聚糖与甲叉双丙烯酰胺共聚而成，具有 6 种不同的分离范围，稳定性高（耐受 0.5 mol/L NaOH），机械性能良好，可进行快速的高分辨率的纯化。该凝胶既适用于水溶液体系，也可用于多种有机溶剂体系。Superdex 系列凝胶是将葡聚糖共价结合到多孔琼脂糖凝胶上，集合了交联葡聚糖的优良过滤性能及交联琼脂糖的高理化稳定性，具有选择性优良和分辨率高等优点。

常用凝胶分离物质分子量的范围见表 4－2。

表 4－2　常用凝胶分离物质的分子量范围

凝胶类型及规格		分离范围（分子量）
葡聚糖凝胶（Sephadex）	G－200	$5\times10^3\sim6\times10^5$
	G－100	$4\times10^3\sim1.5\times10^5$
	G－50	$1.5\times10^3\sim3\times10^4$
	G－25	$1\times10^3\sim5\times10^3$
聚丙烯酰胺凝胶（Bio－Gel）	P－300	$1\times10^4\sim5\times10^5$
	P－150	$5\times10^3\sim1.5\times10^5$
琼脂糖凝胶（Sepharose）	2B	$7\times10^4\sim4\times10^7$
	4B	$6\times10^4\sim2\times10^7$
	6B	$1\times10^4\sim4\times10^6$

三、亲和层析

亲和层析是利用样品分子和固定相载体上的配体之间的特异性亲和作用，对样品进行分离纯化的一种层析技术。由于样品分子和结合在固定相上的配体之间的亲和力具有高度的专一性，使得亲和层析的特异性很强，而且分辨率很高，故亲和层析是分离生物大分子的一种理想的层析方法。

亲和层析的分离原理是将具有特异性亲和力的两个分子中的一个固定在不溶性基质载体上，利用分子间亲和的特异性和可逆性，对另一个分子进行分离纯化。层析过程主要包括装柱和平衡、加样吸附、解吸和回收及柱的再生等步骤。被固定在载体上的分子称为配体，配体和载体共价结合，构成亲和层析的固定相，称为亲和吸附剂。将制备的亲和吸附剂装柱和平衡后，当样品溶液通过亲和层析柱时，待分离的生物分子就与配体发生特异性的结合，从而结合在固定相上。其他杂质由于不能与配体结合，仍在流动相中，并随溶液流出。然后，借助适宜的洗脱液将样品分子从配体上洗脱下来，就得到了纯化的待分离物质（图 4－2）。用过的固定相经过一定的再生处理后，可以重复利用。

载体是亲和层析中固定相的基础。一般选择理化性质稳定的惰性物质作为层析载体，要求具备以下特点：非特异性吸附少，能高度亲水但不溶于水，可提供大量的活化基团与配体结合；载体颗粒要具有一定的机械强度且通透性好，能让大分子保持一定流速且自由通过；能够抵御微生物和酶的侵蚀。可用的载体有皂土、玻璃微球、羟基磷酸钙、氧化铝、纤维素、聚丙烯酰胺、淀粉、葡聚糖和琼脂糖等。由于吸附能力弱和非特异性吸附较强等原因，

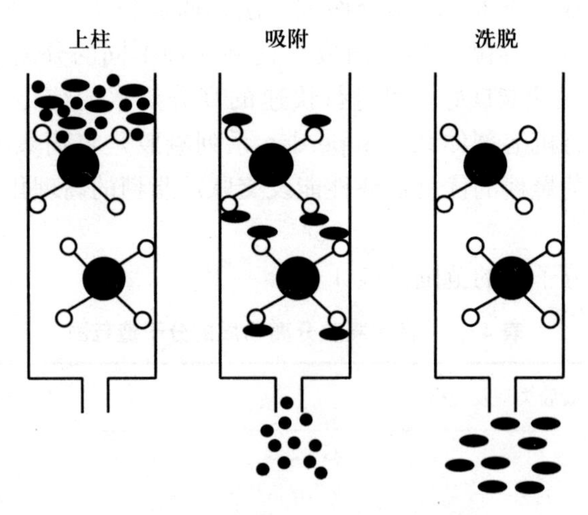

图 4-2　亲和层析分离原理示意图

皂土、玻璃微球和纤维素等的应用受到限制。琼脂糖凝胶应用最为广泛，因凝胶颗粒的机械强度较高，液体通过性好，在较宽的 pH 范围、离子强度范围和变性剂（如尿素、盐酸胍）浓度范围内化学性质稳定，对样品的非特异性吸附低。其中，Sepharose 4B 的结构比 6B 疏松，而吸附容量比 2B 大，成为应用最广的基质。

配体也是影响亲和层析分离效果的重要因素。配体要能够与载体稳定地共价结合，自身应具有较好的理化稳定性，与待分离物质有适当的亲和力，而且结合有较强的特异性和可逆性。不同种类的配体专一性各不相同，有些配体具有一定的通用性。以 Ni^{2+} 等过渡金属离子作为配体，可通过与组氨酸的咪唑基的稳定结合来分离含组氨酸蛋白。以 oligo(dT) 为配体，可以分离末端含 poly(A) 的真核生物的 mRNA。用亲和素作为配体，可以分离生物素标记的蛋白或核酸。以特异的单克隆抗体为配体，可以分离带特定标签的蛋白。常用的亲和体系见表 4-3。

表 4-3　常用的亲和体系

样品	配体	特异性
酶或蛋白	抑制剂、辅因子、底物类似物、肝素、活性染料、过渡金属离子	高特异性
抗原（如核酸、蛋白或其标签）	单克隆抗体	高特异性
免疫球蛋白	蛋白 A、蛋白 G、抗原、病毒、细胞	群特异性
激素、维生素或药物	受体或结合蛋白	群特异性
核酸	互补核酸片段、核酸结合蛋白、核酸聚合酶、组蛋白	高特异性
凝集素	糖、糖蛋白、细胞、细胞表面受体	群特异性
生物素	链霉亲和素	高特异性

配体与载体的连接有多种方法。最常用的方法是将多聚糖载体先活化，即在 pH=11 的条件下用溴化氰（CNBr）进行预处理，使多聚糖的羟基与溴化氰反应生成活泼的氨基甲酸酯基团或亚氨碳酸基团（多聚糖的两个相邻羟基与溴化氰反应时）。这些基团可在弱碱性条

件下与具有游离脂肪族氨基或芳香族氨基的配体相偶联，形成氨基碳酸盐和异脲衍生物。辅因子、竞争性抑制剂等小分子配体直接与载体共价交联后，载体的空间位阻会影响配体与其亲和物的结合，产生所谓的无效吸附。因此，常在配体与载体之间加入一个“手臂”。引入手臂的途径很多，如用 $NH_2(CH_2)_xNH_2$ 型的二胺（$x=2\sim6$）或 ε-氨基己酸置换被溴化氰活化的多聚糖载体，然后再用常规的有机合成法使其与配体基团（含有氨基或羧基）结合。倘若配体本身就有相当于手臂的部分，则通过溴化氰就可直接连接到载体上即可。连接配基的载体按柱层析法装柱并用与加样时相同的缓冲液平衡。缓冲液的组分、pH 和离子强度应最适于配体与其亲和分子的相互作用。一旦加入的亲和分子被结合后，就可以用另外的缓冲液洗去柱上非特异吸附的杂质。最后，把柱上特异亲和的生物分子洗脱下来。

亲和层析使用的流动相一般选用具有不同 pH 的磷酸盐、硼酸盐、乙酸盐、柠檬酸盐等缓冲溶液体系，三羟甲基氨基甲烷（Tris）与盐酸顺丁烯二酸构成的缓冲溶液体系也有较多应用。在生物大分子亲和色谱中，还广泛使用生物研究中常用的非离子缓冲物，如 *N*-2-乙基-*N*-2-磺化乙基-哌嗪（HEPES）和 *N*,*N*,*N'*,*N'*-四乙基乙二胺（TEEN）。

四、离子交换层析

离子交换层析是以离子交换剂为固定相，根据物质的带电性质不同进行分离的一种层析技术。

离子交换剂是由不溶性基质骨架（R）及结合在其上的可交换的电荷基团（A）组成。常用的离子交换剂基质有聚苯乙烯树脂、硅胶、纤维素、葡聚糖、琼脂糖等。常用离子交换基团见表 4-4。交换基团通过酯酰化、氧化和醚化等化学反应共价连接在基质颗粒上，电荷基团带有与骨架相反的电荷，与反离子以离子键结合。根据交换基团带电荷的种类，可将离子交换剂分为阳离子交换剂和阴离子交换剂；根据交换基团酸碱性的强弱，可将离子交换剂分为强酸、弱酸、强碱、弱碱等多种类型。离子交换剂取决于待分离样品组分的解离性质和分子大小。如果待分离样品组分为两性离子，要按照其稳定状态的净电荷来选择交换剂，分离带负电荷的组分应选择阴离子交换剂。强离子交换剂适用的 pH 范围很广，常用来制备去离子水和分离一些在极端 pH 溶液中解离且较稳定的物质。弱离子交换剂适用 pH 范围较窄，但在中性 pH 溶液中的交换容量较高，而且分离的生物大分子物质的活性不易丧失。所以，分离生物样品多采用弱离子交换剂。

表 4-4　常用离子交换基团

交换基团名称	离子交换剂类型	缩写
磷酸根	强阳离子	SP
磺酸乙基	强阳离子	SE
羧甲基	弱阳离子	CM
氨基乙基	强阴离子	QAE
二乙氨基乙基	弱阴离子	DEAE
三氨基乙基	阴离子	TEAE
胍乙基	阴离子	GE

离子交换过程是发生在离子交换剂与样品离子之间的可逆反应。离子交换剂与水溶液中离子或离子化合物的反应主要以离子交换方式进行。假设以 RA^+ 代表阳离子交换剂，其中 A^+ 为反离子，A^+ 能够与溶液中的阳离子 B^+ 发生可逆的交换反应，反应式为：$RA^+ + B^+ = RB^+ + A^+$。离子交换剂对溶液中不同离子的结合能力不同。离子交换剂与各种水合离子（离子在水溶液中发生水化作用形成的）的结合力与离子的电荷量成正比，而与水合离子半径的平方成反比。所以，离子价数越高，结合力越强。在离子间电荷相同时，离子的原子序数越高，水合离子半径越小，结合力亦越强。两性离子如蛋白质、酶类、多肽和核苷酸等物质与离子交换剂的结合力，主要取决于它们的物理化学性质和在特定 pH 条件下呈现的离子状态。pH 与 pI 的差值越大，带电量越多，与交换剂的结合力越强。由于各种离子所带电荷的多少不同，它们对交换剂的亲和力就有差异，因此由柱上洗下来的顺序有先有后，从而达到分离的目的。

离子交换柱在装柱及上样后需要用平衡缓冲液进行平衡处理。离子强度和 pH 适宜的平衡缓冲液可以有效减少杂质的干扰，促进样品组分的分离。平衡缓冲液的选择需要考虑以下几个方面：①平衡处理后各个待分离样品组分的结构和性质保持稳定；②处理后各样品组分能与离子交换剂稳定结合且结合能力有较大差异，杂质与离子交换剂不结合或结合不稳定；③平衡缓冲液中没有与离子交换剂结合力强的离子，不会降低交换容量，影响分离效果。

离子交换层析多采用柱层析的方式进行，广泛应用于无机离子、有机酸、核苷酸、氨基酸、抗生素等小分子物质的分离纯化，也是分离纯化蛋白质等生物大分子的一种重要手段。

五、吸附层析

吸附层析是以吸附剂为固定相，根据吸附剂对不同物质（溶质）的吸附力的差异进行分离的一种层析技术。

吸附层析分离样品的过程就是样品组分与吸附剂连续的吸附和解吸过程。吸附剂内部的分子间作用力对称，但表面分子受力不对称，向内一面受内部分子作用力较大，而向外一面受作用力较小。当气体分子或溶液中溶质分子运动至固体表面，就会经由可逆的范德华力吸附在固体表面上。在一定的条件下，被吸附的分子也可以离开吸附剂表面，称为解吸作用。当样品溶液进入吸附剂后，样品分子被吸附剂颗粒固定。在流动相经过吸附剂颗粒时，被吸附的样品分子被解吸而随溶剂向前移动，遇到新的吸附剂颗粒后再次发生吸附和解吸。样品分子通过连续的吸附→解吸不断向前移动过程中，吸附能力小的组分因在吸附剂中的保留时间短、移动快而先被洗脱，吸附能力大的组分移动慢而后被洗脱。

固定相的选择取决于其本身和样品组分的理化性质。吸附剂应具备表面积大、颗粒均匀、吸附选择性好、稳定性强和成本低廉等性能。根据极性分类，吸附剂有非极性吸附剂（如活性炭）和极性吸附剂（如硅胶、氧化铝、羟基磷灰石、硅酸镁、聚酰胺、硅藻土）。非极性吸附剂主要靠色散力吸附，使用较多的是活性炭颗粒，主要用于氨基酸、糖及某些苷类等水溶性成分的分离。非极性吸附剂对芳香族化合物的吸附力大于脂肪族化合物，对大分子化合物的吸附力大于小分子化合物。非极性吸附剂用前要依次用稀盐酸、乙醇和水清洗一次，然后于 80 ℃下干燥。极性吸附剂选择吸附极性大的化合物，最常用的极性吸附剂是硅胶，其次是氧化铝。硅胶是一种酸性吸附剂，适用于中性或酸性成分的层析分离。硅胶分子中具有硅氧烷的交联结构，颗粒表面的硅醇基可通过氢键吸附水分，吸附力随吸附水分的增加而降低。当吸水量超过17%后，硅胶就不能用作吸附剂，但可用作分配层析介质。硅胶层析分离前活化（加热至100～170 ℃）的目的就是除去所吸附的水分，但温度过高会导致表面的硅醇基脱水缩合为硅氧烷基，导致其水分吸附活性丧失且不能恢复。氧化铝是一种碱性吸附剂，适用于生物碱类的分离，不宜用于分离醛、酮、酸、内酯等容易发生次级反应的化合物。氧化铝用稀硝酸或稀盐酸处理后获得酸性氧化铝，由于碱性杂质被中和，并且颗粒表面带有 NO_3^- 或 Cl^-，可用于酸性成分的分离。

流动相的选择取决于待分离样品中各组分的极性、溶解度和吸附剂活性等因素。流动相又称洗脱剂，主要用于溶解被吸附样品和平衡固定相。洗脱剂要能较完全地洗脱所要分离的成分，并且用量少、洗脱时间短。选择性和强度是选择洗脱剂时考虑的主要因素，极性的强弱影响吸附剂的选择能力，浓度的大小决定待分离组分的保留时间。虽然非极性洗脱剂（如正己烷等烃类）和极性洗脱剂（如醇、乙腈、水等）都有使用，但由于固定相多为极性吸附剂，因此洗脱剂常以非极性溶剂为主。在液相吸附层析中，洗脱剂很少采用单一溶剂或三种以上溶剂的混合溶剂，多选用两种或三种溶剂的混合溶剂。以活性炭吸附层析为例，水的洗脱能力最弱，乙醇等有机溶剂的洗脱能力较强，因此随着乙醇浓度的递增而洗脱力逐渐增强。利用醇-水洗脱剂可将吸附在活性炭上的水溶性芳香族物质与脂肪族物质分开，单糖与多糖分开，氨基酸与多肽分开。蛋白质或核酸可用极性强的羟基磷灰石吸附，然后用含盐的缓冲液进行解析。甾体或色素等化合物可用极性较弱的硅胶吸附，然后用有机溶剂进行洗脱。但为了获得好的分离效果，也常在有机溶剂中添加少量水等极性溶剂来降低吸附剂活性。

六、高效液相色谱

高效液相色谱（high performance liquid chromatography，HPLC），又称高效液相层析、高压液相色谱，是在经典液相色谱和气相色谱的基础上发展起来的分析技术。特别适用于高沸点、不能气化或热稳定性差的有机物的分离分析，在生物化学与分子生物学中的应用日益广泛。

1. 基本原理 HPLC是利用样品中的溶质在固定相和流动相之间分配系数的不同，进行连续的无数次的交换和分配而达到分离的过程。当试样随着流动相进入色谱柱（即层析柱）中后，组分就在其中的两相间进行反复多次（10^3～10^6）的分配（吸附—解吸—放出）。由于固定相对各种组分的吸附或溶解能力不同，因此各组分在色谱柱中的运行速度就不同，经过一定的柱长后，便彼此分离，顺序离开色谱柱进入检测器，产生的离子流信号经放大后，在记录仪上描绘出各组分的色谱峰。

HPLC的固定相（柱填料）分为两类，一类是使用较多的微粒硅胶，另一类是使用较少的高分子微球。最常使用的全孔微粒硅胶（直径3～10 μm）是化学键合固定相硅胶，这种固定相要占所有柱填料的80%，它是通过化学反应把某种适当的化学官能团（例如各种有机硅烷），键合到硅胶表面上取代羟基（—OH）而成，是近年来高效液相色谱技术中最重要的柱填料类型。最常用的柱填料为 C_{18}，即十八烷基硅烷键合硅胶填料（octadecylsilyl，ODS）。这种填料在反相层析中发挥着极为重要的作用，它可完成高效液相色谱70%～80%的分析任务。由于 C_{18}（ODS）是长链烷基键合相，有较高的碳含量和好的疏水性，对各种类型的生物大分子有更强的适应能力，因此在生物化学分析工作中应用最为广泛。近年来，为适应氨基酸、小肽等生物分子的分析任务，又发展了 C_3、C_4 等短链烷基键合相。

最常用的流动相组成是甲醇- H_2O 和乙腈- H_2O，由于乙腈的剧毒性，通常优先考虑甲醇- H_2O 流动相。在反相层析中，溶质按其疏水性大小进行分离，极性越大、疏水性越小的溶质，越不易与非极性的固定相结合，所以先被洗脱下来。流动相的 pH 对样品溶质的电离状态影响很大，进而影响其疏水性，所以在分离肽类和蛋白质等生物大分子的过程中，经常要加入修饰性的离子对物质，最常用的离子对物质是三氟乙酸（TFA），使用浓度为 0.1%，使流动相的 pH 为 2～3，这样可以有效地抑制氨基酸上 α -羧基的电离，使其疏水性增强，延长洗脱时间，提高分辨率和分离效果。

2. 高效液相色谱仪的结构　高效液相色谱仪一般由贮液器、高压泵（有一元、二元、四元等多种类型）、进样器（手动或自动两类）、分析柱、检测器（常见的有紫外检测器、示差折光检测器、荧光检测器、电化学检测器等）、数据处理器或工作站等组成，其结构如图 4 - 3 所示。

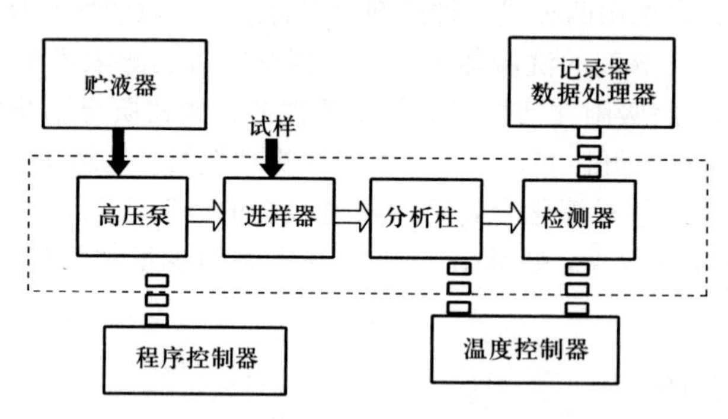

图 4 - 3　高效液相色谱仪结构示意图

3. 高效液相色谱的应用　HPLC 具有高压、高速率、高效率、高灵敏度等特点，广泛应用于卫生检验、环境保护、生命科学、农业、林业、水产科学和石油化工等领域。与气相色谱相比，液相色谱不受样品挥发性和稳定性的限制，尤其适用于分离生物大分子、离子型化合物、不稳定的天然产物及其他各种高分子化合物。

七、气相色谱

气相色谱（GC）又称气相层析，是以气体为流动相的色谱分析法。气体黏度小，传质速率高，渗透性强，用气体作流动相，能获得很高的柱效，配以高灵敏度的检测器，能够实现多组分复杂混合物的分离和分析。

1. 基本原理　在气相色谱分析中，组分与气体流动相分子间作用力小，分离主要取决于组分与固定相分子间作用力的差别。色谱柱（即层析柱）是气相色谱仪的核心部件，有填充柱和毛细管柱两类。填充柱中装有层析介质（俗称担体），它可以是一种固体吸附剂，也可以是表面涂有耐高温液体（称固定液）的物质构成的固定相；毛细管柱是将固定液均匀地涂在内径为 0.1～0.5 mm 的毛细管内壁上，与填充柱相比，其分离效率高（理论塔板数可达 10^6）、分析速度快、样品用量小等优点，但柱容量低，要求检测器的灵敏度高，并且制备较难。

在气相色谱分析过程中，在柱子的进口端注入待分离样品（气体或液体），在载气（称流动相，常用氮气、氦气、氩气等惰性气体）推动下，样品进入色谱柱，在一定高温条件下，样品中各种组分气化并以不同的速率前进，从而逐渐分离开来。不容易被担体吸附或在固定相里分配系数小的组分，在柱中停留时间短，首先从柱后流出；而容易被吸附或在固定相中分配系数大的组分，在柱中保留时间较长而较晚从柱后流出。不同时间流出的不同组分被柱后检测器检出，检出信号经放大后由数据处理器记录下各组分出峰图谱。根据各组分的保留时间与标准物质比较，实现定性分析。根据各组分的峰面积利用归一化法、内标法、外标法等定量方法，对各组分进行定量分析。

温度是气相色谱中最重要的分离操作条件，它直接影响柱效、分离选择性、检测灵敏度和稳定性。气化室（进样系统）、色谱柱和检测器都需要加热和控温，尤其是柱温，它直接影响分离效能和分析速度，色谱柱的温度控制方式有恒温和程序升温两种。一般气化室温度比色谱柱温度高 30～70 ℃，保证样品能瞬间气化；检测器和色谱柱温度一般前者稍高于后者，以防止样品组分在检测室内冷凝。

2. 气相色谱仪的结构　气相色谱仪主要由气路系统（包括载气瓶、减压阀、净化器、气流调节阀、转子流量计等）、进样系统（气化室和进样针）、分离系统（色谱柱）、检测系统（常见的有火焰离子化检测器、热导检测器、火焰光度检测器、电子捕获检测器等）、记录系统等组成，其结构如图 4－4 所示。组分能否分离，色谱柱是关键，它是色谱仪的“心脏”；分离后的组分能否产生信号则取决于检测器的性能和种类，它是色谱仪的“眼睛”。因此分离系统和检测系统是色谱仪的核心。

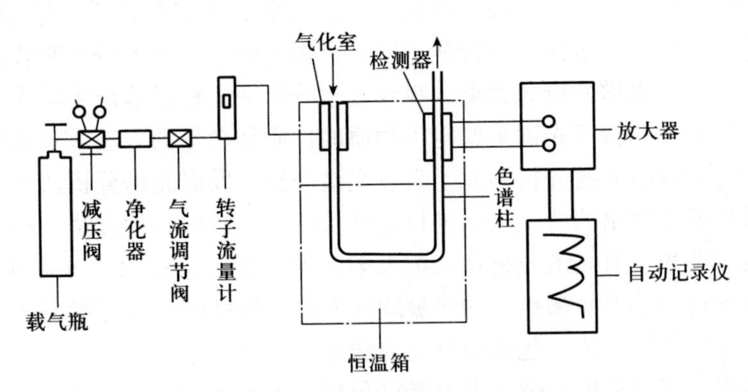

图 4－4　气相色谱仪结构示意图

3. 气相色谱的应用　与经典色谱法比较，气相色谱法具有选择性高、灵敏度高、分离效能高、分析速度快和应用范围广等特点，早已成为现代物质分离的主要手段之一。各种气体、有挥发性的物质或经过衍生化处理在一定温度条件下可气化的组分，原则上都可以用气相色谱分离、分析。近年来气相色谱仪与红外、质谱仪等联合使用，使其在生物分子的研究中发挥越来越大的作用。但由于气相色谱要求样品气化，不适用于大部分沸点高的和热不稳定的化合物，对于那些腐蚀性和反应性较强的物质，如 HF、过氧化物等更是难于分析。

第五章

光谱分析技术

第一节　基本原理

光由光量子组成，具有连续的波动性和不连续的粒子特性。波长和频率是其基本特征。光照射到物质上，可发生折射、反射、散射和透射，物质可以发生光的吸收和发射。物质的吸收光谱取决于物质的结构，包括分子吸收光谱和原子吸收光谱。分子吸收光谱包括电子、振动和转动 3 种光谱。原子吸收光谱通常是线状光谱，只包括外层电子跃迁吸收的能量，位于光谱的紫外区和可见光区。物质的发射光谱有 3 种：线状光谱、带状光谱及连续光谱。线状光谱由原子或离子被激发而发射；带状光谱由分子被激发而发射；连续光谱由炙热的固体或液体所发射。线状光谱是元素的固有特征，每种元素有其特有的不变的线状光谱。

利用各种物质所具有的发射、吸收或散射光谱特征来确定其性质、结构或含量的技术，称为光谱分析技术。根据光谱谱系的特征不同，可把光谱分析技术分为吸收光谱分析、发射光谱分析和散（透）射光谱分析 3 大类。吸收光谱分析法是根据溶液中物质吸收光源发出的某些波长的光后所形成的特征光谱来鉴定该物质的性质和含量的方法，利用吸收光谱原理进行分析的主要有分子吸收光谱分析和原子吸收光谱分析。发射光谱分析法是根据物质受到热能或电能等激发后所发射出的特征光谱进行定性及定量分析的一种方法，利用发射光谱原理进行分析的主要有荧光发射光谱分析和火焰发射光谱分析（又称火焰光度法）。散射光谱分析法是测定光线通过溶液混悬颗粒后的光吸收或光散射程度的一类定量方法，利用散射光谱原理进行分析的主要是比浊法，包括免疫比浊法等。

可见及紫外吸收光谱分析和荧光发射光谱分析技术在本章第二节和第三节中单独介绍，其他光谱分析技术简要介绍如下：

1. 红外吸收光谱分析　该技术是利用分子内基团振动和转动跃迁产生对特定波长红外射线（近红外波长 760～2 500 nm、中红外波长 2 500～4 000 nm、远红外波长 4 000～1 000 000 nm）的选择性吸收进行结构解析、定量分析和化学动力学等研究。红外吸收带的波长位置与吸收谱带的强度反映了分子结构的特点，可以用来鉴定未知物的结构或确定其化学基团；而吸收谱带的吸收强度与分子组成或化学基团的含量有关，可用以进行定量分析和纯度鉴定。红外吸收光谱分析对气体、液体、固体试样都可测定，具有特征性强、试样量少、分析速度快、不破坏试样的特点。

2. 原子吸收光谱分析　该技术是基于原子蒸气中待测元素的基态原子对所发射的特征谱线的吸收作用进行定量分析的一种技术。它具有灵敏度高、选择性好、操作简便、分析速度快等优点，是微量元素检测的一个十分有效的方法。影响原子吸收光谱分析的条件主要有狭缝宽度、原子化条件和试样量。常用的定量方法有标准曲线法、标准加入法和内标法。

3. 火焰光度法 该技术是利用火焰中激发态原子回降至基态时发射光谱的强度进行含量分析的方法。在火焰光度法中，试液和助燃气一起进入雾化室，雾化后喷入火焰，雾粒在火焰中蒸发和激发，激发态原子降落到低能态时发生光辐射，经单色器分光后到达检测器，然后由显示系统显示其发射光强度。样品中待测元素激发态原子的发射光强度 I 与该元素浓度 c 成正比关系，即 $I=ac$，式中 a 为常数，与样品组成、蒸发和激发过程有关。火焰光度法通常采用的定量方法有标准曲线法、标准加入法和内标法。它在仪器结构和分析操作上与火焰原子吸收法相似。

4. 免疫比浊法 该技术是利用抗原和抗体的特异性结合形成复合物，通过测定复合物形成量的多少，对抗原或抗体进行定量的方法。影响免疫比浊法的条件主要有抗体特异性、抗原抗体的比例、溶液介质种类和离子强度等。在免疫比浊过程中，由于抗原与抗体结合有 3 个阶段，导致吸光值与浓度之间不成线性关系，一般是三次方程曲线关系。如果要将抗原与抗体两个变量之间的变动特征恰当地反映出来，需要用“以直代曲”的方法将曲线方程转化为直线方程，再进行运算。方法可采用终点法和速率法，用 5 个不同浓度进行定标，经三次曲线方程求出一条能反映真实情况的浓度与吸光值的关系曲线作为定量的工作曲线。

第二节 可见及紫外吸收光谱分析

可见及紫外吸收光谱分析（又称可见及紫外吸收法、可见及紫外分光光度法）是根据物质分子对可见光区（400～700 nm）或紫外光区（200～400 nm）特定波长电磁辐射的选择吸收，对物质的特性、结构和含量进行分析的方法。该方法测定灵敏度高（10^{-7}～10^{-4} g/mL），选择性强，精确度和准确度高，仪器设备简单，操作易掌握。

定量分析原理主要是依据光吸收的朗伯-比尔（Lamber - Beer）定律，即单色光通过吸光溶液后，在一定范围内吸光值与溶液厚度或浓度成正比关系。Lamber - Beer 定律的数学表达式为 $A=kbc$，若溶液的浓度 c 以 g/L 为单位，光径 b 以 cm 的单位，则 k 称为消光系数，其单位为 L/(g·cm)。当公式 $A=kbc$ 中 c 的单位为 mol/L，b 的单位为 cm 时，系数 k 称为摩尔消光系数，以 ε 表示，单位为 L/(mol·cm)，公式可写成 $A=\varepsilon bc$。ε 值与物质的结构、入射光波长、溶液的性质等因素有关，如 ε_{260}(NADH)$=15\times10^3$ L/(mol·cm)，ε_{340} (NADH)$=6.22\times10^3$ L/(mol·cm)。当公式 $A=kbc$ 中的 c 是质量浓度（质量体积比），b 的单位为 cm 时，k 可用 $E\%$ 表示，E 称为比吸光系数或百分吸光系数，$A=kbc$ 可写成 $A=E\%bc$。

除了广泛用于定量分析，紫外吸收光谱也可以配合红外光谱、核磁共振波谱、质谱等方法用于结构分析。根据物质光谱吸收峰的数目、位置、吸收强度等特征可判断分子的骨架、发色团的共轭关系、顺反异构体和互变异构体。如化合物在 200～400 nm 无吸收，则该化合物无共轭系统，或为饱和化合物；若在270～350 nm 出现弱的吸收峰且无其他吸收峰，表明该化合物有带孤电子对的发色团。对于异构体的判别，可利用紫外吸收光谱进行很好的区分，如一般顺反异构体中的反式异构体的最大吸收波长和吸收强度均比顺式异构体的大。

一、可见及紫外分光光度计

可见及紫外分光光度计是利用溶液对可见光及紫外光的吸收测定溶液中特定物质浓度的

仪器，其定量分析基础是 Lamber - Beer 定律。1854 年杜包斯克（Duboscq）和奈斯勒（Nessler）等人将此理论应用于定量分析化学领域，并且设计了第一台比色计。1918 年美国国家标准局制成了第一台可见及紫外分光光度计。随着分光元器件及分光技术、检测器件与检测技术、大规模集成制造技术等的发展，以及单片机、微处理器、计算机和 DSP 技术的广泛应用，分光光度计的性能指标不断提高，并向自动化、智能化、高速化和小型化等方向发展。

1. 分光光度计的基本构造　分光光度计主要由光源、色散器、光吸收池、检测器和信号放大及显示系统组成（图 5 - 1）。

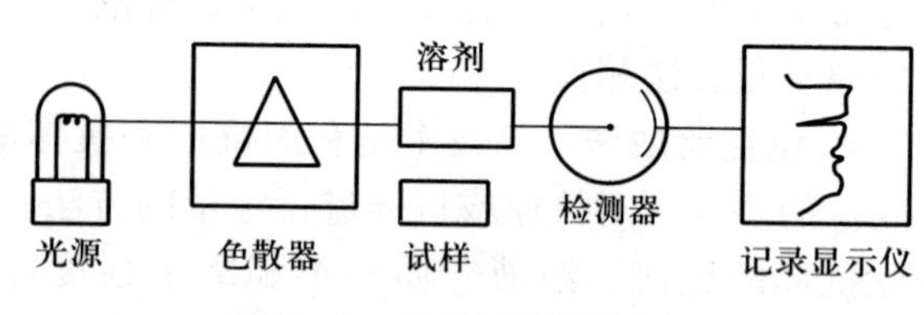

图 5 - 1　分光光度计的原理

（1）光源。可见分光光度计的光源是热辐射光源（如钨灯、卤钨灯），紫外分光光度计的光源是气体发射光源（如氢灯和氘灯）。

（2）色散器。由入射狭缝、出射狭缝、色散元件和准直镜组成的获得单色光的装置。色散元件类型有棱镜、光栅等。

（3）光吸收池。可以通过光路的盛放待测溶液的容器，又称比色皿（杯），一般有相对的两个面透光用以通过光路，另两个相对面为不透光的磨砂面。可见分光光度计常用玻璃材质吸收池，而紫外分光光度计的吸收池要求是石英材质。吸收池最常用的光径为 1 cm。

（4）检测器。用于检测光信号并将光信号转换为电信号的装置，如光电管或光电倍增管。

（5）信号显示系统。用于检测器检测结果的显示，直流检流计可直接显示电流大小（如 721 分光光度计）。为了便于直观读数，现在大多数分光光度计显示的是根据电流大小转换而来的数字（0.000 0～1.000 0）。

此外，还有电位调零、自动记录等附加装置。将可见分光光度计和紫外分光光度计合二为一，即可见及紫外分光光度计。可以根据检测波长选择不同的光源，分别测定可见光区和紫外光区的光吸收。根据波长和光束多少，分光光度计可以分为单波长单光束（国产 721、751 型等）、单波长双光束（国产 710 和 730、日立 UV - 340 等）和双波长双光束（国产 WFZ800 - 5、岛津 UV - 260）等类型。

2. 分光光度计的基本操作步骤　可见分光光度计和紫外分光光度计的操作步骤基本相同，主要包括：仪器预热→波长和灵敏度选择→参比校正（调零和调 100%）→待测溶液测定→结果记录→关闭仪器几个步骤。

（1）预热仪器。为使测定稳定，将电源开关打开，使仪器预热 20 min。为了防止光电管疲劳，不要连续光照。预热仪器时和在不测定时应将比色皿暗箱盖打开，切断光路。

（2）选定波长。根据实验要求，转动波长调节器，使指针指示所需要的单色光波长。

（3）选择灵敏度。根据有色溶液对光的吸收情况，选择合适的灵敏度使吸光值读数为 0.2～0.7。为此，旋动灵敏度挡，使其固定于某一挡，在实验过程中不再变动。

（4）参比校正。将盛有参比溶液的比色皿放在光路上，在透光率测定状态下，光路关闭时调节透光率为 0，在光路打开时调节透光率为 100%。

（5）测定。将仪器调节到吸光值测定状态，轻轻拉动比色皿座架拉杆，使待测溶液进入光路，此时显示吸光值 A。测定过程中的间隔时间关闭出光狭缝，以减少光电管照光时间。

（6）关机。实验完毕，切断电源，将比色皿取出洗净。

二、常用的可见及紫外吸收光谱分析方法

1. 标准曲线法 配制一系列浓度不同的标准溶液，按照一定步骤显色后，分别测吸光值，以吸光值为纵坐标、溶液浓度为横坐标绘制标准曲线。在相同条件下，按照相同步骤处理待测物质并测定其吸光值，即可从标准曲线中找出相对应的浓度。

2. 对比法 将标准样品（S）与待测样品（X）在相同条件下显色并测定各自的吸光值。由于二者测定体系温度、光径以及入射光波长是一致的，在吸光值（A）与溶液浓度（C）的线性范围内，可用公式 $C_X = C_S \times A_X / A_S$ 计算待测样品浓度。

3. 差示法 待测溶液浓度太浓或太稀（透光率超过 90%或低于 10%）时，测定结果会产生较大误差，此时可采用差示法（differential spectrophotometry）扩展量程。

（1）高浓度样液差示法。用标准品制备浓度稍低于试样的参比溶液，先将仪器光门关闭，调节透光率为 0，再将参比溶液置于光路上，打开光门使透光率为 100%，然后测定样品溶液的透光率即可。例如某一样品溶液原来的透光率读数为 5%（10%以下），用差示法后读数为 50%，这实质是把透光率标尺扩展了 10 倍，从而减少了测量误差。

（2）低浓度样液差示法。用标准品制备浓度稍高于试样的参比溶液，将它放在光路上，打开光门，调节透光率至 0，然后换以空白溶剂，调节刻度至 100%。此后测定样品，读数即可。此外，也可以同时采用高、低双参比溶液进行更加精确的量程扩展。

4. 解联立方程组法 对于 x（最大吸收波长 λ_1）和 y（最大吸收波长 λ_2）两个吸收光谱重叠的组分，可以分别在各自的最大吸收波长处测定溶液中混合组分的吸光值，然后通过解 $A_{\lambda_1}^{x+y} = \varepsilon_{\lambda_1}^{x} \cdot C_x + \varepsilon_{\lambda_1}^{y} \cdot C_y$ 和 $A_{\lambda_2}^{x+y} = \varepsilon_{\lambda_2}^{x} \cdot C_x + \varepsilon_{\lambda_2}^{y} \cdot C_y$ 组成的二元一次方程组（溶液厚度为 1 cm，各消光系数可用 x 和 y 单一组分的标准溶液测得），即可计算出各组分的浓度 C^x 和 C_y。溶液中的待测组分越多，方程组包含的方程越多，测定误差也越大。

5. 双波长法 可根据溶液中吸收光谱重叠的混合组分在测定波长和参比波长下的吸光值的差值 ΔA 和两个波长处的摩尔消光系数，计算出组分的浓度。测定方法主要有等吸收波长法和系数倍增法。譬如，溶液中 x 和 y 两个吸收光谱重叠组分，可选 x 组分的最大吸收波长 λ_1 为测定波长，选参比波长 λ_2 使组分 y 在此波长处的吸光值与 y 在 λ_1 处的吸光值相等，即 $A_{\lambda_1}^{y} = A_{\lambda_2}^{y}$。根据两组分在测定波长和参比波长处吸光值的加和性，$\Delta A = A_{\lambda_1} - A_{\lambda_2} = A_{\lambda_1}^{x} + A_{\lambda_1}^{y} - A_{\lambda_2}^{x} - A_{\lambda_2}^{y} = A_{\lambda_1}^{x} - A_{\lambda_2}^{x} = (\varepsilon_{\lambda_1}^{x} - \varepsilon_{\lambda_2}^{x}) \cdot C_x$，两摩尔消光系数 $\varepsilon_{\lambda_1}^{x}$ 和 $\varepsilon_{\lambda_2}^{x}$ 可利用 x 组分的标准溶液测得（溶液厚度为 1 cm）。由此获得 x 组分的浓度 $C_x = \Delta A / (\varepsilon_{\lambda_1}^{x} - \varepsilon_{\lambda_2}^{x})$。同理，选取 y 组分的最大吸收波长为测定波长及相应的参比波长，可测 y 组分的溶液浓度。为了提高吸收光谱的分辨率，可以对吸收光谱曲线进行一阶或高阶求导，获得导数光谱曲线。利用双波长法可以很容易地获得一阶导数光谱曲线。

近年来由于新的灵敏度高、选择性好的显色剂和掩蔽剂不断出现，一般不经分离过程即可直接比色测定。几乎所有的无机离子和有机物都可直接或间接用可见及紫外分光光度计进行定量测定。

三、影响可见及紫外吸收光谱分析的因素

利用分光光度计测定溶液浓度的光学基础是被测物质的浓度与吸光值成正比。在实际测定中，由于反应条件、操作过程及仪器调节等方面的影响，吸光值和溶液浓度容易偏离线性关系而引入误差，导致误差的主要原因有来自反应体系的化学因素和来自分光光度计的光学因素。

1. 化学因素的影响

（1）待测物质浓度的影响。溶液对特定波长光吸收的 Lamber - Beer 定律有一定的适用范围。由于有色物质的电离、水解、缔合等原因，当溶液浓度过低或过高时，其光吸收随溶液浓度的变化不按比例降低或增高。因此，利用可见及紫外吸收光谱分析测定某种溶液浓度时要注意其浓度的线性范围。如考马斯亮蓝法测定蛋白质含量的适宜范围是 1～1 000 mg/L。

（2）反应条件的影响。包括反应温度、pH 和反应（测定）时间等条件的影响。

有些反应速度受温度影响较大，需要高温才能加快反应，而有些反应物在高温下不稳定，容易降解、沉淀或发生其他反应；有些物质显色受 pH 影响，随着 pH 的变化溶液的吸收波长或吸收能力也会发生变化，所以同样的反应体系中溶液 pH 不同时测定结果常会产生偏差；某些待测物质在反应体系或环境中不太稳定，长时间放置后会沉淀、降解或发生其他反应，而另一些有色物质需要较长的时间才能反应完全。因此，如果反应条件不适宜，会造成相当大的测定误差。

（3）溶液中杂质的影响。待测溶液中含有其他具有相同或相近波长光吸收的成分时，会对待测物质的测定产生干扰。另外，如果反应体系中一些成分能够与显色剂或待测物质发生反应，也会造成测定结果偏离实际情况。

2. 分光光度计的影响　分光光度计的性能好坏直接影响到测定结果的可靠性和精密性。仪器的正确使用和及时校准等措施，是准确测定的质量保证。

（1）波长准确性的影响。使用光电比色计或分光光度计，在更换光源灯、重新安装、搬运或检修后，以及仪器工作不正常时，都要进行波长校正。就是正常工作的仪器，每隔一个月也要检查一次波长，必要时进行校正，这样才能保证波长读数与通过样品的波长相符，保证仪器的最大灵敏度。常用的校正方法有谱钕滤光片校正法等。

（2）线性偏离的影响。光吸收测定的线性包括仪器线性及测定方法线性。线性偏离表现为溶液的浓度与吸光值不成线性关系，出现偏离的原因主要来自两个方面：一是溶液本身的光吸收不符合 Lamber - Beer 定律，即化学偏离；二是仪器本身各种因素的影响，使光吸收测定值与浓度之间不成线性关系，即仪器偏离。仪器偏离的因素很多，如杂光、有限带宽、检测器噪声、环境条件变化、波长的变动、比色皿的误差、辐射光的非平行性、检测器本身的非线性等。

（3）杂光（散光）的影响。在吸光值测定中，凡检测器感受到的不需要的辐射都称为杂光。杂光对吸光值测定的准确性有严重的影响。杂光的来源有：①仪器本身的原因，如色散器的设计、光源的光谱分布、光学元件的老化程度、波带宽度以及仪器内部的反射及散射等；②室内光线过强而漏入仪器，仪器暗室盖不严；③样品本身的原因，如样品有无荧光、样品的散射能力强弱等。

（4）比色皿质量的影响。比色皿一般由玻璃、石英或萤石制成，光径一般为 1.0 cm 或 0.5 cm。光线通过时有一部分光为空气与玻璃接触面的反射而损失（4%），另一部分（很少）为玻璃吸收。比色皿的质量除其原料的质地外，要求厚度均匀，上下一致，各皿彼此相配。使用前要做质量检查，使用中要求表面清洁。

（5）仪器稳定性的影响。当电源电压在 220～230 V 范围内变化时，仪器读数漂移不应超过透光率标尺上限值的±1.5%。在电源电压不变的条件下，在 3 min 内其读数漂移不应超过透光率标尺上限值的±0.5%。

（6）测定重复性的影响。在波长、工作状态、比色皿配套等合格的前提下，在用交流电源供电时，仪器对一种溶液重复测定的读数值差应小于或等于标尺上限值的 1%。

（7）灵敏度检测。配制浓度分别 30 mg/L、32.5 mg/L、120 mg/L 和 122.5 mg/L 的 4 种重铬酸钾溶液，分成浓度差为 2.5 mg/L 的两组。波长设定为 440 nm，用水调零点，将上述应用液连续测 3 次吸光值，两组 2.5 mg/L 浓度差的吸光值差都不小于 0.01 为合格。

此外，待测样品的提取、分离等制备以及反应过程中，控制温度、试剂浓度和用量及试剂加入顺序等操作时的准确性也会引入误差。

第三节　荧光发射光谱分析

某种常温物质经某种波长的入射光照射，吸收光能后进入激发态，并且立即退出激发，发出与入射光波长相同或不同的发射光（通常波长在可见光波段）；而且一旦停止照射入射光，发光现象也随之立即消失。具有这种性质的发射光就称为荧光。

荧光的发光原理是光照射到某些原子时，光的能量使原子核周围的一些电子由原来的轨道跃迁到了半径更大的轨道，即从基态变到了第一单线态或第二单线态等。第一单线态或第二单线态等是不稳定的，所以会恢复基态，当电子由第一单线态恢复到基态时，能量会以光的形式释放，所以产生荧光。

利用物质受光激发后所发射荧光的强度进行定性或定量测定的方法，称为荧光发射光谱分析法，简称荧光分析法。荧光分析中，待测物质分子成为激发态时所吸收的光称为激发光，处于激发态的分子回到基态时所产生的荧光称为发射光。根据荧光的强度可测定物质的含量，根据物质的荧光波长可确定物质具有某种结构。荧光分析法的优点在于其灵敏度高，检测下限通常比吸收光谱法低 1～3 个数量级，可达 ng/mL 级；样品量少（μg 或 μL 级）；线性范围也常大于吸收光谱；荧光寿命、荧光量子产率、激发峰波长、发射峰波长等多种参数具有较好的选择性。但也由于荧光分析法的灵敏度高，使得荧光定量分析测定中基体干扰较严重，因此荧光分析法在定量分析中的应用不如吸收光谱法广泛。

一、荧光分光光度计

荧光分析从入射光的直角方向、黑背景下检测样品的发光信号，这与紫外分光光度法从入射光方向、在亮背景下检测光吸收信号相比，具有更高的灵敏度。此外，荧光分析中检测器前面是发射色散器，样品信号经过分光后可以去除样品以外的辐射，从而为方法的专一性提供了有力的保障。

荧光分光光度计的主要结构与可见及紫外分光光度计相似，包括 5 个基本部分（图 5－2）。

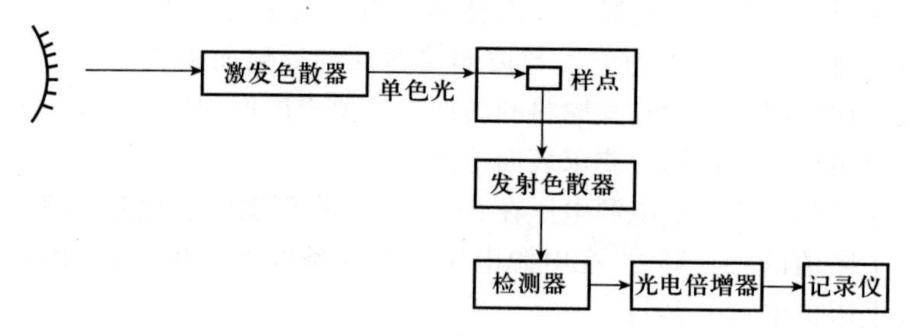

图 5-2　荧光分光光度计结构

(1) 激发光源。用来激发样品中荧光分子产生荧光，常用汞弧灯、氢弧灯及氙灯等。目前荧光分光光度计以用氙灯为多。

(2) 色散器。用来分离出所需要的单色光。仪器中具有两个色散器，一是激发色散器，用于选择激发光波长；二是发射色散器，用于选择发射到检测器上的荧光波长。

(3) 样品池。四面透光的石英材质比色皿，用以放置测试样品。

(4) 检测器。作用是接收光信号，并将其转变为电信号。

(5) 显示记录系统。检测器出来的电信号经过放大器放大后，由记录仪记录下来，并可数字显示和打印。

荧光分光光度计的操作步骤同可见及紫外分光光度计相似。在参数设置时，需要设定激发光波长、发射光波长、狭缝宽度等。

二、常用的荧光分析方法

1. 直接荧光测定法　基于被测物质本身受特定波长光激发产生荧光的特性进行测定。如 NADPH、荧光蛋白等。

2. 间接荧光测定法　利用化学方法使一些自身不能产生荧光的化合物转变成荧光化合物，可利用的化学方法有氧化还原反应、水解反应、缩合反应、络合反应、光化学反应等。

3. 制备荧光衍生物测定法　主要是指利用与荧光试剂反应生成荧光衍生物或利用与荧光染料反应生成荧光离子对的方法。

4. 淬灭荧光测定法　主要是基于化合物与荧光试剂反应，生成的产物能淬灭荧光试剂的荧光，与空白试剂对照比较荧光强度减弱，是一种测定样品液荧光强度减弱的定量方法。

5. 化学发光免疫分析法　是通过在抗原或抗体上标记酶或荧光化合物，然后测定荧光确定标记抗原或抗体结合率进行药物定量的方法。

三、影响荧光分析的因素

荧光分析法通常有标准对比法和标准曲线法，操作和计算可参照可见及紫外吸收光谱分析法。荧光分析法的条件选择主要从以下 5 个方面考虑。

1. 激发光波长与发射光波长　一般根据激发光谱和发射光谱选择最大激发波长和荧光最强的发射波长，激发光波长与发射光波长的距离以 50 nm 为宜，一般不得小于 30 nm。常见荧光物质的荧光发射光谱特性如表 5-1 所示。

表 5－1　常见的荧光发射光谱分析物质的特性

待测物	荧光试剂	激发波长/nm	发射波长/nm	灵敏度/(μg/mL)
Ag	四氯荧光素	540	580	0.1
Al	桑色素	430	500	0.1
Br	荧光素	440	470	0.002
Ca	乙二醛-双-（4-羟苄基脎）	453	523	0.000 4
Cl	荧光素＋$AgNO_3$	254	505	0.002
CN^-	2′,7′-双（乙酸基汞）荧光素	500	650	0.1
Fe	曙红＋1，10-二氮杂菲	540	580	0.1
Pb	曙红＋1，10-二氮杂菲	540	580	0.1
Zn	8-羟基喹啉	365	520	0.5
F	石榴茜素 R－Al 络合物	470	500	0.001
核酸	溴化乙锭	360～365	580～590	0.1
蛋白质	曙红 Y	308	540	0.06
氨基酸	氧化酶等	315	425	0.01
肾上腺素	乙二胺	420	525	0.001
NAD(P)H	自身荧光	340	450	10^{-6} mol/L
ATP	己糖激酶、6-磷酸葡萄糖脱氢酶、6-磷酸葡萄糖	340	450	2×10^{-6} mol/L
维生素 A	无水乙醇	345	490	0.001
Cy3™	自身荧光	514，552，554	566，570	
Cy5™	自身荧光	649	666，670	
萤火虫荧光素酶（LUC）	荧光素		560	
葡萄糖醛酸酐酶（GUS）	4-甲基伞形酮（MU）	365	455	

2. 溶剂　改变溶剂极性可增加或降低荧光强度。荧光物质 $n\rightarrow\pi^*$ 电子跃迁的能量在极性溶剂中增大，而 $\pi\rightarrow\pi^*$ 跃迁的能量降低，从而导致荧光增强，荧光峰红移。有些溶剂能与荧光物质作用从而改变其结构来增加或降低荧光强度。溶剂中要避免出现产生荧光猝灭的成分。水、乙醇、环己烷等溶剂中常含有荧光杂质影响测定，必须在使用前作净化处理。水溶液中适宜浓度的表面活性剂能够减少荧光猝灭。

3. 荧光物质浓度　样品溶液的待测组分浓度以选择低浓度为好，其浓度的选择应在标准曲线的线性范围之内。对于某一荧光物质的稀溶液，在一定频率和一定强度的激发光照射下，如果光被吸收的百分率不大，且溶液的浓度很小，当溶液的厚度不变时，它所发生的荧光强度和该溶液的浓度成正比。当荧光物质浓度高时，分子间碰撞消耗分子内能，使荧光强度和溶液浓度偏离线性关系。

4. 温度　大多数情况下，温度增高会使分子间碰撞次数增加，消耗分子内能。因此，温度升高使荧光激发效率降低，荧光强度变小。如荧光素钠在－80 ℃乙醇溶液中的荧光效率为100%，而温度每升高10 ℃荧光效率减少约3%，因此，选择适宜和稳定的温度可以提高灵敏度。

5. 溶液pH　当荧光物质本身为弱酸或弱碱时，溶液的pH改变会对溶液荧光强度产生较大影响。有些物质在分子态时有荧光而离子态时无荧光，而有些物质则相反，也有的物质两种状态均有荧光，但荧光光谱有所不同。这类化合物应根据pH与荧光强度的关系曲线选择适宜的溶液pH，以提高荧光检测的灵敏度和选择性。

四、荧光分析的应用

1. 荧光定量分析　荧光分析技术已广泛应用于环境监测、食品、医药和生命科学等领域，可以对某些无机物与有机物进行定量分析。能直接产生荧光并用于测定的无机化合物为数不多，但与有机试剂络合后进行荧光分析的元素已达60余种。

2. 荧光定位分析　利用被检测物质的自发荧光或间接激发荧光，可以对其在生物个体表面或内部的分布进行检测。借助荧光显微镜或共聚焦激光显微镜，可以在放大后进行组织或细胞内亚细胞定位分析。

标 记 分 析 技 术

在研究生物样品中的某些组分时，由于样品分子没有适宜的结构或特性直接用以分离或分析，需要通过化学作用将特定的离子、基团或分子结合在这些组分上，借助这些标记物的特性进行分析。标记分析技术就是利用标记物进行分离、制备和测定的分析技术。

根据分析目的不同，标记分析技术可以分为标记分离技术和标记测定技术。前者是借助标记进行分离和纯化，如蛋白质标签在亲和层析中的应用就是一种标记分离技术；后者是借助标记分析待测物质的含量和分布等特性。

根据标记物的化学特性和检测技术不同，标记分析技术有多种不同的分类方法。

根据标记物的测定特性不同，标记分析技术可以分为同位素标记分析、发光标记分析、酶标记分析和金属标记分析等。同位素标记分析是利用同位素的放射性或质量差异来进行检测。发光标记分析是利用标记物荧光、化学发光等光学特性进行检测。酶标记分析是利用酶促反应产物的颜色、发光等特性进行检测。金属标记分析是利用金属元素的密度等特性进行检测。

根据标记物是否有放射性，标记分析技术可分为放射性标记分析和非放射性标记分析。放射性标记分析是以放射性同位素为标记物，而酶、稳定同位素等其他没有放射性的标记物只能用于非放射性标记分析。

根据标记对象是否可以通过免疫反应进行检测，标记分析技术可以分为免疫标记分析和非免疫标记分析。前者的标记对象是待检测的抗原（或抗体）对应的抗体（或抗原），分析过程需要进行免疫反应。根据标记物的不同，免疫标记分析可以进一步分为免疫酶分析、放射免疫分析、免疫荧光分析等。非免疫标记的分析过程不需要借助免疫反应，如金属标记和配体标记。

根据标记物是否直接用于检测分为直接标记分析和间接标记分析。放射性同位素、发光剂、酶等标记物可以分别通过其放射性、发光和酶促反应进行直接检测，而生物素、地高辛等非放射性标记物通常不能直接用于检测，需要对其抗体（或配体）进行二次标记，然后借助标记抗体（或配体）与非放射性标记的结合，对非放射性标记对象进行定性或定量分析。

这些标记分析方法可以单独使用，也可以将两种及以上的方法结合使用。本章着重介绍几种常用的标记分析技术。

第一节　同位素标记分析技术

同位素标记分析技术是利用同位素取代样品组分中一种或几种元素从而使其能够被识别和分析的一类分析技术。

同位素（isotope）是指原子序数（质子数）相同而质量数（中子数）不同的同一种元

素的一组核素。原子由带正电荷的原子核和带负电荷的电子所组成，原子核由质子和中子两种粒子组成。元素X的原子核可用^A_ZX表示，其中的Z为原子序数，即核内质子数；A为原子核的质量数，是质子数Z和中子数N的总和。具有相同质子数和相同中子数的原子核称为核素（nuclide）。自然界中，质子数Z的稳定范围在1～83，但没有Z为43和61的稳定核素。A的稳定范围在1～209，但没有A为5和8的稳定核素。中子数N的稳定范围在0～126，其中没有N为19、21、35、39、45、61、71、89、115、123的稳定核素。同一种核素有多种同位素，如氢原子核的质子数为1，而质量数有^1H（氕）、^2H（氘）、^3H（氚）三种类型。同位素在元素周期表上占有同一位置，化学行为几乎相同，但其质谱行为、放射性转变和物理性质（例如在气态下的扩散本领）有所差异。

一、同位素的种类及其特性

根据有无放射性可以将同位素分为稳定同位素和放射性同位素。稳定同位素是指自然衰变极慢（半衰期大于10^{15}年）而检测不到放射性的一类同位素。与放射性同位素相比，稳定同位素无辐照伤害，基本不受半衰期的影响。已知81种元素有274种稳定同位素，原子序数在84及以上的元素的同位素都是放射性同位素。同一种元素可以有多种稳定同位素或放射性同位素，如H元素的同位素中^1H和^2H是稳定同位素，而^3H是放射性同位素；C元素的同位素中^{12}C和^{13}C是稳定同位素，而^{14}C是放射性同位素；N元素的17种同位素中有^{14}N和^{15}N两种稳定同位素；O元素的28种同位素中只有^{16}O、^{17}O、^{18}O是稳定同位素。

1. 稳定同位素 稳定同位素的化学性质稳定，测定灵敏性高，应用方式灵活。第一，稳定同位素适用于生物活体内元素代谢分析。由于稳定同位素几乎没有辐射污染，可以作为示踪剂用于研究对象的长时间示踪实验。如^2H、^{13}C、^{15}N、^{18}O都是生命科学领域常用的稳定同位素，可用于水、尿素、葡萄糖、核酸等各种含这些元素的组分的代谢研究。第二，稳定同位素定量分析的精度高，可达到百万分之一。第三，稳定同位素示踪能力灵活多变。既可以定量追踪一种化合物中某种元素在不同组织、不同代谢途径中的代谢去向，也可以分别追踪化合物分子内部某个或多个特定的原子。例如，利用同位素可以追踪葡萄糖分子中各个原子在人体内的不同代谢去向，分析哪些原子进入三羧酸循环产生能量，哪些原子进入脂肪代谢途径参与脂肪合成。因此，稳定同位素广泛用于医学、营养、代谢、食品、农业、生态和地质等研究和生产领域。

2. 放射性同位素 放射性同位素的原子核很不稳定，会不间断地放出一种或多种射线或发生电子俘获，直至变成另一种稳定同位素，此过程称为核放射性衰变。根据放出的射线不同，放射性衰变有α、β、γ三种方式。其中，α衰变放射出由氦核组成的α高能粒子流，释放的α射线电离作用强，但射程短，穿透能力较弱；β衰变放射出电子或俘获一个轨道电子，常见的有释放负电子的β^-衰变、释放正电子的β^+衰变和κ层电子俘获三种衰变方式，释放的β射线电离作用较弱，贯穿能力较强；γ衰变放射出波长在10^{-4}～10 nm的光子射线，释放的γ射线电离作用最弱，但贯穿能力最强。

在衰变过程中，放射性核的数目随着时间的延长按指数规律减少。单位时间衰变掉的核数称为放射性活度（radioactivity）。放射性活度的国际单位为贝可（Becquerel），符号为Bq。由于历史原因，常用居里（Ci）为放射性活度单位，二者的换算关系是1 Ci＝3.7×10^{10} Bq。单位质量或单位体积的放射性物质的放射性活度称为放射性比活度（specific radioactivity)。一定数量放射性同位素原子数目衰减到其初始数目的一半所需的时间称为半衰期，用 $T_{1/2}$ 表示。表 6-1 列出了一些放射性同位素的半衰期和衰变类型，各种放射性核素的半衰期差别很大。

表 6-1 一些放射性同位素的半衰期和衰变类型

放射性同位素	半衰期（$T_{1/2}$）	衰变类型	放射性同位素	半衰期（$T_{1/2}$）	衰变类型
^{3}H	12.4 年	β^-	^{54}Mn	310 d	$\gamma\ \kappa$
^{11}C	20.5 min	β^+	^{59}Fe	46.3 d	$\beta^-\gamma$
^{14}C	5 730 年	β^-	^{60}Co	5.3 年	$\beta^-\gamma$
^{15}O	2.04 min	β^+	^{63}Ni	100.1 年	β^-
^{22}Na	2.6 年	$\beta^+\gamma$	^{64}Cu	12.8 h	$\beta^-\beta^+\gamma\ \kappa$
^{24}Na	14.8 h	$\beta^-\gamma$	^{65}Zn	250 d	$\beta^+\kappa$
^{28}Mg	21.4 h	β^-	^{75}Se	121 d	$\gamma\ \kappa$
^{32}P	14.3 d	β^-	^{90}Sr	28.6 年	β^-
^{33}P	25 d	β^-	^{99}Mo	66 h	$\beta^-\gamma$
^{35}S	87.4 d	β^-	^{125}I	59.7 d	γ
^{38}Cl	38.5 min	$\beta^-\gamma$	^{131}I	8.04 d	$\beta^-\gamma$
^{42}K	12.4 h	$\beta^-\gamma$	^{135}I	9.7 h	β^-
^{45}Ca	165 d	β^-	^{137}Cs	30.2 年	β^-
^{47}Ca	4.54 d	β^-	^{204}Tl	3.8 年	β^-
^{51}Cr	28 d	β^-	^{210}Po	138 d	α
^{52}Mn	5.8 d	β^+	^{239}Pu	2.4×10^4 年	α

在生物科学研究中，选择适宜的放射源主要考虑放射性同位素的射线种类和能量、半衰期以及放射性活度。常用的放射源根据射线种类不同有 α 源（如^{210}Po 和^{239}Pu)、β 源（如^{3}H、^{32}P、^{35}S、^{60}Co)、γ 源（如^{59}Fe 和^{60}Co）和中子源（如 Po-Be 和 Ra-Be)。研究中多采用 β 源和 γ 源，α 源由于射线测量困难而应用较少。^{137}Cs 和^{60}Co 发生 β 衰变后转变为^{137}Bam 和^{60}Ni，后者可以继续发生 γ 衰变，因此。^{137}Cs 和^{60}Co 即可以做 β 放射源，也可以做 γ 放射源。研究植物光合作用时常选用^{14}C，研究动物甲状腺机能时则常选用^{131}I，研究农产品加工和农作物辐射诱变育种时常用^{60}Co。在利用放射源处理生物样品时，要对不同的辐射进行定量的描述和测量，常用的变量有以下几个：

（1）吸收剂量（absorbed dose）。单位质量被照射的物质所吸收的射线能量，即 $D=dE/dm$。单位为戈瑞（Gray，Gy)，1 Gy 的吸收剂量等于 1 kg 的被照物质从射线中吸收 1 J 的能量，即 1 Gy=1 J/kg。另一个吸收剂量的非许用单位是拉德（rad)，二者的换算关系是1 Gy=100 rad。

（2）照射量（exposure)。射线辐射在单位质量空气中产生的正离子或负离子的总电量，用 X 表示，可以度量两种辐射在空气中产生电离本领的大小。照射量的国际单位为库仑/千克（C/kg)，非许用单位是伦琴（R)，二者的换算是 1 R=2.58×10^{-4} C/kg。

（3）剂量当量（dose equivalent)。组织中某点处的剂量当量是该点处的吸收剂量（D)、辐射品质因数（Q）和其他修正因数（N）的乘积，以 H 表示，其单位是希沃特（Sv)，简称希弗。剂量当量可用来衡量辐射对生物组织的伤害，每千克人体组织吸收 1 J 的辐射能量为 1 Sv，即 1 Sv=1 J/kg。剂量当量还有一个非许用单位雷姆（rem），与希弗的换算关系是1 Sv=100 rem。

描述放射性同位素的辐射能力的几个变量及其常用单位的换算关系见表 6-2。

表 6-2 常用辐射量单位及换算关系

辐射量	许用单位	非许用单位	换算关系
放射性活度（A）	Bq	Ci	1 Bq=1 s^{-1} 1 Ci=3.7×10^{10} Bq
照射量（X）	—	R	1 R=2.58×10^{-4} C/kg
吸收剂量（D）	Gy	rad	1 Gy=1 J/kg=100 rad
剂量当量（H）	Sv	rem	1 Sv=1 J/kg=100 rem

二、同位素标记分析技术的类型和方法

1. 同位素标记分析技术的类型 在生命科学研究中，根据标记对象和分析方式的不同，同位素标记分析技术可以分为体内标记和体外标记。

（1）体内标记。又称代谢标记，多选用稳定同位素（如^{2}H、^{13}C、^{15}N、^{18}O 等）或放射性较弱的同位素（如^{3}H、^{14}C）替代细胞或生物体所需的代谢原料（如 H_2O、CO_2、铵盐、硝酸盐、氨基酸、核苷酸等）中的天然同位素，研究特定元素及其所在的基团或分子在生物体内或世代间的转运、传递或物质转化。其操作简便高效，但要求细胞或生物体的生长条件精细可控。

（2）体外标记。常用作探针标记，多选用强放射性同位素替代生物小分子或大分子中相应的元素，以此标记探针来检测生物样品中的目标生物分子，如^{32}P 标记的核酸探针用于核酸分子杂交，^{35}S 标记的抗体用于蛋白质检测。放射性同位素标记检测灵敏度高（10^{-18}～10^{-14}g），可以省略复杂的样品分离纯化步骤，但一般不用于生物活体的检测，而且操作过程中需要严格的辐射防护措施。随着基因工程和蛋白质工程的研究进展，放射性同位素标记示踪技术在分子生物学中的应用更加广泛，常用于探针标记的同位素及其探测方法见表 6-3。

表 6-3 同位素在分子生物学中的应用及检测方法

实验方法或用途	同位素	检测方法
核酸合成、NH_4^+/NO_3^- 代谢	^{15}N	密度梯度离心、质谱法
尿素代谢、葡萄糖代谢	^{13}C	密度梯度离心、质谱法
水代谢	^{2}H 和^{18}O	密度梯度离心、质谱法
DNA/RNA 斑点杂交	^{32}P	放射自显影（用增感屏）
DNA 序列测定	^{32}P	放射自显影
原位杂交	^{32}P	放射自显影
	^{35}S	放射自显影
	^{3}H	放射自显影

（续）

实验方法或用途	同位素	检测方法
体外蛋白质合成	^{14}C、^{35}S	闪烁计数
	^{3}H	闪烁计数
噬菌斑和菌落的筛选	^{32}P	放射自显影（用增感屏）
	^{35}S	放射自显影
Southern 印迹杂交	^{32}P	放射自显影（用增感屏）
Northern 印迹杂交	^{35}S	放射自显影（用增感屏）
Western blotting	^{3}H	闪烁计数
	^{14}C、^{35}S	放射自显影
	^{125}I	放射自显影（用增感屏）

无论是进行体内标记还是体外标记，多数实验者都是购买商品化的带同位素标记的示踪剂，或者购买用于探针合成的原料分子（如^{32}P-核苷酸），而非在元素水平上从头合成标记分子。

2. 同位素标记方法　同位素标记的方法有很多，如化学合成、生物合成和同位素交换等，每种方法都有各自的特点。

（1）化学合成法。借助普通化学反应将同位素标记引入化合物中。此类方法所合成的标记化合物多用作定位标记，同位素标记效率高且纯度好，但步骤较复杂，产生的标记化合物常是D型和L型两种构型的混合物。

（2）同位素交换法。借助非化学反应的方式用一种同位素取代化合物中的另一种同位素。常见的交换方式是借助分子的电离—复合或中间配合物的缔合—分解，进行不同取代级的同位素分子间的歧化反应或不同分子间的同位素交换反应。此法常用于标记原料分子的合成，一般是用生物体内没有的同位素取代天然的同位素。同位素交换法比化学合成法步骤简单，但标记位置不易控制，且产品难以分离纯化。

（3）生物合成法。利用生物自身的酶促反应或代谢途径将同位素引入化合物。此类方法广泛用于生物大分子的同位素标记，可以标记结构复杂的化合物且保持生物活性，甚至可以准确地标记特定的旋光异构体。以核酸分子杂交探针的生物合成方法为例，根据标记核苷酸在探针分子中的分布，可以分为均一标记法和末端标记法两类。均一标记的生物合成是利用聚合酶的互补核苷酸链合成活性，将含γ-^{32}P的标记核苷酸分散掺入新合成的DNA或RNA链中。根据所用酶的不同，均一标记的生物合成有切口平移法、随机引物法、转录（或逆转录）法等。末端标记法是借助末端转移酶将含α-^{32}P的标记核苷酸引入DNA或RNA短链的末端，探针内部核苷酸没有标记。

三、常用的同位素标记分析技术

1. 同位素示踪　同位素示踪（isotopic tracer）是利用同位素标记的示踪剂在研究对象体内的分布、数量和转运进行分析的方法。

稳定同位素示踪是基于原子核的质量差别，通过示踪剂获取物质的静态分布信息或转运、代谢等动态信息。美国科学家 Meselson 和 Stahl(1957) 借助同位素^{15}N标记的示踪剂

NH_4Cl为营养物质，研究大肠杆菌DNA复制过程，证明了DNA半保留复制机制。1961年，科学家用^{15}N和^{13}C标记示踪剂培养细菌，然后让噬菌体侵染细菌，证实mRNA携带了DNA的遗传信息，并且在细菌核糖体上指导噬菌体蛋白质的合成。在动物和植物研究中，^{15}N和^{13}C标记也常常用于蛋白质代谢和糖代谢的示踪分析。

放射性同位素示踪技术利用放射性同位素标记示踪剂，借助示踪剂的辐射作用可以进行微量分析。在农业生产中，常用^{14}C、^{3}H、^{32}P、^{35}S等放射性同位素的示踪技术研究动物和植物的生长发育、营养物质的分解和合成代谢等方面。借助仪器可以跟踪、测定标记元素在作物不同部位、不同时期的转运和分配情况。

2. 分子杂交　广义的分子杂交是基于分子间相互作用形成杂合分子或复合物进行定性或定量分析核酸、蛋白质及其复合物的一种检测技术。一般所说的分子杂交是指以核酸为检测对象的分子杂交，以蛋白质为检测对象的分子杂交称为免疫组化，属于免疫标记分析技术。

核酸分子杂交是指具有一定同源序列的两条核酸链（DNA或RNA）在一定条件下按碱基互补配对原则形成异源双链核酸分子的过程。杂交过程本质上是两种核酸分子的分别变性然后共同复性，其中一条核酸链是用于检测的工具分子（或片段），称为核酸探针。探针可以是DNA链（基因组DNA或cDNA），也可以是RNA链。为了便于检测杂交分子的有无和多少，在分子杂交前需要对核酸探针进行标记，其中放射性同位素标记是常用的方法。利用生物合成法将含^{32}P的核苷酸引入核酸探针是最常用的探针标记方法之一。探针与待检测DNA分子的杂交称为Southern印迹杂交，与待测RNA分子的杂交称为Northern印迹杂交。

核酸分子杂交可以在体外或原位检测组织（或细胞）中的基因及其转录产物的丰度和分布。体外杂交一般是在杂交膜上进行，整个操作过程包括以下4个步骤：①电泳分离，将提取的DNA或RNA混合样品通过琼脂糖（或聚丙烯酰胺）凝胶电泳进行分离；②印迹转移，通过毛细管作用虹吸转印、真空转印或电转印等方法将凝胶上的电泳谱带原位转印到杂交膜（尼龙膜或硝酸纤维素膜）上；③杂交，通过热变性或化学变性处理杂交膜和制备好的探针，然后将探针溶液与杂交膜上的核酸样品共同复性，形成杂交分子；④检测，杂交完成后，通过放射自显影、磷屏曝光等方法检测杂交分子的放射性强度，以确定特定核酸分子在样品中的丰度。除体外杂交之外，杂交也可以在染色体上、细胞中或者组织（或器官）切片上原位进行，即原位杂交（*in situ* hybridization，ISH）。染色质原位杂交是将染色体或染色质纤维分离出来后固定在载玻片上，然后加入探针进行杂交分析。菌落原位杂交一般是将细菌从培养平板转移到硝酸纤维素薄膜上，然后在膜上完成菌落裂解、DNA固定和杂交检测。组织原位杂交是指组织或器官切片固定，然后经适当处理使细胞通透性增加，让探针进入细胞内与核酸进行杂交。

核酸分子杂交也可以用于检测核酸和蛋白质分子的相互作用。在DNA复制、mRNA转录与修饰以及病毒感染等生命活动中，都涉及DNA或RNA与蛋白质分子之间的相互作用。这种互作产生的核酸-蛋白复合物会导致核酸分子的电泳结果发生改变，这种变化可以通过基于核酸分子杂交的各种实验技术来检测，如凝胶阻滞实验、DNase Ⅰ足迹实验、甲基化干扰实验等。

四、同位素标记的检测方法

同位素标记的检测包括定量检测和定位检测。定量检测是指直接分析同位素标记化合物的有无和多少，对于放射性同位素标记可以测定放射性活度、辐射能量高低或半衰期等。定位检测主要用于检测同位素的分布。下面简述几种代表性测量方法。

1. 质谱法和光谱法 质谱法和光谱法是测定稀有稳定同位素丰度的常用方法。用稳定同位素质谱仪和光谱分析仪可以分析天然稳定同位素$^{13}C/^{12}C$、$^{15}N/^{14}N$、$^{34}S/^{32}S$、$^{18}O/^{16}O$、$^{1}H/^{2}H$等的含量。质谱法是根据同位素的质量电荷比的不同来分离和分析同位素在组织中的质量或含量。光谱法是通过测定稳定同位素标记分子光谱的位移来测定元素的含量。例如，^{15}N光谱分析仪可以测定含氮量为10 ng试样的^{15}N丰度（精度达到10^{-10}级），可用作植物、组织及土壤等含N化合物的定性和定量分析。

2. 闪烁计数法 闪烁计数器是目前应用最广泛的放射性同位素探测仪器，分为固体闪烁计数器和液体闪烁计数器。它是基于射线与发光物质相互作用而产生荧光效应的一种探测器，由闪烁体（也称荧光体）和光电倍增管构成。射线引起闪烁体产生光电子而发光，光电子的电子流再通过放大、记录而被探测。闪烁计数器的优点是探测效率高，分辨时间短（可达10^{-9}s）。它既能用来探测带电粒子如α和β射线，又能用来探测不带电粒子如γ射线及中子等；不仅能探测核辐射是否存在，还能鉴别它们的性质和种类；不但能测量射线活度（计数），还能根据脉冲幅度确定辐射粒子的能量谱。

3. 放射自显影法 放射性自显影的检测原理与普通照相的曝光—显影—定影过程相似，但感光胶片的曝光来自放射性同位素的辐射。胶片上的影像可以反映放射性的有无、强弱和分布，从而进行定位、定性和相对定量测定。

4. 磷屏成像法 磷屏是在聚酯支撑材料上均匀涂布一层BaFBr：Eu^{2+}光敏磷光晶体，对β射线、γ射线、X射线和紫外线非常敏感，无须暗室条件即可在室温下曝光扫描，线性范围可达5个数量级，远高于传统X光片的线性范围（2～3个数量级）。在磷屏上曝光过程中，同位素标记样品上的^{3}H、^{14}C、^{125}I、^{32}P、^{33}P、^{35}S等核素衰变发出的射线照射光敏晶体分子，使磷光晶体分子中的Eu^{2+}氧化为Eu^{3+}，自由电子转移到磷光晶体“色心”的阴离子空轨道中，辐射能量被暂时储存。要读取曝光后的磷屏存贮信息时，用633 nm波长红色激光扫描磷屏对磷光晶体进行二次激发，使电子离开“色心”阴离子空轨道跃迁回到Eu^{3+}轨道，处于激发态的磷光晶体分子发生还原反应回到基态，部分储存的能量以光子形式释放出来，光电倍增管（PMT）捕获390～400 nm波长的激发光并进行光电转换，计算机接收电信号经处理形成屏幕图像，可以进行分析和定量。经二次激发后的磷光晶体分子回到还原态，磷屏可再次进行曝光成像。

与放射自显影相比，磷屏成像具有检测简便快速、灵敏度高、使用范围广等优点。磷屏可以检测^{14}C、^{35}S、^{32}P、^{125}I、^{3}H等发出的α、β、γ、X射线及中子。由于不需胶片和暗室设备，也不需要显影、定影和冲洗底片等手工操作，磷屏检测用时短，自动化程度高，数字化图像分辨率高，灵敏度比X光片高数十倍，结果可以快速进行分析和保存。扫描时间可长可短，少则5 min，多则几天均可。若延长曝光时间，可以检测其微弱的放射性，甚至可以检测出每天只有一次核素衰变那样低的放射性。此外，磷屏可以多次重复使用。

磷屏成像仪广泛用于检测凝胶或杂交膜上放射性标记、荧光标记或化学发光标记的核酸式蛋白样品。样品类型可以是干性、湿性的胶或膜等。仪器一般提供633 nm和532 nm两种激发光，其中633 nm激发光主要用于放射性检测，532 nm用于荧光和化学发光样品检测，可以同时扫描和分析4种以上荧光染料。

五、核辐射的安全防护

要科学合理使用放射性同位素标记分析技术，必须考虑射线辐射对操作人员和环境的不利影响。一方面，在操作过程中对人员进行安全防护，避免不必要的射线照射，尽量降低辐射剂量。另一方面，做好放射性污物、污水的收集与处理，避免造成环境污染。

1. 人体核辐射防护　在放射性同位素标记分析过程中，会产生一些带放射性的气体、液体或固体废物。按照放射性活度水平的高低，可以分为豁免废物、低水平放射性废物、中水平放射性废物和高水平放射性废物。除了放射性水平很低的豁免废物外，其他放射性废物都需要接受辐射安全监督管理和控制。这些核辐射废物无论在体外还是体内，都会放出射线，对人体造成损害。外照射的危害程度取决于其穿透能力，对人体造成的危害是γ射线、X射线>β射线>α射线。人体不同组织或器官对各种放射性同位素的蓄积率不同，受危害程度也不同，如^{32}P对骨骼系统危害较大，^{125}I和^{131}I主要危及甲状腺器官等。进入人体的核辐射物质的内辐射危害主要取决于射线与机体作用后产生的电离作用，射程短的α射线的内照射危害性大于β射线，而β射线的危害大于γ射线和X射线。

1977年，国际放射防护委员会（ICRP）在第26号出版物中提出的放射防护三原则是放射实践的正当化、放射防护的最优化和个人剂量限制，构成放射剂量限制体系。在放射实践中，必须保证个人所受的放射性剂量不超过规定的相应限值。ICRP规定放射性工作人员全身均匀照射的年剂量当量低于50 mSv，广大居民的年剂量当量限值为1 mSv。在我国放射卫生防护基本标准中，工作人员接受的辐射剂量与ICRP相同，公众个人受辐射的年剂量当量应低于5 mSv，长期持续受辐射的公众个人的年剂量当量应低于1 mSv（表6-4），且以上这些限制不包括天然本底照射和医疗照射。个人剂量限制是强制性的，必须严格遵守，而且必须按照最优化原则考虑是否要进一步降低剂量。由于人体对辐射损伤有一定的恢复作用，在相同照射剂量的情况下，小剂量多次照射比一次大剂量急性照射所造成的辐射损伤要小得多，这一规律已应用于放射临床治疗中。

表6-4　核辐射的个人剂量限制值

应用	职业人员	公众个人
有效剂量限值	20 mSv/年（连续5年内平均值） 50 mSv/年（其中任一年值）	1 mSv/年
眼睛	150 mSv/年	15 mSv/年
皮肤	500 mSv/年	50 mSv/年
四肢	500 mSv/年	

在有核辐射的实验过程中，要确保工作环境和仪器设备安全可靠。核辐射操作人员检查必须严格遵守以下操作规程和防护规则：

（1）在实验室内不得进行与放射性同位素工作无关的实验，外来人员未经允许不得进入。放射性实验应设置防护圈，并加设明显标志。

（2）工作人员应配备专用的工作服、鞋、帽、口罩、套袖、手套、防毒面具等个人防护用品。实验室应备有工作人员存放便服和工作服的衣柜，两类衣服不得混放。

（3）放射性同位素不得与易燃、易爆、腐蚀性物品放在一起，其贮存场所必须采取有效的防火、防盗、防泄漏的安全防护措施，并指定专人负责保管。贮存、领取、使用、归还放射性同位素时必须进行登记、检查，做到账物相符。

（4）实验室内避免使用易割破皮肤的容器和器皿。凡脸部、手部有伤口或患病的工作人员，应停止进行放射性的工作。

（5）放射性工作场所应保持卫生清洁，抹布、拖把等应分开专用。严禁在放射性工作场所吸烟、进食，禁止将食物、手提包等个人用品带入工作场所。

（6）放射性同位素分装及实验应配有专用的防护屏蔽、计量检测仪器及必要的应急工具。放射性实验室处理粉末或易挥发的放射性物质时，必须在通风橱内（或手套箱内）进行，身体受到意外沾污时，应立即洗净并及时到医院检查。常用屏蔽物有铅板、铅玻璃、防辐射铝板（铝管、铝棒）或水泥墙壁，可挡住或降低照射强度。

（7）放射性工作台面及易被污染的处所应铺设易清除污染的材料（如瓷砖、塑料布、橡皮板、玻璃等）。放射性实验室应备有放射性同位素的有效清洗剂（如肥皂、碳酸钠等去污剂），并备有废物贮存桶（如专用铅桶等）和必要的防护用具。放射性实验室的废物与普通垃圾要严格分开，妥善处理，防止污染环境。含有放射性物质的废水应排入沉淀池内、封存或固化处理。

2. 核辐射废物的处理　核辐射废物的放射性不受外界条件的影响，在衰变过程中辐射强度逐渐降低。对废物的处理要根据情况，采取多级净化、去污、压缩减容、焚烧、固化等措施处理。对于低、中水平放射性废物，一般使用气密容器包装；对于高水平放射性固体废物，还需要在气密容器外加混凝土二次容器包装，在进行时间不等的中间贮存后作最终处置。放射性废气和废液经过净化、水泥固化或沥青固化、玻璃固化等处理，大部分放射性核素已浓集到固体废物中。低、中放射性固体废物一般存放到近地表专用处置场；长寿命高水平放射性废物的处置是把包装妥当的高水平放射性废物放置到深地层的稳定地质构造中或深海床的沉积物中，使其与生物圈隔离，直到放射性废物衰变到对人类无危害水平。

第二节　发光标记分析技术

一、基本原理

发光是指分子或原子中的电子吸收能量后，由较低能级的基态跃迁到较高能级的激发态，然后再返回到基态并释放光子的过程。发光标记分析技术是借助标记直接或间接产生的发光现象对待检测物质进行定位和定量分析的技术。若发光标记对象是抗原或抗体，将发光分析和免疫反应相结合起来，称为发光免疫分析。

根据形成激发态的能量来源不同，发光可分为光致发光、化学发光（包括电化学发光）和生物发光。

1. 光致发光　光致发光是一种冷发光现象，是指物质经入射光（通常为蓝光、紫外光或X光）照射后，其电子吸收能量跃迁到激发态，然后在其回复至基态时发光（通常为可见光）的现象。根据延迟时间（或余辉时间）长短不同，光致发光可以分为荧光和磷光。荧光在关闭入射光后发光现象随之消失，而磷光在关闭入射光后发光仍能维持一段时间（10^{-8} s以上）。在生物化学分析中，荧光是常用的发光标记。

2. 化学发光　化学发光是指化学反应过程中释放的化学能使反应产物分子或中间态分子中的电子跃迁到激发态，然后回复到基态时产生的发光现象。其中，若被激发的是反应产物分子，这种发光过程称为直接化学发光；若激发能是从反应产物传递到其他未参加化学反应的分子上，使其发生电子跃迁然后发光，称为间接化学发光。

3. 生物发光　生物发光是指发生在生物体内的发光现象，如萤火虫的荧光素在荧光素酶的催化下，吸收ATP分解释放的能量生成激发态氧化型荧光素，在回复基态时发光。在生物化学研究中，也可以在体外模拟生物发光系统。

在发光标记分析中，参与能量转移并最终以发射光子的形式释放能量的化合物称为发光剂。作为发光剂要满足以下几个条件：①光量子产率高且能维持较长时间的稳定，便于检测；②理化特性要与被标记或测定的物质相匹配；③在使用浓度范围内对生物体没有毒性；④没有内源类似物的干扰。

发光标记分析中的标记物和发光剂不是两个完全相同的概念。有些标记物直接参与发光，可直接用于发光检测，这类标记物就是发光剂，如异硫氰酸荧光素。有些标记物本身并不发光，而是作为催化剂或能量传递中间体，通过酶促反应或能量传递使发光剂发光，这一类标记物不是发光剂，如辣根过氧化物酶、荧光素酶等可以作为标记酶，发光剂是这些酶的反应底物。

二、荧光标记类型

荧光标记是一种光致发光标记，广泛用于各种生物分子的定位和定量分析。理想的荧光标记具有如下特点：①光子产量高，荧光信号强度高；②对激发光吸收能力强，背景信号弱；③荧光激发波长与发射波长差异大，背景信号干扰少；④易与被标记物结合而不影响被标记物的生物活性；⑤稳定性强，不易受光、温度、酸碱度和其他成分的影响。有些荧光标记是广谱性的，如异硫氰酸荧光素等可用于标记核酸、蛋白和糖分子。也有些荧光标记具有标记对象或用途的特异性，如溴化乙锭、4′,6-二脒基-2-苯基吲哚（DAPI）等是主要用于核酸的荧光染料。下面对常用的几种荧光标记进行简要介绍。

1. 荧光素类荧光标记　这是一类具有较多苯环的荧光标记物，常用的荧光素如异硫氰酸荧光素（FITC）、羧基荧光素（FAM）、四氯荧光素（TET）等。荧光素的荧光活性取决于其大的共轭芳香电子系统，受氩离子激发光激发蓝绿荧光。在碱性条件下，FITC可以借助异硫氰酸盐反应基团与蛋白质的氨基末端、赖氨酸的ε-氨基、半胱氨酸的巯基、组氨酸的咪唑基、酪氨酸的酚羟基等基团共价结合，也可以和糖分子的还原端或核酸上的氨基等结合。为了降低标记反应中的空间位阻效应，可以在FITC上加入甘氨酸等作为间隔分子。FITC常用的激发波长（E_x）为490 nm，发射波长（E_m）为519 nm。FAM比FITC标记反应更快更稳定，但结合蛋白的量少，常用形式有5-FAM和6-FAM，吸收波长为495 nm，荧光发射波长为517 nm。TET是在FAM基础上改进而来，氯原子使荧光素的吸收波长（521 nm）和荧光发射波长（536 nm）发生红移，但提高了pH稳定性。

荧光素最早用于荧光显微镜技术。FITC具有固相合成反应不需要活化剂、标记用量少、荧光效应高、性能稳定和容易贮藏等优点。通过在荧光显微镜下观察或流式细胞仪分析，可对标记蛋白等进行定性、定位或定量检测。由于荧光素的荧光淬灭较快，常需要使用抗淬灭剂来提高稳定性。

2. 香豆素类荧光标记　常用的香豆素染料有 7-氨基-4-甲基香豆素（AMC）、羟基香豆素等。AMC 的激发波长为 350 nm，荧光发射波长为 450 nm，是一种广泛应用于各种酶和多肽的荧光标记，香豆素修饰的泛素分子也是研究蛋白质泛素化修饰的重要探针。与其他荧光染料不同的是，AMC 修饰多肽分子是从 C 端进行，可以与肽链 C 端第一个氨基酸反应，也可以参与固相合成整条肽链（从第二个氨基酸开始），或者切除保护基团后完成肽链的修饰。由于 AMC 的信号相对较弱，单标实验中不推荐使用 AMC，其常用于多标记实验。

3. 罗丹明类荧光标记　罗丹明（Rhodamine）是邻苯二酚类荧光染料，常用的有四甲基异硫氰酸罗丹明（TRITC）、罗丹明 B、罗丹明 123(Rh123) 等。TRITC 通过异硫氰酸盐反应基团与蛋白质（如抗体）结合，具有一个大的共轭芳香电子系统，由波长为 550 nm 的绿光所激发，发出波长为 573 nm 的荧光。虽然 FITC 和 TRITC 仍在使用，但由于它们属于发光相对较弱的荧光染料且它们的优势仅仅是经济实惠，因此，在最新的显微镜技术中并不推荐。罗丹明 B 是一种鲜红色脂溶性荧光染料，最大吸收波长为 554 nm，最大荧光发射波长为 610 nm，具有一定的致癌作用。Rh123 是一种对活细胞线粒体选择性结合的荧光染料，激发波长为 507 nm，荧光发射波长为 529 nm。它可以快速通过各种细胞的细胞膜，对细胞几乎没有毒性，广泛用于线粒体膜电位和细胞凋亡检测。由于细胞内 ATP 的量与 Rh123 的荧光强度之间有相关性，Rh123 也被应用于细胞内 ATP 的检测。

图 6-1 显示了部分荧光标记的结构式。

FITC　　AMC　　5-FAM　　RhodamineB

Cy3　　Cy5

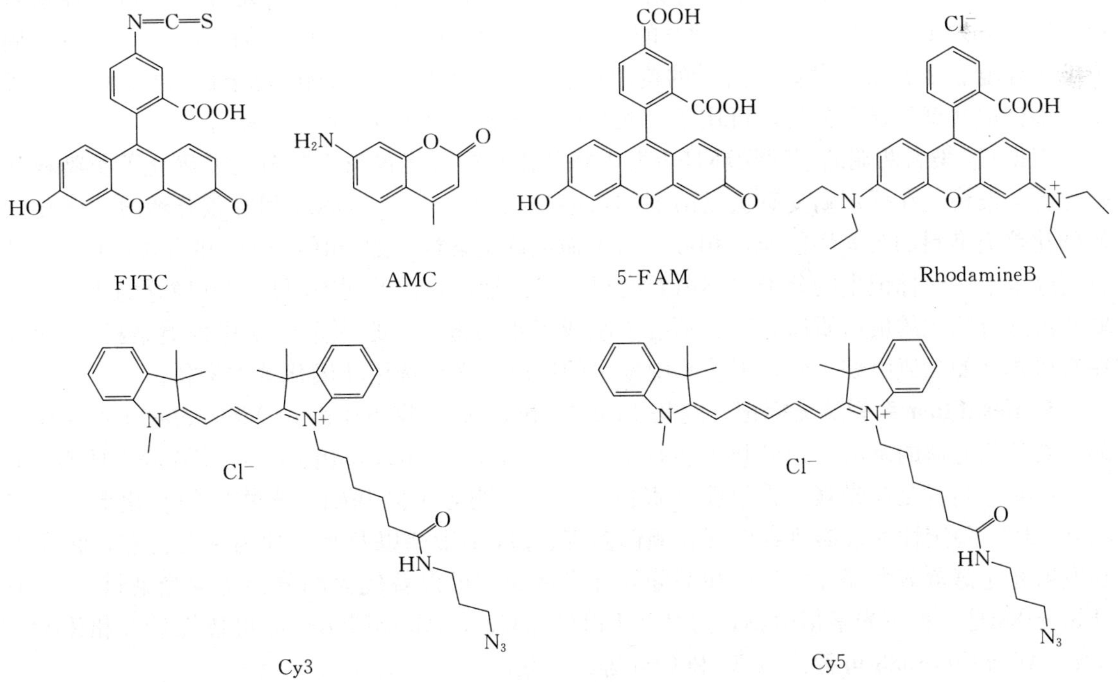

图 6-1　部分荧光标记的结构式

4. 菁类荧光标记　菁类染料（cyanine）又称青色素、花青素染料。目前常用的菁类染料主要有两大类，一类是噻唑橙（thiazole orange，TO）、噁唑黄（oxazole yellow，YO）及其二聚体（TOTO 和 YOYO），另一类是聚甲川类染料。此类染料具有摩尔消光系数高、光谱范围广且光量子产率高等特性，广泛用作核酸和蛋白等生物大分子的荧光标记，特别适用于细胞内多肽的定位。

TO 和 YO 是一类对双链 DNA 具有高度亲和力的不对称菁类染料。它们在溶液中本身没有荧光，与双链 DNA 结合后发出强烈荧光，增强约 1 000 倍。Cy2 也是一种噁唑染料，和 FITC 的光谱学特性相似，其偶联基团激发波长为 492 nm，发射波长为 510 nm 的绿色荧光，但比 FITC 在光下更稳定。利用 Cy2 标记要避免使用含有磷酸化的苯二胺作封片剂，因为这种抗淬灭剂和 Cy2 反应，在染色片储存后会导致荧光微弱和扩散。

聚甲川类染料常用作蛋白分子的荧光染料。分子内部含有由甲川基组成的共轭链，链两端有芳香环和杂环组成的假吲哚环，内部连有杂环或环烯化合物，与共轭链组成一个大的共轭体系，分子内部的氢可被各类基团取代。由于两端假吲哚环内有氮原子，故又称为叠氮染料。聚甲川基链长度和取代基团都影响荧光性能，链越长则吸光值越高，发射波长可达到近红外区；取代基团不同时发色团的吸收波长也会有差异。常用的聚甲川类菁类染料有 Cy3、Cy3.5、Cy5、Cy5.5、Cy7 和 Cy7.5 等。其中的 Cy 代表“cyanine”，第一个数字代表了假吲哚之间的碳原子数，后缀 .5 代表进行了苯丙稠合改性。Cy2 是噁唑衍生物而不是假吲哚结构，不遵守这个命名规则。Cy3 和 Cy5 比其他探针的荧光更亮、更稳定，背景更弱。Cy3 偶联基团激发光的最大波长为 550 nm，最强发射光波长为 570 nm，在氩光灯（514 nm 或 528 nm）下可以被激发出 50%的光强，在氦氖灯（543 nm）或者汞灯（546 nm）下则约 75%。因为激发光和发射光波长很接近 TRITC，在荧光显微镜中 Cy3 可使用和 TRITC 一样的滤波片。Cy5 偶联基团的激发光波长最大 650 nm，发射光波长最大为 670 nm，在氪氩灯（647 nm）下它们可被激发出 98%的荧光，在氦氖灯下（633 nm）为 63%。Cy5 对其周边电子环境非常敏感，附着蛋白质的构象改变会导致荧光产生变化。Cy3 可以和 Cy5 一起用作多标记共聚焦显微分析，可用于荧光共振能量转移（FRET）等实验。

根据 Cy 染料两端的假吲哚环是否发生磺基化修饰可将菁类染料分为非磺化菁类染料和磺化菁类染料。在标记耐受有机助溶剂的可溶性蛋白、抗体、DNA 和寡核苷酸时，磺化和非磺化菁类染料的荧光性能非常相似。由于磺化菁类染料（如 sulfo - Cy3 和 sulfo - Cy5）具有高度水溶性，标记生物分子时不需要有机助溶剂辅助，因此对有机助溶剂敏感的蛋白、需要通过透析纯化的蛋白质偶联物、不溶于水或疏水的蛋白，必须选用磺化菁类染料。但是，在有机相（如二氯甲烷、腈化甲烷）中发生的反应，必须选用非磺化菁类染料。

5. AlexaFluor 系列荧光标记　这是 Life Technologies 旗下子公司 MolecularProbes 开发的一类带负电荷的亲水荧光染料，包括 AlexaFluor350、405、546、633、750 等。所有 AlexaFluor 染料都是荧光素、香豆素、青色素或罗丹明等不同基础荧光物质的磺化形式，它以高亮度、稳定性和仪器兼容性好、颜色多变、pH 不敏感以及水溶性为主要特点，激发光和发射光光谱覆盖大部分可见光和部分红外光区域，可以替代大部分传统荧光染料。AlexaFluor488 是一种荧光素衍生物，可替代 FITC 和 Cy2，AlexaFluor555 可替代 Cy3 和 TAMRA，AlexaFluor633 可替代 APC 和 Cy5 等。

6. 荧光蛋白标记　这是一类能够在特定波长激发光下直接发出荧光的蛋白质。这类蛋白可以活体检测，不需要底物，对细胞无毒害，荧光稳定而且无物种特异性。应用较多的主要有以下两类。

（1）藻类蛋白。这类蛋白质以藻胆蛋白辅因子来吸收光能，包括藻红蛋白（PE）、藻蓝蛋白（PC）、别藻蓝蛋白（APC）和紫草素叶绿素（PerCP）等。这类荧光蛋白可以与菁类染料偶联形成复合染料，如 PE - Cy3/Cy5/Cy7、APC - Cy7、PerCP - Cy5.5 等。PE 的吸收波长范围较广，最大的吸收波长为 566 nm，最大的发射波长为 574 nm。由于激发波长和发射波长较长，受其他生物材料荧光干扰少，具有极高的发射量子产率，水溶性高，能够与许多生物学或合成材料的多位点稳定交联。

（2）荧光蛋白。水母、珊瑚虫和某些鱼类等都有能够激发荧光的蛋白。根据发光颜色不同有绿色荧光蛋白（GFP）、黄色荧光蛋白（YFP）、红色荧光蛋白（RFP）、蓝色荧光蛋白（BFP）、青色荧光蛋白（CFP）等。通过基因改良可以获得不同半衰期和强度的荧光蛋白，将编码这些荧光蛋白的基因与靶基因重组表达，借助融合蛋白 N 端或 C 端的荧光蛋白的发光情况可以跟踪靶蛋白的时空表达变化。

7. 核酸荧光染料 在利用荧光标记物对核酸进行定位或定量分析时，除了制备荧光标记探针进行核酸分子杂交分析外，也可以对检测的核酸直接进行荧光标记和分析，这些直接标记物称为核酸荧光染料。荧光染料分子有的是嵌合在核酸分子的配对碱基上，有的结合在双螺旋的大（小）沟中，结合过程不需要酶的催化，但结合效率可能受核酸结构和 pH、温度等条件的影响。从用途上看，有些荧光染料主要用于体外的定量分析，如溴化乙锭用于核酸电泳，SYBR 系列主要用于荧光定量 PCR。有的主要用于体内定位（或定量）分析，如 DAPI 等。

部分核酸荧光染料分子的结构见图 6 - 2。

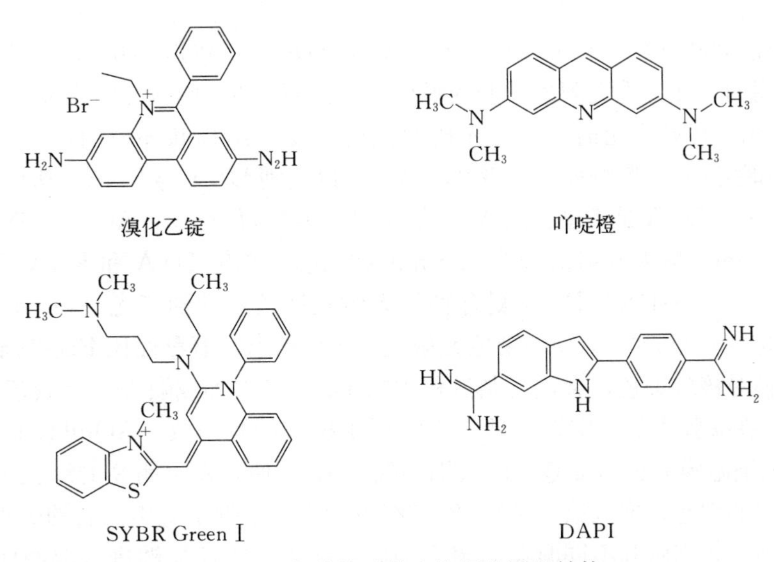

图 6 - 2 部分核酸荧光染料分子的结构

（1）乙锭类染料。溴化乙锭（ethidium bromide，EB）是典型的乙锭类核酸嵌合剂。EB 具有共轭大环平面结构，其菲啶环可以插到核酸分子中配对的碱基之间，与核酸形成稳定的复合物，结合几乎没有碱基序列的特异性。在高离子强度的饱和溶液中，大约每 2.5 个碱基插入1个溴化乙锭分子。在核酸-EB复合物中，除了EB本身吸收波长为302 nm和366 nm的紫外光的能量，核酸吸收波长为260 nm的紫外光后也能将能量传送给EB，最终激发EB发射出波长为590 nm的橙红色荧光。由于结合在DNA上EB分子接受的能量多，发出的荧光强度比游离的EB分子大10～30倍，因此无须洗净背景即可清楚观察到10 ng以上的DNA。若EB背景太深，可将凝胶在1 mmol/L $MgSO_4$ 中浸泡1 h（或10 mmol/L $MgCl_2$ 中浸泡5 min）洗去非结合的EB。单链DNA或RNA对EB分子的亲和力相对较小，荧光产率也相对较低。在核酸电泳实验中，EB可以加入凝胶或上样电泳缓冲液中（终浓度为0.5 μg/mL），也可以在电泳后利用EB溶液浸泡凝胶染色。由于带正电荷的EB嵌入碱基后会改变核酸分子的结构，降低其电泳速率，因此测定核酸分子量大小时以电泳后染色为宜。EB价格便宜，很长时间内成为核酸电泳分析最常用的荧光染料。但EB见光易分解，应于4 ℃避光长时间保存。虽然EB无法穿透完整的细胞膜，但极易渗透到受损的细胞膜内与DNA嵌合，影响DNA的复制，引起DNA单链断裂，具有较强的致癌诱变作用，正逐渐被一些低毒的荧光染料取代。Biotium公司生产的Gel-Red和Gel-Green也属于乙锭类荧光染料。Gel-Red是用多碳链烃连接两个乙锭基团，挥发性和分子极性（水溶性）比EB低，细胞渗透能力下降，因此安全性更高。

碘化丙啶（propidium-iodide，PI）是一种溴化乙锭的类似物。PI的最大吸收波长为535 nm，最大荧光发射波长为615 nm。PI不能透过细胞膜，尽管PI不能通过活细胞的完整细胞膜，但能穿过破损的细胞膜而对细胞核的DNA染色，因此PI常被用来与活细胞绿色荧光染料Calcein-AM(激发波长为490 nm，发射波长为515 nm）一起使用，对活细胞和死细胞进行双重荧光染色，用以分析细胞的凋亡过程。波长为490 nm的激发光可同时激发活细胞和凋亡细胞中两种荧光染料发出不同颜色的荧光，而535 nm波长激发光只能激发凋亡细胞的PI发红光。

（2）吖啶橙。吖啶橙（acridine orange，AO）的化学名称是3,6-双（二甲基氨基）吖啶，是一种常用的三环芳香类阳离子型的碱性荧光染料。AO的荧光激发波长为488 nm，发射波长为515 nm。其吸收光谱、荧光光谱及强度会受其结构和环境因素（待测物、溶剂、酸碱性、浓度和温度）的影响而发生变化。AO可以鉴别DNA与RNA，检测灵敏度分别为0.1 μg和0.05 μg。DNA是高度聚合物，其上AO的结合位点少，AO-dsDNA复合物最大激发波长为502 nm，最大发射波长为525 nm（绿光）。单链DNA和RNA聚合度低，AO的结合位点多，AO-ssDNA/RNA复合物最大激发波长移动到蓝光（460 nm），最大发射波长移动到红光（650 nm）。AO的染色灵敏度与EB相当，但毒性比EB更强。AO可以穿透完整的细胞膜对核酸染色，会使复制过程中的DNA链增加或缺失一个碱基，造成移码突变。此外，AO在凝胶中的稳定性较差，不宜用于核酸的胶回收。AO可以和EB进行双染色。AO能透过细胞膜完整的细胞，嵌入细胞核DNA，使之发出明亮的绿色荧光。EB仅能透过细胞膜受损的细胞，嵌入核DNA，发橘红色荧光。根据细胞染色后的荧光颜色和分布，可以区分活细胞、死细胞和不同时期的凋亡细胞。此外，它还能够进入溶酶体等酸性区室，可用作细胞凋亡细胞的标记物。国内很多公司生产的Goldview染料没有结构的报道，从染色特性上看可能属于吖啶橙类染料。

（3）SYBR系列染料。SYBR是Invitrogen旗下Molecular Probes公司推出的低毒菁类染料，包括SYBR Green Ⅰ、SYBR Green Ⅱ、SYBR Safe和SYBR Gold。4种SYBR荧光

染料各有其特点。SYBR Green Ⅰ的荧光激发波长约为497 nm，发射波长最大约为520 nm。SYBR Green Ⅰ具有双链DNA（dsRNA）结合性专一，结合于dsDNA双螺旋的小沟，因此常用于荧光定量PCR分析。游离状态的SYBR Green Ⅰ激发荧光很弱，与双链DNA结合后荧光信号可增强800～1 000倍，荧光信号强度与双链DNA的数量相关，可以根据荧光信号检测出PCR体系中双链DNA数量。SYBR Green Ⅰ染料-DNA复合物的荧光量子产率约为0.8，相当于EB的5倍，能检测低至60 pg的DNA。SYBR Green Ⅱ可与RNA或单链DNA专一性结合，与RNA结合的荧光量子产率（约0.54）高于DNA（约0.36），可检测凝胶中低至100 pg的单链DNA或者2 ng的RNA。由于SYBR Green Ⅱ染料-RNA复合物的荧光不会被尿素或甲醛猝灭，在染色之前不必将变性剂洗脱，特别适合单链构象多态性分析（SSCP）和变性RNA电泳。SYBR Gold染料可用于检测双链DNA、单链DNA和RNA，检测灵敏度高，结合核酸后荧光会增强1 000倍以上，量子产率约为0.6。SYBR Safe的灵敏度与EB相当，但诱变能力比EB要低得多，最大激发波长为280 nm和502 nm，最大发射波长在530 nm，核酸被染色后可用于紫外光和可见光检测。SYBR Green和SYBR Gold相对于EB的稳定性较差。SYBR Green在pH高于8.3或低于7.5时检测灵敏度显著下降，接近沸腾的高温也会破坏SYBR Green染料染核酸的能力。SYBR Green Ⅰ和SYBR Gold在微碱性电泳缓冲溶液中会快速降解。SYBR Green和SYBR Gold仍然具有一定的诱变能力，尤其是SYBR Green Ⅰ可用于活细胞线粒体和核DNA染色，对紫外线导致的突变有增强作用。SYBR Safe的安全性相对较高，但染色效果不及SYBR Green Ⅰ。此外，SYBR染料对电泳迁移影响较大，会对核酸大小的判断造成一定的影响。

(4)DAPI。4′,6-二脒基-2-苯基吲哚（DAPI）是一种与DNA强力结合的荧光染料。它可与细胞核DNA双螺旋的A-T富集区域相结合，通过检测细胞核来确定细胞的精确位置及其数量。该染料的最大吸收波长为358 nm，发射光谱非常宽且在461 nm处达到峰值。附着到DNA上的DAPI发出的荧光强度比游离状态的要高20倍。DAPI也可以与RNA结合，发射波长转移至500 nm左右，但产生的荧光强度只有与DNA结合产生的荧光强度的20%。由于DAPI能够穿透整个细胞膜，因而可以用于固定细胞和对活细胞的细胞核、线粒体、叶绿体进行荧光染色，但活细胞染色的浓度（10 μg/mL）比固定细胞的浓度（1 μg/mL）高得多。

Hoechst系列染料是由Hoechst AG公司生产的双苯酰亚胺类染料，与DAPI染色效果相似，但毒性较低。常用的有Hoechst 33258、Hoechst 33342及Hoechst 34580，可嵌入A-T富集区域，受455 nm紫外光激发，发射510～540 nm荧光。

表6-5列出了部分荧光染料的激发波长和发射波长。

表6-5　部分荧光染料的激发波长和发射波长

荧光染料	激发波长/nm	发射波长/nm
ABI、5-FAM	494	522
ABI、ROX	588	608
ABI、TAMRA	560	582
Alexa TM 488	490	520
Alexa TM 546	555	570
Alexa TM 594	590	615

（续）

荧光染料	激发波长/nm	发射波长/nm
Cy2 TM	489	506
Cy3 TM	550	570
Cy3. 5 TM	581	596
Cy5 TM	649	670
Cy5. 5	675	694
FITC	494	518
FluorX TM	494	519
EGFP	488	507
mCherry	587	610
EYFP	514	527
EBFP	380	440
ECFP	433	475
Rhodamine B	555	580
Rhodamine Green TM	502	527
Rhodamine Red TM	570	590
Rhodamine123	507	529
TO-PRO TM-1	514	533
TOTO-1	514	533
TOTO-3	642	660
TRITC	547	572
YOYO TM-1	491	509
YOYO TM-3	612	631

三、化学发光标记类型

根据发光方式不同，化学发光标记可分为3类：①直接化学发光标记。这类标记物在化学结构上有发光基团，在化学反应过程中不需酶的催化作用，直接参与发光反应，没有本底发光，代表性标记物是吖啶酯类化合物。②酶促发光标记。这类标记物通常是化学反应的催化剂、增敏剂或抑制剂，利用标记物对化学反应的催化作用、增强作用或抑制作用，使发光剂（底物）的发光能力发生变化，如辣根过氧化物酶和碱性磷酸酶的发光底物鲁米诺和AMPPD。③以能量传递参与氧化反应的非酶标记。这类标记物作为能量传递过程中的中间体（或受体），不直接参与化学发光反应。最常用的有三联吡啶钌标记物。第二类化学发光标记中常用的标记酶在本章第三节“酶标记分析技术”中重点介绍，本部分主要介绍3类化学发光标记分析中常用的发光剂。

1. 吖啶酯　在碱性条件下，吖啶酯不需要催化剂即可被氧化剂（如过氧化氢）氧化，产生激发态产物 N-甲基吖啶酮，发出波长为470 nm的荧光。在形成电子激发态中间体之前，吖啶环上不发光的取代基部分会从吖啶环上脱离开来，因而发光效率基本不受取代基结构的影响。吖啶酯的直接化学发光为闪光型，在加入启动剂 0.4 s 后化学发光强度可达到最大，半衰期为 0.9 s 左右，2 s 内发光基本结束。吖啶酯的分子量小，与蛋白质、抗体结合牢固，标记效率高，对标记对象的构象影响较小，标记物可以长时间稳定保存，标记后不影响分离。由于量子产率较高，吖啶酯的化学发光效率通常是鲁米诺的 5 倍或 5 倍以上，而且发光背景低，信噪比高，反应干扰因素少，可以快速检测。

2. 鲁米诺及其衍生物 鲁米诺又称发光氨，化学名称是 3 -氨基苯二甲酰肼，其衍生物主要有异鲁米诺（ABEI）、4 -氨基己基- *N* -乙基异鲁诺等。在碱性条件下，鲁米诺被一些氧化剂氧化，发生化学发光反应，辐射出最大发射波长为 425 nm 的化学发光。通常情况下，鲁米诺和过氧化物之间的氧化还原反应相当缓慢，需要催化剂，催化剂一般为多价金属离子、过氧化物酶等。此种物质常用于检测过氧化物、重金属、过氧化物酶以及由此衍生的自由基的含量，进行毒物分析和基于过氧化物酶和葡萄糖氧化酶的分析。

3. AMPPD AMPPD 的化学名称是 3 -（2′-螺旋金刚烷）- 4 -甲氧基- 4 -（3 -磷酰氧基）苯- 1,2 -二氧杂环丁烷。它在发生磷酸酯基的水解后首先产生不稳定的中间体，然后进一步裂解成金刚烷酮和激发态间氧苯甲酸甲酯阴离子，后者返回基态时发出波长为 470 nm 的光信号。AMPPD 的热稳定性高，反应本底很低，几乎没有发光背景，而且光信号较强且稳定（15～60 min）。在疏水环境下，发色基团结构更稳定，信号更强，可以利用增强剂将光信号强度提高 100 倍以上。

4. 三联吡啶钌 三联吡啶钌［$Ru(bpy)_3^{2+}$］是电化学发光剂。Leland 等（1990）最早建立了 $Ru(bpy)_3^{2+}$ 与三丙胺（TPA）的电化学发光体系，应用于氨基酸分析、DNA 探针、金属离子检测、生物传感器、电化学发光免疫分析等领域。它以三丙胺（TPA）等为电子供体，在电场中因电极氧化还原电位的变化可以产生氧化态［$Ru(bpy)_3^{3+}$］或还原态［$Ru(bpy)_2^{+}$］，进而通过与其他还原剂（如氧自由基）和氧化剂（如过硫酸根）间的电子转移产生激发态［$Ru(bpy)_3^{2+}$］*，衰减回基态时发生特异性化学发光反应。

图 6 - 3 显示了部分化学发光标记分子的结构式。

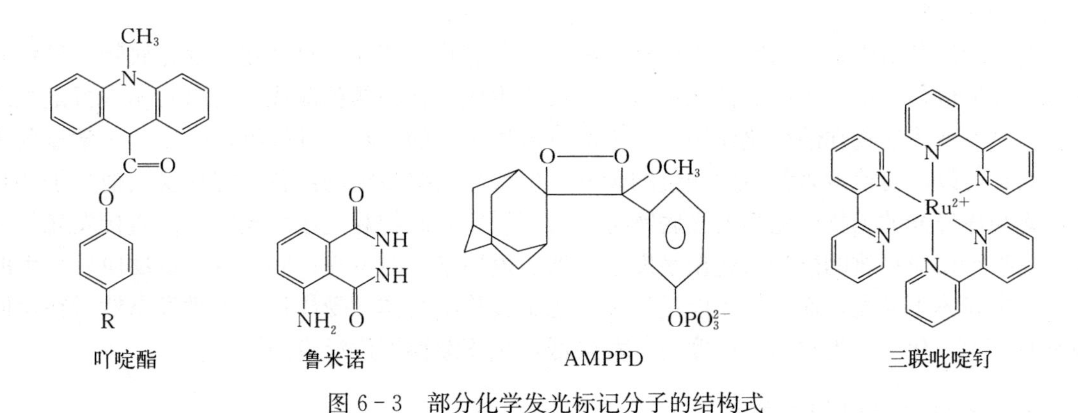

图 6 - 3 部分化学发光标记分子的结构式

四、发光标记分析及检测方法

发光标记分析的应用和检测方法与放射性同位素标记分析相似。借助发光标记直接或间接的发光现象，可以对提取、纯化和分离后的样品（如核酸、蛋白质）进行分析，如化学发光标记的 Northern 印迹杂交、Southern 印迹杂交和 Western 印迹杂交。也可以对组织切片中的样品进行体外分析，如荧光原位杂交。与放射性同位素标记方法不同，发光标记不能直接掺入核酸或蛋白分子中，而是借助抗体来进行检测，属于间接标记分析技术。此外，发光标记还可以对细胞、器官甚至生物个体进行活体检测甚至无损伤分析，如借助融合荧光蛋白标记来分析蛋白质的分布、丰度或者检测分子间的互作。

荧光原位杂交（fluorescence *in situ* hybridization，FISH）是在 20 世纪 80 年代末发展起来的一种以荧光标记取代同位素标记而形成的核酸原位杂交方法。其基本原理是将 DNA（或 RNA）探针用特殊的核苷酸分子标记，然后将探针直接杂交到染色体或 DNA 纤维切片上，再用与荧光素分子偶联的单克隆抗体与探针分子特异性结合，根据荧光素的发光对染色体或 DNA 纤维切片上特定核酸序列进行定性、定位和相对定量分析。FISH 具有安全、快速、灵敏度高等优点，而且可以同时显示多种颜色。同时，在荧光原位杂交基础上又发展了多彩色荧光原位杂交技术和染色质纤维荧光原位杂交技术。

第三节　酶标记分析技术

酶标记分析是借助标记酶分子催化的反应进行检测的一种分析技术。通过戊二醛交联或过碘酸盐氧化等方法使待检测物（如抗原或抗体）结合酶分子，然后借助酶促反应可以对其进行定性或定量检测。

理想的标记酶有以下要求：① 纯度高，催化效率高，专一性强；② 易与被标记物发生偶联且保持较高的活性；③ 制备容易，成本低，使用和保存稳定性好；④ 活性便于检测，样品中没有酶及其底物、抑制剂和其他干扰物质；⑤ 均相酶免疫测定中要求抗体与抗原结合后酶活性发生改变（抑制或激活）。用于标记分析的酶有很多，如过氧化物酶、碱性磷酸酶、β-D-半乳糖苷酶、葡萄糖氧化酶、碳酸酐酶、乙酰胆碱酯酶、脲酶、6-磷酸葡萄糖脱氧酶等。其中，辣根过氧化物酶和碱性磷酸酶广泛应用于各种酶联免疫吸附测定（ELISA）和免疫杂交分析中。

在酶标记分析中，酶的底物主要有 3 种：显色底物、荧光底物和化学发光底物。显色底物应用最早也最广泛，借助酶催化过量底物反应生成产物的颜色深浅，可以对酶进行定性或定量检测。荧光底物在酶催化作用下产生能够激发荧光的产物，其检测灵敏度比化学显色更高，而且可以同时检测多种不同颜色的荧光，但检测需要特定的设备，容易受其他分子的自发荧光和环境光的干扰。化学发光底物可分为直接发光底物和间接发光底物。直接发光是反应产物吸收反应释放的能量跃迁至激发态，然后返回基态时发光；间接发光是反应后产生的激发态中间体不发光，而是作为能量供体将能量转移给受体，受体跃迁为激发态然后在返回基态时发光。化学发光检测灵敏度高、背景低，正逐渐得到广泛应用。

一、辣根过氧化物酶

辣根过氧化物酶（horseradish peroxidase，HRP）广泛分布在各种植物中，因在辣椒根中含量很高而得名。这是一类分子质量约为 44 ku 的糖蛋白，由无色的酶蛋白和深棕色的铁卟啉结合而成，甘露糖、木糖、阿拉伯糖等中性糖和己糖胺等氨基糖约占 18%。每一个 HRP 分子中含一个氯化血红素Ⅸ作辅基，该辅基在波长 403 nm 处有最大光吸收，而去辅基的酶蛋白在波长275 nm处有最大光吸收。此酶的细胞穿透力强，内源干扰少，活性、稳定性和可溶性高。HRP主要有3类同工酶：含糖量高的酸性HRP、含糖量相对较低的近中性（或微碱性）HRP和含糖量低的碱性HRP，在ELISA等常用的碱性反应体系中，第三类同工酶发挥主要作用。

HRP可以催化多种胺类或酚类底物氧化生成显色产物。在氧化还原反应中，HRP对受氢体的专一性很高，除过氧化氢外，仅作用于一些小分子醇的过氧化物和尿素的过氧化物，实验中一般选择2～6 mmol/L过氧化氢为氧化剂。但HRP的供氢体很多，常用的底物有邻苯二胺（OPD）、四甲基联苯胺（TMB）和2,2′-联氮基双（3-乙基苯并噻唑啉-6-磺酸）二铵盐（ABTS）、邻联苯甲胺、5-氨基水杨酸（5-ASA）等。在这些氧化还原显色底物中，国内常用的是OPD和TMB。OPD被过氧化氢氧化后生成棕黄色产物2,2′-二氨基偶氮苯（DAB），在弱酸条件（pH5.0）下最大吸收波长是450 nm。虽然检测灵敏度高，比色方便，但DAB的稳定性差，具有一定致突变作用。而且，即使在强酸终止反应后，OPD在空气中仍会氧化使反应液颜色加深，因此反应后需立即测定。与OPD相比，TMB的溶解度较低，但检测敏感性更高且无致突变作用，正逐渐取代OPD。TMB经HRP催化氧化为联苯醌，由无色变为蓝绿色，经硫酸终止反应后变为黄色。ABTS的铵盐经HRP催化发生氧化后转变为易发生歧化的绿色阳离子，在叠氮钠（或氟化钠）终止反应后可维持长时间稳定显色，最大吸收波长为414 nm。虽然ABTS的检测灵敏度不如OPD和TMB，但空白值很低，国外偶尔有应用。除了这些氧化还原显色底物外，HRP还有一些氧化偶联显色底物对，主要有4-氨基安替比林：苯酚偶联底物对（Trinder试剂）和2-甲基-2-苯并噻唑啉腙（MBTH）：二甲基苯胺（DMA）偶联底物对（Ngo-Lenhoff试剂）等。HRP可以催化4-氨基安替比林和苯酚缩合成红色的醌亚胺，在492 nm处有最大光吸收。该偶联显色底物对的检测灵敏性较低，反应见光不稳定，而且苯酚易发生多聚化，缺乏适当的反应终止剂，仅用于葡萄糖、三酰甘油、肌酸激酶等少数临床生化指标的酶标记检测。

HRP有许多发光底物，最常用的是鲁米诺（luminol）及其衍生物。在碱性条件下，HRP催化鲁米诺和过氧化氢发生氧化还原反应，鲁米诺被氧化成激发态3-氨基-邻苯二酸中间体，返回基态时发出波长425 nm的光。在此反应体系基础上，加入荧光素（如6-羟基苯并噻唑衍生物）、取代酚类化合物（如对碘苯酚、1-溴-2-萘酚）、乙酰苯胺类化合物等作为增强剂，可以改良原有体系发光时间短、发光强度低的缺点，使发光能在较长的时间内保持稳定，从而有效提高检测的准确性、稳定性和灵敏度。

HRP的纯度用*RZ*（意为纯度数）表示，是指403 nm的吸光值与280 nm的吸光值之比。免疫学检测要求高纯度HRP制剂的*RZ*值（A_{403}/A_{280}）≥3.0，用于标记的HRP比活力应大于250 U/mg。但要注意的是，*RZ*值仅说明血红素基团在HRP中的含量，并非表示HRP制剂的真正纯度，而且*RZ*值高的HRP制剂并不意味着酶活性也高。

二、碱性磷酸酶

碱性磷酸酶（alkaline phosphatase，AP）是一种磷酸酯的水解酶。常用的AP主要来自大肠杆菌或小牛肠黏膜。大肠杆菌碱性磷酸酶的分子质量约为80 ku，酶作用的最适pH为8.0。小牛肠黏膜碱性磷酸酶的分子质量约为100 ku，最适pH为9.6。

AP的检测有显色检测和发光检测两种方式。对硝基苯磷酸二钠（PNPP）是ELISA常用的 AP 显色底物，当 AP 催化 PNPP 反应后产生黄色水溶性反应产物，在 405 nm 有最大光吸收。5-溴-4-氯-3-吲哚磷酸酯对甲苯胺盐（BCIP）和氯化硝基四氮唑蓝（NBT）也是 AP 常用的显色底物，在 AP 的催化下，BCIP 会被水解产生强反应性的产物，该产物会和 NBT 发生反应，形成不溶性的深蓝色至蓝紫色沉淀。4-甲基伞形酮磷酸酯是 AP 的荧光底物，反应产物受 365 nm 波长激发光照射后发出 449 nm 波长荧光。AMPPD 是一类灵敏的 AP 化学发光底物，可以被 AP 催化发生磷酸酯水解发光。CSPD 和 CDP-STAR 是 AMPPD 结构类似物，有比 AMPPD 更好的反应动力学特性和更高的灵敏度，曝光时间只需 15～60 s，光信号可以在十几分钟内达到最大并且缓慢衰减达 3 d 以上。

与辣根过氧化物酶相比，碱性磷酸酶的敏感性更高，空白值也较低，但由于高纯度 AP 制剂和酶标 AP 的制备得率较低，所以稳定性较 HRP 低，且酶标抗体制备成本较高。一般用作标记的 AP 比活力应大于 1 000 U/mg。

三、葡萄糖氧化酶

葡萄糖氧化酶（glucose oxidase，GOD）是以葡萄糖为底物，供氢体为 NBT，酶促反应的终产物为不溶性蓝色沉淀。作为标记酶，GOD 具有动物体内不存在内源干扰、非特异性干扰少的优点。但由于 GOD 分子质量较大（160～190 ku），氨基比较多，容易发生聚合，导致酶的活性降低，而且 GOD 的敏感性较 HRP 和 AP 低，供氢体少，因此应用受到限制。目前，GOD 主要是和 HRP 联合使用，通过放大反应来提高检测的敏感性和特异性。以 GOD 为第一个酶，HRP 为第二个酶，利用 GOD 催化葡萄糖氧化时生成的过氧化氢作为 HRP 底物，完成第二步酶促反应。在 ELISA 测定中常以葡萄糖-ABTS 作为酶偶联反应的底物，在免疫组化染色时常用葡萄糖-DAB 为显色剂。ELISA 常用标记酶的底物见表 6-6。

表 6-6 ELISA 常用标记酶的底物

酶	底 物	显色	测定波长/nm
辣根过氧化物酶（HRP）	邻苯二胺（OPD）	橘红色	492*
	四甲基联苯胺（TMB）	黄色	460**
	5-氨基水杨酸（5-ASA）	棕色	449
	邻联苯甲胺	蓝色	425
	2,2′-联氮基双（3-乙基苯并噻唑啉-6-磺酸）二铵盐（ABTS）	蓝绿色	642
碱性磷酸酶（AP）	对硝基苯磷酸二钠（PNPP）	黄色	405
	5-溴-4-氯-3-吲哚磷酸酯对甲苯胺盐-氯化硝基四氮唑蓝（BCIP-NBT）	蓝紫色	
	萘酚-AS-Mx 磷酸盐+重氮盐	红色	500
葡萄糖氧化酶（GOD）	ABTS+葡萄糖+HRP	黄色	405
	葡萄糖+甲硫酚嗪+噻唑蓝	深蓝色	420
β-D-半乳糖苷酶	4-甲基伞形酮基-β-D-吡喃半乳糖苷（4MuGA）	荧光	360/450
	硝基酚半乳糖苷（ONPG）	黄色	420

* 终止剂为 2 mol/L H_2SO_4。

** 终止剂为 2 mol/L 柠檬酸。

第四节　免疫标记分析技术

一、免疫学理论基础

免疫分析技术的理论基础是抗原和抗体之间特异的免疫结合。除了免疫电泳、免疫扩增、免疫沉淀等非标记分析技术之外，为了对检测对象进行精确的定量分析，产生了一类借助标记的免疫检测技术，即免疫标记分析技术。这是一类对抗原或抗体进行标记，然后利用理化方法将标记检测信号显示或放大，从而对特定物质的含量、分布和相互作用进行直接或间接分析的技术。成功的免疫标记分析方法离不开性能优良的抗体、灵敏和专一的标记物、高效的分离手段。

1. 抗原　抗原（antigen，Ag）是一类能刺激动物免疫系统使其产生特异性免疫应答，并能与相应免疫应答产物即抗体（antibody，Ab）和致敏淋巴细胞在体内或体外发生特异性结合的物质。全抗原能引起机体产生抗体和/或致敏淋巴细胞的性能称为免疫原性或抗原性；能与相应免疫应答产物即抗体和致敏淋巴细胞在体内或体外发生特异性结合的性能称为反应原性或免疫反应性。一般分子质量在10 ku以上蛋白质分子才有较强的免疫原性，分子质量为5～10 ku的肽类为弱抗原，分子质量在5 ku以下的肽类一般无免疫原性。但也有例外，如明胶虽然分子质量达100 ku以上，由于其富含直链氨基酸且结构不稳定，因此其免疫原性很弱。有反应原性而缺乏免疫原性的抗原称为半抗原，如大多数多糖、类脂及一些简单化学物质。半抗原与蛋白质大分子结合形成复合物，可获得免疫原性，这种赋予半抗原免疫原性的蛋白质分子称为载体。载体不仅增加半抗原的大小，而且可在体内激发免疫反应，并与免疫记忆有关联。

抗原决定簇（antigenic determinant）又称抗原表位（epitope），是抗原分子上具有决定和控制抗原特异性的特殊化学基团，可与相应抗体或淋巴细胞抗原识别受体相结合。只有一个抗原决定簇的抗原称为单价抗原，有多个抗原决定簇的抗原称为多价抗原，半抗原相当于一个抗原决定簇。抗原决定簇是免疫细胞识别的靶结构，也是免疫反应具有特异性的物质基础。一个抗原分子（如大分子蛋白）或颗粒性抗原细胞、细菌及病毒可具有一种或多种相同或不同的抗原决定簇，每种决定簇只有一种抗原特异性。由于空间位阻作用，同一时间内可能只有部分抗原决定簇暴露出来和相应的抗体结合。在少数情况下，抗原与抗体的结合具有变构效应，即抗原与一种抗体的结合会导致抗原结构的空间变化，进而影响抗原与其他抗体的结合。

2. 抗体　抗体是动物B淋巴细胞识别抗原后增殖分化为浆细胞后所产生并分泌的与抗原发生特异性结合反应的一种球蛋白，因其具有免疫活性故又称为免疫球蛋白（immunoglobulin，Ig）。常用的免疫动物有哺乳动物（如家兔、绵羊、山羊、马、豚鼠和鼠等）和一些禽类（如鸡）。抗体主要存在于这些动物的血液、淋巴液、组织液、外分泌液及某些细胞膜上。目前已发现的人免疫球蛋白有五类，分别为IgG、IgA、IgM、IgD和IgE，其中IgG含量最高（约75%），其次是IgA和IgM(5%～10%)，IgD和IgE很少。

根据制备方法和应用特性的差异，抗体可以分为单克隆抗体和多克隆抗体。一个免疫动物的B淋巴细胞接受一种抗原决定簇的刺激所产生的抗体称为单克隆抗体（monoclonal antibody）。由多种抗原决定簇刺激免疫动物机体产生的多种抗体的混合物称为多克隆抗体。

除了抗原决定簇的多样性以外，同一类抗原决定簇也可刺激机体产生不同种类的抗体。多克隆抗体的制备比较简单，将纯化的足量抗原经动物皮下、静脉、肌肉、腹腔或淋巴结间隔注射强化免疫反应，分离抗血清即可得到抗体混合物。单克隆抗体需要借助杂交瘤技术，制备过程复杂，成本高，但抗体具有高度均一、特异性强、效价高、交叉反应少等优点。

免疫球蛋白分子都含有两条重链（heavy chain，H 链）和两条轻链（light chain，L 链），四条链通过不同数目的二硫键结成 Y 形的基本结构（图 6－4）。抗体分子的 N 端是氨基酸的组成和排列顺序的多变区（variable region，V 区），是抗体分子与抗原决定簇结合的部位。多变区的结构特点决定了它对抗原分子“识别功能”的多样性。抗体分子的 C 端结构基本恒定，称为稳定区（constant region，C 区）。抗体可以被蛋白水解酶（如木瓜蛋白酶）水解成 2 个 Fab 片段和一个 Fc 片段，也可以被胃蛋白酶从铰链区断开水解成一个 $(Fab')_2$ 片段和一个 Fc 片段。其中，Fc 片段是抗体参与标记结合、酶标板吸附或与抗抗体（二抗）结合的部位，也可以用作免疫组化染色中的阻断剂。Fab 片段既不会和抗原发生沉淀反应，也不会被机体免疫细胞捕获，通常用于功能性研究中的放射性标记。

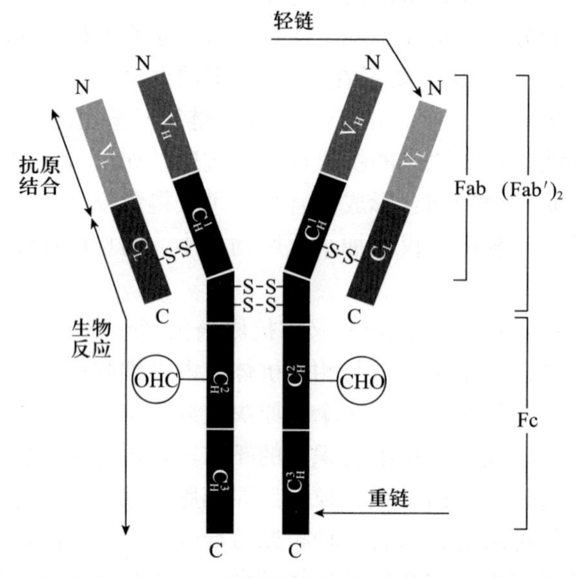

图 6－4　IgG 的基本结构示意图

抗体的功能表现在以下几个方面：①识别并特异性结合抗原。抗体通过与抗原特异性结合发挥生理或病理上的免疫效应，保护细胞免受毒素作用，阻止和清除各种病原微生物的入侵。例如 IgG 和 IgA 可中和外毒素；病毒的中和抗体可阻止病毒吸附和穿入细胞从而阻止感染相应的靶细胞；分泌型 IgA 可抑制细菌黏附到宿主细胞上。B 淋巴细胞膜表面的 IgM 和 IgD 是 B 淋巴细胞识别抗原受体，能特异性识别抗原分子。抗体在体外与抗原结合引起各种抗原抗体反应。②激活补体。补体是动物血清中具有类似酶活性的一组蛋白质，具有潜在的免疫活性，激活后能够协同其他免疫物质直接杀伤靶细胞和加强细胞的免疫功能。抗体与相应抗原结合后，可通过经典途径或旁路途径活化补体，继而由补体系统发挥抗体感染功能。③结合细胞表面的 Fc 受体。IgG、IgA 抗体的 Fc 片段与中性粒细胞、巨噬细胞上的受体结合，增强吞噬细胞的吞噬作用。表达 Fc 受体的细胞通过识别抗体的 Fc 片段直接杀伤被抗体包被的靶细胞，这种作用称为抗体依赖的细胞介导细胞毒性作用（antibody - dependent cell - mediated cytotoxicity，ADCC）。IgE 的 Fc 片段可与肥大细胞和嗜碱性粒细胞表面的高亲和力受体结合，促使这些细胞合成和释放生物活性物质，引起介导型超敏反应。IgA 还可通过消化道及呼吸道黏膜与上皮细胞膜上的受体结合，进而阻止病原物的入侵，这是黏膜可以抗感染的主要原因。④具有抗原性。抗体分子也是一种蛋白质，不同免疫球蛋白分子既是特定抗原的抗体（一抗），又具有各自的免疫原性，可诱导免疫应答产生抗抗体（二抗）。

3. 抗原抗体的免疫反应 在血清学反应条件下，抗原和抗体均带负电荷，使极化的水分子在其周围形成水化层，成为亲水胶体。抗原和抗体主要是通过范德华力、电荷作用、氢键及疏水作用等弱的短矩引力结合。当抗原与抗体结合形成复合物后，与水接触的表面积减小，表面电荷减少，水化层变薄，抗原-抗体复合物由亲水胶体变成疏水胶体。

抗体与多价抗原的亲和力不仅仅是对单个抗原决定簇亲和力的简单相加，而是呈几何级数上升。不同大分子抗原如果存在相同的抗原决定簇，就会导致一种抗原的抗体可能既与同源抗原结合，又能与异源抗原结合，这种现象称为交叉反应。抗体与同源抗原的亲和力通常比异源抗原要高得多，但有些低亲和力抗体（如抗多糖抗体）的抗原结合特异性低，比高亲和力抗体更易表现出交叉反应。利用凝胶双扩散等免疫沉淀方法能非常容易地鉴定交叉反应，并且根据沉淀线形成的类型判断几种抗原间的交叉反应关系。

抗原和抗体的结合能力受多种因素的影响。通常在生理温度、pH 和离子强度条件下二者的结合能力最大，在温度过高或过低、pH 低于 4 或高于 10.5 时结合变弱甚至不结合。在体外结合时，会因抗原的物理性状不同或参与反应的成分不同而出现凝集、沉淀、补体结合及中和等各种反应。但只有在一定浓度范围内且比例合适时，抗原与抗体的结合才出现可见反应。以沉淀反应为例，参与沉淀反应的抗原-抗体系统有 3 个区带：抗体过剩区、平衡区和抗原过剩区。当抗原和抗体分子比例不合适时，产生沉淀物少，体积小，甚至不产生沉淀物。只有在平衡区抗原和抗体比例最佳时，才出现连续而稳定的抗原-抗体晶格（lattice）沉淀。抗原过剩或抗体过剩都会部分或完全抑制沉淀反应。

二、免疫标记分析技术的分类

现代免疫学检测技术与标记技术的发展密切相关。从 20 世纪 40 年代开始，发展出了荧光标记、放射性同位素标记等各种免疫标记分析技术。这些技术及由此衍生的实验方法有些已得到了广泛应用。

根据标记是否有放射性，免疫标记分析技术可分为放射性标记和非放射性标记。放射性同位素^{3}H、^{14}C、^{32}P、^{35}S、^{125}I 都可以用于抗原或抗体的标记。放射线同位素标记的优点是灵敏性高，特异性高，方法简便，但很多同位素的半衰期短，费用较高，检测时间长而且有辐射污染。非放射性标记的优点是无放射性污染，结果稳定性好，探针可长时间保存，但灵敏度及特异性相对较低。常见的非放射性标记有以下几类：①半抗原标记，如生物素、地高辛（DIG）等标记核酸分子杂交探针。这类标记物不能直接检测，需要借助其抗体上的标记来进行间接检测。目前。生物素和地高辛的标记抗体已经商业化生产。②配体标记，如生物素是链亲和素（streptavidin）的配体。利用亲和素偶合的标记可以检测生物素标记的抗原或抗体。③荧光素标记，如异硫氰酸荧光素和罗丹明等。这类标记物可被紫外线激发出荧光，通过荧光检测可以分析被标记的抗原或抗体。④酶标记，如葡萄糖氧化酶、辣根过氧化物酶、碱性磷酸酶等。这些可以催化底物发生化学反应，生成显色产物或发光产物，通过显色深浅或发光强弱可以检测被标记的抗原或抗体。⑤光密度或电子密度标记物，如金、银。这类重金属颗粒在电子显微镜下可以被检测。

按照标记对象不同，免疫标记分析技术可分为抗原标记和抗体标记。抗原标记常用于核酸等免疫原性很低或没有免疫原性的抗原检测，抗体标记多用于蛋白质等免疫原性较强的抗原检测。在核酸分子杂交检测中，除了对探针进行^{32}P放射性同位素标记之外，也可以进行地高辛、生物素等非放射性标记。抗体的标记方式灵活多变，其中酶标记是最常用的标记方式。

按照被标记的抗体（抗原）是否与抗原（抗体）直接结合，免疫标记分析技术可分为直接标记和间接标记。以抗体标记为例，直接标记的对象是抗原的直接抗体（一抗），检测特异性强，但灵敏性低，需要抗体浓度高，每种抗体都需要分别标记。间接标记的对象是一抗的桥联抗体（二抗或三抗），通过桥联系统放大检测信号来提高检测的灵敏性，而且一抗不需要进行标记，有各种商品化的标记桥联抗体可供选择。

三、常用免疫标记分析技术

借助抗原和抗体的结合进行免疫分析的技术很多，这些测定技术根据是否需要分离抗原-抗体复合物可分为均相免疫测定、非均相免疫测定。均相免疫测定技术中不需要分离免疫复合物，如免疫凝集法、免疫扩散法、酶-辅酶（亚基）配位法、荧光偏振法、荧光共振法、化学发光免疫分析、光学椭偏成像技术、生物传感器等技术。非均相免疫测定技术是在分离免疫复合物后检测，如免疫印迹、免疫组织化学技术、免疫原位杂交、放射免疫法、荧光免疫法、酶联免疫吸附测定法、酶联荧光法、微阵列免疫芯片等技术。免疫标记分析技术多属于非均相免疫检测技术，下面就常用的几种方法予以介绍。

（一）酶联免疫吸附测定

酶联免疫吸附测定（enzyme - linked immunosorbent assay，ELISA）是继免疫荧光和放射免疫分析技术之后发展起来的一类以酶分子为标记的免疫检测技术。

1. ELISA 的原理　ELISA 体系有 3 个基本组分：固相抗原或抗体（免疫吸附剂）、酶标记抗原或抗体（标记物）和酶的底物（显色剂）。所有操作都是在固相载体上进行，最常用的固相载体是聚苯/氯乙烯多孔板，称为酶标板。将包括待测样品在内的一种（或多种）抗原和抗体按特定的顺序依次结合到固相载体表面上，借助其中抗原（或抗体）上酶分子标记，加入酶分子的底物，通过酶促反应产物可以检测待测样品。

ELISA 操作过程可以分为包被、封闭、免疫结合、反应和检测几个步骤。酶标板第一次与抗原、抗体或抗原-抗体复合物的结合是非特异的物理吸附，此过程称为包被。在包被之后的封闭步骤是指用牛血清白蛋白（BSA）等无关蛋白填充酶标板表面上包被不完全的部位，目的是避免后面加入的抗原（或抗体）与酶标板进行非特异结合，干扰测定结果。在包被之后步骤中，每次加入新的抗原（或抗体）之前，要用缓冲液冲洗的方法去除未结合到固相载体上的试剂。在完成所有抗原和抗体的免疫结合过程后，结合在固相载体上的标记酶的量与样品中待测物质的量成正比（或反比）。在加入过量的底物后，当反应条件适宜时，生成显色（或发光）产物的量与结合在固相载体上的标记酶的量成正比，故可根据颜色的深浅

（或发光的强弱）对样品中的待测物质进行定性或定量分析。

2. ELISA 的分类　根据抗原与抗体的结合过程是否存在竞争性抑制关系，可以将ELISA分为竞争法和非竞争法。在非竞争法测定中，抗原和抗体的结合过程中不存在竞争性抑制，酶促反应强度与待测组分的含量成正比。在竞争法测定中，酶标抗体（或抗原）与待测抗原（或抗体）的结合受到同种非标记抗体（或抗原）的竞争，酶促反应强度与待测组分的含量成反比。竞争法主要用于测定激素、某些药物等小分子抗原或半抗原，因为这些小分子抗原或半抗原没有两个以上的抗原表位，不能使用双抗夹心等方法进行测定。以竞争法测抗原为例，其简要步骤如下：①纯化的特异性抗体或含有特异性抗体的抗血清包被酶标板，孵育后洗涤；②用封闭液封闭酶标板，孵育后洗涤；③加入待测样品，再加入一定量酶标记抗原（对照孔仅加入酶标记抗原），孵育后洗涤；④加入酶底物，进行酶促反应。对照孔出现明显颜色反应，测定孔内颜色的深度与待测样品中抗原的含量成反比。

根据酶标抗原（或抗体）是否直接与固相抗体（或抗原）结合，可以将ELISA分为直接法和间接法。直接法是用酶标抗原（或抗体）直接检测与之免疫结合的固相抗体（或抗原）。此法操作简便快速，交叉反应少，但商品化的酶标抗体较少，制备成本高。间接法是分别用未标记的抗原特异性抗体（一抗）和酶标二抗（一抗的抗体）依次与抗原结合然后进行测定的方法。结合在一抗上的酶标二抗不仅能够放大检测信号，而且有不同动物来源和标记方式的商品化抗体可供选择，但也增加了出现交叉反应的可能性。间接法可以测定抗原，也可以测定抗体。以间接法测定抗体为例，其简要步骤如下：①用有关抗原包被酶标板，孵育后洗涤；②用封闭液封闭酶标板，孵育后洗涤；②加入非标记一抗，孵育后洗涤；③加入酶标二抗（或二抗替代物，如酶标葡萄球菌A蛋白等），孵育后洗涤；④加入酶底物溶液，测定酶催化活性。为提高直接ELISA法检测的特异性和灵敏性，在抗原、抗体直接结合的基础上有多种改良方法，如双抗夹心法、捕获法和ABS法。双抗夹心法又可以分为双抗体夹心法测抗原和双抗原夹心法测抗体，使用两种抗原（或抗体），其中一种为固相抗原（或抗体），另一种为酶标抗原（或抗体）。捕获法主要用于测定IgM抗体，为了降低IgG的干扰，在固相抗体结合之前，增加了抗IgM抗体的固相包被步骤。ABS是亲和素-生物素系统（avidin - biotin system），ABS - ELISA又可以分为酶标记亲和素-生物素（LAB）法和桥联亲和素-生物素（ABC）法两种。两者均以生物素标记的抗体（或抗原）代替双抗夹心法中的酶标抗体（或抗原）。以上方法也常常需要两种抗体，但与间接法不同的是，两种抗体与同一种抗原结合，因此抗原需要有两种以上的抗原表位。

ELISA常用于抗原、半抗原和抗体蛋白的定性和半定量分析。这种方法既有聚丙烯酰胺凝胶电泳的高分辨力，又具有免疫测定的高特异性和敏感性，能够检测到1～5 ng甚至更低的蛋白质。因此，ELISA广泛应用于临床诊断、检疫检测和科学研究中。

（二）免疫印迹

免疫印迹又称蛋白质印迹（Western blotting）这是Burette(1981）发明的一种将蛋白质凝胶电泳和固相免疫测定结合起来检测样品中特定抗原（或抗体）的杂交方法。总蛋白质的分离常采用SDS-聚丙烯酰胺凝胶电泳法，也可以对双向电泳分离后的蛋白质进行印迹分析，有人将后者称为Eastern blotting，但这一名称并未被广泛使用。

免疫印迹的基本过程包括样品的制备、电泳分离、印迹转移和免疫检测几个基本步骤。每一个步骤采用的具体方法不同，可构成多种免疫印迹分析系统。以抗原蛋白的检测为例，其技术流程与要点如下：

（1）样品制备。样品可以是重组蛋白、天然蛋白或者细胞器、细胞和组织等总蛋白。要获得好的实验结果，蛋白样品必须均质、可溶并解离成单个多肽亚基，且尽量减少相互间的聚集，使其能够在电泳过程中仅依赖本身的分子量大小进行分离。当目标蛋白的含量很低时，需要选取目标蛋白含量较高的组织或细胞器（如核抽提物），或者通过免疫沉淀等方式进行富集。要根据检测结果对待测样品进行准确的（半）定量分析，就要保证不同样品上样量的一致性。一个方法是在电泳前测定各样品的总蛋白浓度，从而对上样量进行调整。常用的蛋白质定量方法有考马斯亮蓝（Bradford）法、Folin-酚（Lowry）法、二喹啉甲酸（BCA）法。另一个方法是设置内参。通常选择组成型表达的蛋白（如磷酸甘油脱氢酶）和细胞骨架蛋白（如β微管蛋白和β肌动蛋白），这些蛋白在不同样品中的含量默认为是相同的。但要注意的是，内参蛋白质的表达并不总是稳定的，如缺氧症和糖尿病会增强磷酸甘油脱氢酶在特定细胞中的表达，细胞生长条件的改变和细胞外基质成分的相互作用可能会改变β肌动蛋白的合成。

（2）电泳分离。蛋白质样品可以通过单向或双向电泳进行分离，单向电泳常采用不连续SDS-聚丙烯酰胺凝胶电泳（SDS-PAGE）。在SDS变性条件下，电泳迁移率仅与多肽的分子量相关。

（3）印迹转膜。根据SDS-蛋白复合物带负电荷的特点，将电泳分离后的蛋白样品从凝胶原位转印至固相介质上，并保持其原有的结构类型和生物学活性不变。常用的转印方式是转移电泳（电转印），分为半干式和湿式两种模式。固相介质可选择硝酸纤维素（NC）膜或聚偏二氟乙烯（PVDF）膜。NC膜靠疏水作用与蛋白质结合，亲和力高，无须预先活化，对蛋白质的活性影响小，易于封闭非特异性结合，非特异性本底显色浅，价格低廉，使用方便，但结合在膜上的小分子蛋白质在洗涤时易丢失，且NC膜韧性较差，易损坏。PVDF膜强度高，能耐受Edman试剂，与小分子蛋白质亲和力高，但用前需用甲醇浸泡以活化膜上的正电荷基团，使其更容易与带负电荷蛋白结合。

（4）封闭。与ELISA相同，在进行抗体杂交之前，需要采用异源蛋白先对转印膜进行封闭，防止免疫试剂的非特异性吸附，从而降低背景，增加灵敏度，提高信噪比。常用封闭试剂有牛血清白蛋白（BSA）和脱脂奶粉。

（5）杂交。封闭后加入抗体，膜上的目标蛋白与其抗体进行特异性免疫结合。直接法选用标记的特异性抗体，可直接进行检测（直接法），降低了背景和非特异性结合，但信号较弱。间接法选用非标记的特异性抗体（一抗），还需要加入标记的二抗与一抗结合，对信号有级联放大作用，可以增加灵敏性和信噪比。

（6）检测。标记物不同，其检测方法也不同。一般通过胶片或影像系统（CCD）收集发光或显色信号。

免疫印迹是分析生物体内蛋白质的表达特性的常用方法。借助高分辨率的电泳分离和高特异性抗原-抗体免疫反应，免疫印迹可以对1～5 ng中等大小的蛋白质进行定性或半定量分析。它既可以分析一种蛋白质的分子量大小、亚基的聚合、蛋白质互作和蛋白质修饰（如磷酸化、酰基化、糖基化等）前后的变化，也可以定量比较不同样品中蛋白含量或降解情况。借助不同组织、细胞或细胞器的分离，还可以对蛋白的分布进行分析。但要注意的是，如果蛋白质分离采用变性电泳，抗体选择时应考虑识别抗原上的线性位点，而非构象位点。

（三）免疫组化

免疫组化是免疫组织化学的简称，是指借助抗原与抗体特异性结合，通过标记（如荧光素、酶、同位素等）来确定抗原（如多肽和蛋白质）在组织、细胞内的定位或对其进行定量分析的研究。分析的主要对象为组织标本和细胞标本，前者包括石蜡切片和冰冻切片，后者包括组织印片、细胞爬片和细胞涂片。石蜡切片是制作组织标本最常用、最基本的方法，对于组织形态保存较好，而且能进行连续切片，有利于染色对照观察，结果能长期保存。石蜡切片制作过程对组织内抗原结构有一定的影响，甲醛固定会使抗原形成醛基或羧甲基而封闭了部分抗原决定簇，蛋白之间的交联也会使部分抗原决定簇隐蔽，所以组织染色前需要借助微波、加热、酶消化等方法进行抗原修复或暴露，破坏标本固定时分子之间所形成的交联，恢复抗原的原有空间结构。

第五节　胶体金标记分析技术

胶体金是指金以直径为 1～100 nm 的微小粒子分散在溶液中所形成的金溶胶。1971 年，Faulk 和 Taylon 将兔抗沙门氏菌抗血清与胶体金颗粒结合，制备成胶体金标记抗体，用以检测细菌表面抗原的分布。1975 年，Horisberger 等把胶体金标记推广应用于扫描电子显微镜、透射电子显微镜和冰冻蚀刻电子显微镜研究。1978 年，Geoghegan 进一步将胶体金标记用于光学显微分析中。1981 年 Danscher 建立了银显影液增强光镜下金颗粒可见性的金银染色法，1983 年 Moeremans 等将此染色法应用免疫分析，1986 年 Fritz 等在免疫金银法基础上成功进行了彩色免疫金银染色。

胶体金是一种常用的标记物。将胶体金用作抗原（或抗体）的标记物，称为金标记免疫分析或免疫胶体金技术。近年来，利用硝酸纤维素薄膜等为固相载体建立了快速的金标记免疫渗滤技术和金标记免疫层析技术，在临床传染病、心血管病、风湿病、自身免疫病的免疫学检测和分子生物学研究中广泛应用。

一、胶体金的制备

胶体金的制备是利用还原金将氯金酸（$HAuCl_4$）还原成一定直径的金溶胶颗粒，溶液中边缘平整的圆形金颗粒表面带有大量负电荷，静电排斥力使颗粒在水中保持稳定的胶体状态，所以称其为胶体金。

胶体金的制作方法有白磷还原法、抗坏血酸还原法、柠檬酸三钠还原法和鞣酸-柠檬酸钠还原法。通过改变反应体系中氯金酸与还原剂的比例可得到所需不同直径的金颗粒。前两种方法制备的金颗粒往往直径大小不均一，所以目前常用后两种方法。以柠檬酸钠还原法为例，取 0.01%氯金酸溶液加热煮沸后快速加入 1%柠檬酸钠溶液，继续煮沸后溶液先变为淡蓝色再变为亮红色，继续煮沸约 5 min 后冷却，加入 0.1 mol/L 碳酸钾溶液调至所需 pH，可制得直径约为 41 nm 的金颗粒，改变还原剂的用量可以得到更大或更小的金颗粒。微量的污物会对制备胶体金带来不良影响，制备过程中使用的器具要清洁干净，溶液用 0.2 μm 滤膜过滤后使用，水推荐使用超纯水，这样才能保证制备的胶体金稳定。

二、胶体金的标记

胶体金标记实质上是蛋白质等高分子被吸附到胶体金颗粒表面的包被过程。在碱性条件下，胶体金颗粒表面带负电荷，可与蛋白质等所带正电荷基团之间产生静电吸引而牢固结合，这种结合对所标记蛋白的生物学活性无明显影响。

环境 pH 和离子强度是影响胶体金标记蛋白质的主要因素，胶体金颗粒的大小、蛋白质的分子量及其浓度等也影响标记效果。在对蛋白质进行胶体金标记前，首先要确定标记的适宜 pH 和蛋白质浓度。虽然原则上可选择待标记蛋白质等电点或略偏碱，但各标记物的最适反应 pH 往往需多次试验才能确定。蛋白质最适标记量可以通过一定量的胶体金与梯度稀释的待标记蛋白溶液的结合来确定，根据加入氯化钠溶液后颜色变化，蛋白不足时颜色由红变蓝，蛋白量足或超过时保持红色不变，其中含蛋白最低的一管即为稳定胶体金所必需的最适标记量，以此比例并增加 10%～20%即为标记全部胶体金溶液所需的蛋白总量。标记完成后，需要通过离心结合沉淀的多次洗涤去除未结合的蛋白质。

三、胶体金标记分析技术

借助胶体金与生物大分子非共价结合，根据胶体金的高电子密度、颗粒大小、形状、颜色反应等理化性状，结合被标记物的免疫学和生物学特性，胶体金标记分析技术广泛地应用于牛血清白蛋白（BSA）、葡萄球菌 A 蛋白（SPA）、伴刀豆球蛋白（ConA）、免疫球蛋白、酶、糖蛋白和某些毒素、抗生素、激素等的免疫标记分析，具有简单、快速、准确和无污染等优点。

胶体金免疫渗滤分析（DIGFA）原理与操作步骤基本与 ELISA 相同。以微孔滤膜（如硝酸纤维素薄膜）为载体，先将配体（抗原或抗体）结合在膜上，封闭后加入含抗体（或抗原）的待检样品，通过渗滤在膜中形成抗体-抗原复合物，洗涤渗滤后，再加液体的胶体金标记抗体。当结果为阳性时，在膜上固定有抗体-抗原-胶体金标记抗体复合物而呈现红色斑点。与 ELISA 相似，胶体金免疫渗滤分析也可以采用双抗夹心法和间接法等多种检测方法，间接法容易受到血清标本中其他抗体的干扰，导致假阳性结果。

斑点金免疫层析实验（DICA）是胶体金标记技术和蛋白质层析技术相结合的一种快速固相膜免疫分析技术。同样是以微孔滤膜为载体，但与胶体金免疫渗滤分析的过滤性不同，DICA 是将待检测样品溶液滴加在膜上一端，然后如平板层析一般，受载体膜的毛细管作用向另一端移动，在移动过程中待检测物与固定于载体膜上某一区域的抗体（或抗原）结合而被固化在检测带上，可通过肉眼观察到显色结果，而无关的物质则越过该区域而被分离。快速检测试纸多采用此法，其检测灵敏性取决于所采用的抗体、抗原、蛋白嵌合物及胶体金等原料的灵敏性及特异性。

免疫胶体金光镜染色和电镜染色是胶体金标记在免疫组化分析中的应用。制作细胞悬液涂片或组织切片，可用胶体金标记的抗体进行染色，也可在胶体金标记的基础上，以银显影液增强标记，使被还原的银原子沉积于已标记的金颗粒表面，可明显增强胶体金标记的敏感性。用胶体金标记的抗体或抗抗体与负染病毒样本或组织超薄切片结合，然后进行负染，可用于病毒形态的观察和病毒检测。

四、胶体金标记的检测

以胶体金为示踪标记物，可以对细胞表面或细胞内的多糖、糖蛋白、蛋白质、多肽、激素和核酸等生物大分子进行定位和定量研究。利用金颗粒具有高电子密度的特性，胶体金在显微镜下呈现黑褐色颗粒，当这些标记物在相应的配体处大量聚集时，肉眼可见红色或粉红色斑点，因而多用于定性或半定量的快速检测方法中，这一反应也可以通过银颗粒的沉积进一步被放大，称为金银染色。

第七章

其他分离纯化技术

第一节 沉析技术

在物质制备中，将某种物质从溶液中以固体形式析出是分离纯化中常用的方法。溶液中析出的固体有结晶和无定形沉淀两种状态。其中，结晶从溶液中析出比较慢，固体中物质分子排列规则；而无定形沉淀析出速度比较快，分子排列不规则。物质能否从溶液中析出受溶质浓度、温度、pH、溶剂种类和浓度等多种因素影响，沉析技术的基本原理就是改变溶液的组成和各种理化条件，使溶液中各种成分的溶解度降低，进而从溶液中析出。根据析出原理不同，有盐析、等电点沉淀、有机溶剂沉淀等多种沉析方法。在生物化学实验中，为了获得提取液中某种化学成分的固体，可以根据溶质的性质和溶剂的组成选择一种或多种方法结合使用。

一、盐析

在没有外界影响时，蛋白质等生物大分子是以分散的状态均匀分布在溶液中，形成一种稳定的亲水胶体。胶体的稳定性主要来自电荷排斥和水化层隔离作用：①在一定的 pH 条件下，解离后的蛋白质分子表面带相同的电荷，分子间因静电斥力相互排斥；②蛋白质分子中的羧基、氨基、羟基等极性基团与水分子间的相互作用，使水分子有序排列在其表面形成水化膜，保护蛋白质分子避免相互碰撞而聚集沉淀。当溶液中加入不同浓度的无机盐时，蛋白质分子的溶解度会因中性盐离子强度的不同呈现两种状态：盐溶和盐析。在低盐离子强度条件下，少量盐离子的加入强化了蛋白质分子之间及其与水分子的相互作用，蛋白质的溶解度随中性盐浓度的增大而增大，此现象称为盐溶。在高盐浓度下，大量盐离子中和了蛋白分子的电荷，导致电荷排斥作用减弱；同时，盐离子的水化作用使蛋白质表面的水化层脱离，暴露出的疏水区之间的疏水相互作用使蛋白质分子容易发生聚合沉淀，该现象就是盐析。

盐析技术是一种利用高浓度盐离子沉析溶液中的蛋白质和酶等生物分子的一类分离纯化方法。生物化学制备中常常选用硫酸铵等中性盐进行盐析，又称为中性盐沉淀。控制加入的中性盐浓度，可以在不同浓度的中性盐条件下沉淀不同的蛋白质，这种方法称为分级沉淀。

选择中性盐要考虑多种因素。首先，中性盐要有足够强的盐析作用，多价阴离子往往比单价因子的作用更强，而阳离子的作用比较弱。其次，中性盐的溶解度要足够大，并且溶解度受温度的影响很小，才能获得高浓度盐溶液，而且在低温处理时不会析出。此外，中性盐不会破坏蛋白质等样品的生物学活性，并且不会影响后续的分离和测定，成本低，易于回收。可以选择的中性盐有很多，如硫酸铵、硫酸镁、硫酸钠、氯化钠、柠檬酸钠、磷酸钾等。在蛋白质的盐析制备中，最常用的是硫酸铵和氯化钠，尤其是以硫酸钠应用最多。在

25 ℃条件下，硫酸铵在水中的溶解度可达 767 g/L（相当于 4 mol/L），pH 为 4.5～5.5。

盐析的效果受溶质的种类和浓度、溶液的离子强度和 pH、温度等因素的影响。不同种类蛋白质的盐析行为不同，低浓度蛋白溶液的盐析需要的中性盐较多，但不容易引起多种蛋白的共沉淀；高浓度蛋白溶液的盐析所需中性盐较少，但容易产生多种蛋白质的共沉淀。一般认为 2.0%～3.0%的蛋白质浓度比较合适。不同蛋白质盐析要求的离子强度各不相同。一般情况下，离子半径小且带电荷多的盐离子的盐析作用更强，溶液的离子强度越高，蛋白质的溶解度越低。在不同 pH 条件下，蛋白质解离后带的净电荷越多，溶解度越大，而在等电点时溶解度最低。温度不仅在一定程度上影响盐离子的溶解度，也影响蛋白质的溶解度和结构稳定性。有些酶等蛋白质分子在高温下容易变性失活，需要在 4 ℃左右的低温下进行盐析操作。

盐析后的蛋白质沉淀可以通过离心从溶液中分离出来，共沉淀的盐离子可以通过溶液的层析、透析、超滤等方法去除。

二、等电点沉淀

等电点（p*I*）是指蛋白质、核酸等两性电解质在溶液中解离后的净电荷为零时溶液的 pH。当两性电解质处于其等电点时，其在溶液中保持稳定的电荷排斥作用层及水化膜隔离作用被削弱和破坏，分子间引力增加，溶解度降低。调节溶液的 pH 至溶质的等电点，使溶质溶解度下降而聚沉析出的过程，称为等电点沉淀。此方法可以用于目标电解质的分离，也可以作为杂质去除的一种手段。

等电点沉淀往往与其他沉析方法结合使用。虽然等电点沉淀具有操作简便、引入其他离子少等优点，但沉淀的特异性和效率往往比较低。以蛋白质为例，一方面，调节溶液 pH 很难与目标蛋白质的等电点完全一致，而且在等电点的溶液中蛋白质仍有一定的溶解度甚至比较高，所以等电点沉淀只能分离一部分蛋白质。另一方面，溶液中很多蛋白质的等电点比较接近，所以等电点沉淀时会发生多种蛋白质共沉淀，很少能够沉淀析出单一种类的蛋白质。为了提高沉淀特异性和效率，等电点沉淀常和高温变性、盐析、有机溶剂沉淀等方法联合使用。

等电点沉淀的运用有多种限制条件，一般适用于疏水性强的蛋白质等的分离纯化。蛋白质等生物大分子的等电点受溶液的离子强度影响，阳离子的结合会使蛋白质的等电点升高，而结合过多的阴离子会使蛋白质的等电点下降。一般等电点操作是在低离子强度下进行，以降低离子强度的影响。另一方面，pH 的变化不仅影响蛋白质的溶解度，还影响其结构的稳定性。有些蛋白质的等电点很高（如胰蛋白酶 p*I*＝10.1）或很低，在等电点条件下容易降解失活。这种情况下，不能完全采用等电点沉淀来分离这些蛋白质，可以在利用其他方法沉淀蛋白时适当调节溶液的 pH 来促进其沉淀。此外，有些生物大分子在等电点附近有较强的盐溶作用，会导致沉淀效率降低，因而需要控制溶液的离子强度来减轻盐溶的影响。

三、有机溶剂沉淀

有机溶剂沉淀是通过加入一定浓度的与溶剂亲和的有机溶剂使蛋白质等溶质从溶液中聚沉析出的沉淀方法。

有机溶剂是通过破坏维持溶质稳定的因素来发挥沉淀作用。以蛋白质为例，有机溶剂的加入能够降低溶液的介电常数，使蛋白质分子之间的静电引力增加，促使其相互聚集沉淀。亲水有机溶剂能够争夺蛋白质分子结合的自由水，破坏表面的水化膜，导致蛋白质分子之间的相互作用增强。该方法广泛适用于蛋白质、核酸和糖类等多种生物大分子和核苷酸等基本生物分子的分离纯化。

有机沉淀剂的选择需要综合考虑介电常数等多方面因素。首先，有机溶剂的介电常数要小，有较强的沉析作用。其二，有机溶剂对溶质的变性作用尽量小，能够保持溶质的生物学活性。其三，有机溶剂的挥发性适中，毒性尽量小。沸点高的有机溶剂不容易挥发，去除困难，但沸点过低的有机溶剂挥发损失大，而且操作安全性低。此外，有机溶剂有较强的亲水性，能够与水混溶。符合这些条件的有机溶剂有乙醇、甲醇、异丙醇、丙酮、二甲基亚砜、乙腈等，其中乙醇广泛应用于蛋白质、核酸和多糖等沉淀。异丙醇的沉淀作用强于乙醇，但挥发性差。丙酮在蛋白质纯化中也有使用，其沉淀作用强于乙醇，但挥发性差、易燃，而且有一定毒性。甲醇对蛋白质的变性作用弱于乙醇和丙酮，但毒性比较大。

有机溶剂的沉淀作用受溶质和溶剂种类、浓度和温度等实验条件的影响。在溶质浓度较低时，沉淀需要加入更多的有机溶剂，沉淀回收率低且易变性，但不同溶质共沉淀较少；溶质浓度高时则相反。一般蛋白质的浓度控制在 0.5%～2.0%较好，多糖浓度适宜范围是 1.0%～2.0%。不同溶质沉淀所需有机溶剂的浓度不同，沉淀作用强的有机溶剂可以降低用量。例如，沉淀核酸时乙醇的用量为溶液体积的 2.0～2.5 倍，而异丙醇只需要 0.6～1.0 倍体积。沉淀蛋白质时，丙酮的用量可比乙醇少 1/4～1/3。由于溶液的 pH 影响蛋白质等两性电解质的解离，根据等电点沉淀的原理，调节 pH 在溶质的等电点附近能够促进沉淀，但也要综合考虑对溶质活性和杂质共沉淀的影响。低温能够降低蛋白质等在溶剂中的溶解度，有助于沉淀和保持蛋白质的活性，同时能够降低某些有机溶剂放热产生的不利影响。因此，有机溶剂沉淀常常在 4 ℃甚至更低的温度下操作。此外，溶液中的离子也影响沉淀作用。低浓度中性盐能够增强蛋白质等的稳定性，但其盐溶作用会导致沉淀所需有机溶剂的用量增加，高浓度中性盐的作用则相反。Na^{+}、NH_4^{+}、Mg^{2+}、Zn^{2+} 等阳离子可以作为助沉剂与阴离子态的蛋白质、核酸等形成复合物，可以减少有机溶剂用量，并促进沉淀。如蛋白质沉淀时加入 0.02 mol/L 或更低浓度的锌离子可以减少 1/3 甚至 1/2 的沉淀剂用量。乙醇沉淀核酸时常加入 2.5 mol/L 醋酸铵或 0.3 mol/L 醋酸钠以加速沉淀。在使用重金属离子作为助沉剂时，要尽量避免溶液中的某些阴离子与其产生难溶盐，影响后续的操作。

四、结晶

结晶是物质从溶液、熔液或气体中析出晶体的过程。生物化学实验中的晶体制备多来自液体，是溶质离子或分子在空间晶格的结点上规则排列形成晶体并从溶液中析出的过程。

溶液结晶过程包括过饱和溶液的形成、晶核的生成和晶体的生长 3 个步骤。

1. 过饱和溶液的形成　在一定条件下，当溶质浓度超过饱和溶解度时，该溶液称为过饱和溶液。溶质只有在过饱和溶液中才能析出，溶液达到过饱和状态是结晶的前提。溶质的溶解度与温度、溶质颗粒的大小和分散度有关。大多数溶质的溶解度随温度升高而增加，但也有些受温度变化影响较小甚至相反，如红霉素在 7 ℃时的溶解度远高于 40 ℃。对溶解度随温度降低而显著减小的溶质，可以采用热饱和溶液冷却法制备过饱和溶液。对溶解度随温度降低变化不大（或升高）的溶质，可采用常压（或减压）蒸馏法制备过饱和溶液。此外还有通过减压使溶剂气化的真空蒸发等方法。

2. 晶核的生成　晶核是溶液达到过饱和状态后最先析出的微小颗粒，也是以后结晶的中心。晶核的形成包括初级成核和二级成核。初级成核指的是过饱和溶液中晶种和溶剂分子碰撞时自动成核。二级成核是指溶液由于过饱和度不足以自动成核，需要加入晶种才能产生新的晶核，是工业结晶的主要成核方式。

3. 晶体的生长　晶核形成后依靠扩散持续生长为晶体，并释放结晶热。结晶过程既是一个表面化学反应过程，也是一个质量与能量的传递过程。

由于晶体是由同类分子或离子凝聚而成，化学成分单一，因此结晶也可以看作一种纯化方法。而且晶体具有较高的纯度和较低的含水量，易于干燥、保存和运输。因此，结晶广泛应用于氨基酸、有机酸、抗生素、维生素、核酸等物质的制备。

第二节　滤分技术

滤分技术是利用滤分介质的选择透过性将溶液中的组分按照跨介质迁移能力的差异进行分离和纯化的一类技术。滤分介质可以是固体颗粒、滤布、无纺品或滤膜。固体颗粒可以是活性炭、硅藻土、硅砂、矿砂、塑料颗粒等不同材质的定型或不定型颗粒；滤布材质可以是棉纱、化学纤维、玻璃纤维、金属等多孔材料；无纺品可以是滤纸、毡、石棉板、纤维团等未经纺织的多孔材料。固体颗粒和多孔材料介质多用于溶液中悬浮颗粒或不溶性组分的过滤分离，如用滤纸、纱布、活性炭来去除溶液中沉淀或不溶性固体杂质。作为一种具有分离功能的介质，广义的滤膜是两相之间具有选择性透过能力的隔层，可以是固态、液态或气态。固态滤膜是由（醋酸）纤维素、芳香酰胺、芳香聚砜、丙烯腈-氯乙烯多聚物等材料喷涂、浮贴、聚合或黏结在多孔基膜上制作而成。本章重点介绍利用固态滤膜的分离技术。

膜分离技术是利用多孔滤膜的选择性（孔径大小），以膜的两侧存在的能量或化学位差为动力，推动溶液中各组分跨膜迁移特性的差异进行分离纯化的技术。膜分离技术是一种物理分离技术，分离过程中不引入新的化学成分，没有相变，而且可以在常温或低温下操作，能够与其他技术结合使用，广泛用于溶液中各种离子、分子、颗粒、细菌等的分离、纯化和浓缩。

固态滤膜形式多样。根据膜的功能固态滤膜可分为载体膜、无孔膜和多孔膜，分离纯化多选用多孔膜。根据膜的结构固态滤膜可分为对称膜和不对称膜，前者膜两侧的结构均一，主要用于较大孔径的滤分技术；后者是由控制分离特性的分离层和控制机械强度的多孔支撑层组成，多用于小孔径的滤分技术。根据分离层和支撑层材质是否相同，不对称膜可以分为一体化不对称膜和复合膜，一般所说的不对称膜是指一体化膜。根据材料来源不同固态滤膜可以分为生物膜和合成膜，在分离纯化中广泛使用的是合成膜，主要有以微孔陶瓷为代表的无机膜和以醋酸纤维素、聚砜、聚酰胺等制成的有机高分子膜两种类型。根据几何形状不同，滤膜有平板式、折叠式、螺旋式和中空纤维等多种类型。

根据滤膜分离的离子或分子大小的不同，膜分离技术可以分为微滤、超滤、纳滤、反渗透等多种类型，本节重点对这几种膜分离技术予以介绍（表 7－1）。

表 7-1　几种膜分离技术的比较

类型	膜特性和孔径	动力	分离机理	用途
透析	（不）对称膜 1～100 nm	浓度梯度	体积大小	离子和小分子有机物的去除
微滤	对称膜 0.1～10 μm	压力差 0.1～0.5 MPa	体积大小	颗粒悬浮物和细菌的去除
超滤	不对称膜 1～50 nm	压力差 0.2～1.0 MPa	体积大小	小分子胶体的去除，大分子胶体的分离
纳滤	不对称膜、复合膜 1～2 nm	压力差 0.8～3.0 MPa	体积大小 溶解扩散	低价离子和小分子的去除，大分子的浓缩
反渗透	带皮层不对称膜 <1 nm	压力差 1～10 MPa	溶解扩散	小分子溶质的去除和浓缩

一、微滤

微滤（microfiltration，MF）是以膜两侧的压力差为分离的推动力，通过膜上的微孔过滤溶液中的固体颗粒物或细菌。滤膜一般是均质的对称膜，有时也用不对称膜，每平方厘米平均分布 10^7～10^{11} 个微孔，孔径大小在 0.1～10 μm 范围内，最常用的是 0.2～2 μm 孔径，介于微米和亚微米，因此称为微滤。

微滤主要用于筛分溶液或气溶胶中的细菌、胶体和固体悬浮颗粒。当滤膜的孔径小于悬浮粒子时，粒子通过滤膜的机械截留和吸附作用等进行表面过滤。当滤膜孔径大于悬浮粒子时，粒子进入孔径后被内壁黏附，从而进行深层过滤。表面过滤截留的粒子易回收，膜清洗后可以重复使用。深层过滤要求滤膜有较大的厚度和有吸附能力的内表面，截留的粒子不易回收，膜一般不能重复使用，主要用于离子的去除。

二、超滤

超滤（ultrafiltration，UF）的分离原理与微滤相似，都属于筛分过程。但超滤膜上的微孔直径更小，平均为 1～50 nm，最小截留分子质量为 100～500 u。超滤膜一般选用不对称合成膜，不同膜基材料对温度和压力的耐受能力、对溶剂的化学耐受性、溶质吸附能力也各不相同。

超滤分离以表面过滤为主，要分离的溶质分子与溶剂分子大小要有足够大的差异（如 10 倍以上）。主要用于过滤溶液中的蛋白质、酶、核酸等大分子和淀粉、病毒等微细粒子，达到分离、纯化和浓缩的目的。超滤广泛应用于超纯水制备，色素提取，维生素 B_{12}、抗生素、低聚糖、多肽等的分级分离、脱盐等纯化过程。

三、反渗透

反渗透（reverse osmosis，RO）是一种压力驱动的从溶液中分离溶剂的滤分技术。在对膜一侧溶液施加的压力超过其渗透压时，溶剂会沿自然渗透的相反方向进行反向渗透，因此称为反渗透。反渗透膜一般是由聚砜材质的多孔基膜和芳香聚酰胺材质的致密表皮层组成的不对称复合膜，其滤分性能受膜内部结构、环境温度、操作压力和膜面流速等诸多因素的影响。

与超滤相比，反渗透滤分也是靠压力驱动，溶剂通过滤膜，而截留物被阻滞在滤膜上。但反渗透膜更加致密，透水率低、除盐效率高，需要的操作压力更大。反渗透滤分原理不仅有半透膜的选择透过性，还有溶质和溶剂之间复杂的物理化学作用，可以分离分子量相近的溶剂和溶质分子。由于能够截留水中的各种无机离子、胶体和分子质量超过 1 000 u 的有机分子，反渗透广泛用于超纯水的制备和糖、氨基酸等的脱盐及浓缩过程。

四、纳滤

纳滤（nanofiltration，NF）是介于超滤和反渗透之间的一种滤分技术，因主要截留直径 1 nm 以上分子或颗粒而得名。纳滤膜一般为致密的无孔不对称膜或复合膜，孔径为 1～2 nm，主要用于截留分子质量 200～2 000 u 的有机小分子，对无机盐也具有一定的截留率。由于纳滤膜多数带电荷，具有电荷效应，因此对离子也具有选择性，对二价和多价离子的截留效率高于单价离子。

纳滤属于压力驱动的膜分离过程。其分离原理包括基于所带电荷的静电排斥效应和基于滤孔的空间位阻效应，对不带电荷的中性物质（如糖类）的分离主要依靠纳米微孔的筛分作用，对于带电离子的分离主要靠滤膜和离子的静电相互作用。利用纳滤可以有效去除二价和多价离子、分子质量大于 200 u 的各种物质，也可以部分去除单价离子和小分子物质，可用于各种多糖、氨基酸、多肽、维生素和抗生素的分离和浓缩。

第三节 萃取技术

萃取是利用溶质在互不相溶的两相（萃取剂和萃余剂）之间溶解度的差异对溶质进行分离纯化或浓缩的技术。

萃取剂是能与被萃取物相容或结合的化合物。根据物理形态的不同，可分为固相萃取剂和液相萃取剂。其中，固相萃取剂通常是作为吸附剂对液体样品中的特定组分进行吸附，再通过洗脱或解吸达到分离和富集的目的。作为样品分离制备中的前处理技术，很多固相萃取的原理和操作与层析技术相似，因此本节内容主要介绍液相萃取技术。

从传统有机溶剂萃取发展到液膜萃取、反胶束萃取、双水相萃取、超临界流体萃取等技术，液相萃取技术在生物化学制备、化工生产等领域得以广泛应用。

一、基本原理

液相萃取的理论基础是分配定律。萃取过程通常包括 3 个步骤，首先是包含溶质的溶液与萃取剂充分混合接触，完成溶质传质过程；然后完成萃取相和萃余相的分离；最后从萃取相和萃余相中回收萃取剂。当溶质在萃取相和萃余相中的分配达到平衡时，有以下几个概念可用于衡量萃取体系的性质：

① 分配系数（K）：溶质在萃取相中的浓度与在萃余相中的浓度的比值。

② 分配比（D）：同一溶质的所有形态在萃取相与萃余相中总浓度的比值。

③ 萃取率（E）：溶质在萃取相中的量与其在两相中总量的比值。

④ 相比：萃取剂和萃余剂的体积比。

在一定温度下，当溶质在两相中的分子形态相同，不发生缔合或解离，不影响两相的互溶且浓度较低时，溶质在两相分配中达到平衡时，K 是常数。当溶质在某一相或两相中发生解离、缔合、配位或离子聚集时，其在同一相中可能存在多种形态，不同形态的溶质在两相中的 K 值各不相同，其 D 值的大小受萃取剂性质和萃取条件等多种因素的影响。溶质的 E 值的大小取决于 D 值和相比。当 D 值较小时，可以通过降低相比来提高萃取率，但增加萃取剂会使溶质的浓度降低，不利于后续的分离和测定，所以通常是采用多次萃取或连续萃取来提高萃取率。

影响萃取的因素有很多，主要来自萃取试剂和萃取条件。影响萃取的试剂包括萃取剂、盐析剂、稀释剂和杂质等。

（1）萃取剂。萃取剂的结构和性质会直接影响其与溶质的结合。根据酸碱质子理论，液相萃取剂可分为酸性（如有机羧酸、磺酸和磷酸）、中性（如醇、醚、酮、酯、酰胺、亚砜、羧酸酯、磷酸酯）和碱性（如伯胺、仲胺、叔胺和季胺）萃取剂。此外，螯合萃取剂分子同时含有两个或两个以上配位原子（或官能团），可与中央离子形成带螯环的有机化合物，如羟肟类化合物和 8 -羟基喹啉及其衍生物。游离萃取剂浓度的增加常会导致分配系数上升，但浓度过大时也可能导致分配系数降低。

（2）盐析剂。萃余相（水相）中加入盐析剂后，盐析剂中与溶质相同的阴离子会产生同离子效应，降低溶质的溶解度。盐析剂的水合作用使部分水变为水合水，降低自由水的浓度，导致分配系数提高。

（3）稀释剂。萃取相（有机相）中加入稀释剂会通过降低有机相黏度、抑制乳化等作用影响萃取剂的聚合。

（4）杂质。螯合萃取中与金属离子配位结合的阴离子会抑制（减弱）螯合物的生成。而金属离子浓度很高时，也会导致有机相中游离萃取剂浓度的降低。

影响萃取的实验条件主要包括酸碱度和温度。在中性螯合萃取体系中，pH 的变化会直接影响与金属形成中性盐的阴离子的浓度。而阳离子交换萃取体系中的 H^+ 会直接和金属离子竞争萃取剂。温度的升高会导致溶质分子的热运动加快，分子间缔合的机会增加，从而使溶解能力增大，而液体黏度的降低有利于有机相和水相的分离。但是，温度升高时也可能会导致萃取剂的损失增多。因此需要根据两相的性质确定萃取温度。此外，第三相的形成也会影响萃取过程，应尽量避免。

二、萃取技术分类

按照溶质与萃取剂之间是否发生化学反应，可以将萃取技术分为物理萃取和化学萃取。物理萃取是根据“相似相溶”的原理，溶质在两相间的分配达到平衡，萃取剂与溶质之间不发生化学反应，常用于动植物材料中特定成分的分离和提取。化学萃取是利用萃取剂与溶质之间的化学反应生成脂溶性复合分子，实现溶质向有机相的分配，多用于氨基酸、抗生素、有机酸等生物产品的回收和浓缩。

按照溶质在两相中的转移方向，萃取技术可分为萃取和反萃取。萃取技术所用的两相一般选择水相和有机相，样品中待分离的组分（溶质）的萃取方向一般是指从水相向有机相。

如果通过调节水相，让组分从有机相转入水相，则称为反萃取。反萃取剂主要是通过破坏溶质在有机相中的结构，使其生成易溶于水的化合物或生成既不溶于水也不溶于有机相的沉淀，达到让溶质从负载有机相返回水相的目的。借助反萃取可以对溶质进一步纯化，或通过溶质的相变以便于进行后面的操作。

根据辅助手段不同，萃取技术可以分为微波辅助萃取和超声波辅助萃取等。微波辅助萃取利用微波加热辅助完成萃取。加热材料在电磁场中借助空气或其他介质吸收的微波电磁能，通过微观粒子的极化过程将电磁能转变为热能，在内部加热来强化萃取过程。微波辅助萃取技术常用于油脂类化合物、色素类化合物、多糖类化合物和黄酮类化合物等的提取。超声波辅助萃取是借助超声波处理强化萃取过程。超声波处理的空化效应可形成高达 5 000 K 以上的局部热点和数十乃至上百个兆帕的高压，高压的释放在液体中形成强大的冲击波（均相）或高速射流（非均相）等机械效应，进一步加剧体系的湍动程度和相相间的传质速度，促进生物材料中组分的释放。

三、常用萃取技术

1. 溶剂萃取　溶剂萃取又称液液萃取或抽提，是利用溶质在互不相溶的两溶剂之间的分配行为的差异，将其从第一液相转入第二液相的过程。通常两液相分别选用水相和有机相，萃取方向是从水相向有机相转移，如用苯从煤焦油中分离酚，用异丙醚从稀乙酸溶液中回收乙酸等。溶剂萃取的优点是仪器设备简单、操作方便、选择性高、应用范围广、处理量大、易于实现连续自动操作，但缺点是有机溶剂易挥发、多对人体有害、手工操作烦琐费时、分离效率不高。

2. 胶体萃取　胶体萃取是将组分以胶体或胶团形式萃取出来的分离方法。双亲（亲水也亲脂）组分可以在水或有机溶剂中自发形成胶团，如表面活性剂是典型的双亲物质，在水或有机溶剂中达到一定浓度就会形成胶团（胶束）。向水溶液中加入的表面活性剂达到一定浓度时，会形成表面活性剂聚集体（正向微胶团）。在这种胶团中，表面活性剂的极性头（基团）朝外（向水），而非极性尾朝内。与正相微胶团相反，向非极性溶剂中加入的表面活性剂达一定浓度时，会形成非极性尾朝外（向溶剂），而极性头（亲水基）朝内的反向微胶团。

胶体萃取的效率受酸碱度和离子强度的影响。以阴离子表面活性剂琥珀酸二异辛酯磺酸钠（AOT）萃取蛋白为例，当 AOT 形成反向微胶团时，其含水率比季铵盐高一个数量级以上。当 pH 大于等电点时，蛋白质分子和表面活性剂内表面都带净负电荷，相互排斥，使得蛋白质难溶于胶团中。当 pH 小于等电点时，蛋白质带净正电荷，AOT 反向微胶团内表面带负电荷，蛋白质分子与微胶团内表面作用强，能形成稳定的含蛋白质的微胶团。但 pH 过低时，会导致蛋白质变性，溶解度也会降低。离子强度的增加可以减小蛋白质表面电荷和微胶团内表面电荷的相互作用，从而降低蛋白质在微胶团中的溶解度。

胶体萃取主要用于有机物的分离。虽然相对较少，但胶体萃取也能用于无机物的分离，如用氯仿萃取胶体金，乙醚或氯仿萃取胶体银或硫酸钡等。

3. 双水相萃取　双水相萃取（aqueous two - phase extraction，ATPE）是 Albertsson 于 20 世纪 50 年代后期开发的一种两相都是水相的萃取技术，又称双水相分配法。20 世纪 70 年代后，双水相萃取应用于生物分离过程，为蛋白质特别是胞内蛋白质的分离和纯化开辟了新的途径。

常用的双水相体系有双聚合物体系和聚合物-无机盐体系。无论是天然的还是合成的亲水聚合物，绝大多数在与另一种聚合物水溶液混合时都可分成两相，构成双水相体系，如聚乙二醇（PEG）/葡聚糖、聚丙二醇/聚乙二醇和甲基纤维素/葡聚糖体系。当一种聚合物与无机盐溶于水时，由于聚合物与盐之间的不相溶性，使得聚合物和无机盐浓度达到一定值时，就会分成不相溶的两相。体系中上相常选用聚合物 PEG，下相可选择磷酸钾、磷酸铵和硫酸钠等无机盐。

双水相萃取与溶剂萃取的原理相似，都是依据物质在两相间的选择性分配。当物质进入双水相体系后，由于表面性质、电荷作用和各种作用力（如氢键和离子键等）的存在以及环境的影响，使其在上、下两相中分配的浓度不同。对于某一物质，只要选择合适的双水相体系，控制一定的条件，就可以达到适宜的分配系数，从而达到分离纯化的目的。例如，用 PEG6 000/磷酸钾双水相萃取系统可从大肠杆菌匀浆中提取β-半乳糖苷酶。

4. 超临界流体萃取 超临界流体（supercritical fluid，SF）是处于临界温度和临界压力以上的非凝缩性高密度流体。超临界流体没有明显的气液分界面，是一种气液不分的状态，性质介于气体和液体之间，具有黏度低、密度大、溶解度大等溶剂性质，因此有较好的流动性、传质性和传热性。当流体处于超临界状态时，其密度接近于液体密度，并且随流体压力和温度的改变发生十分明显的变化，而溶质在超临界流体中的溶解度随超临界流体密度的增大而增大。超临界流体萃取（supercritical fluid extraction，SFE）正是利用超临界流体的这种性质，在较高压力下，将溶质溶解于流体中，然后降低流体溶液的压力或升高流体溶液的温度，使溶解于超临界流体中的溶质因其密度下降、溶解度降低而析出，从而实现特定溶质的萃取。可作为超临界流体的物质很多，如二氧化碳（CO_2）、一氧化亚氮、六氟化硫、乙烷、氨等。CO_2 是应用最多的超临界流体，其临界温度接近室温，具有类似气体的扩散系数，液体的溶解力和表面张力为零，能迅速渗透进固体物质之中，且无色无味，成本低，容易制成高纯度气体，具有不易氧化、纯天然、无化学污染、无毒、不易燃、高效等特点。

超临界流体萃取有很多优点。超临界流体选用的是化学惰性的成分，对设备几乎没有腐蚀。萃取是在较低的温度和不太高的压力下进行，对被萃取组分的溶解能力高，选择性较好，被萃取组分的性质容易保持稳定，因此适合天然产物的分离。萃取剂在常温常压下为气体，萃取后方便与萃取组分分离。超临界流体的溶解能力可通过调节温度、压力、夹带剂（如醇类）在很大范围内发生变化，形成压力梯度和温度梯度。当然，超临界流体萃取也有萃取率较低、选择性受到限制等缺点。例如常用的 CO_2 超临界流体对低分子、低极性、亲脂性、低沸点的成分（如挥发油、烃、酯、醚、环氧化合物等）表现出良好的溶解性，但对具有极性基团（—OH、—COOH）化合物和高分子质量（大于 500 u）化合物溶解性较低，需要加入第三组分来改变原来有效成分的溶解度，称为夹带剂或亚临界组分。溶解性能好的溶剂一般也是很好的夹带剂，如甲醇、乙醇、丙酮、乙酸乙酯。

超临界 CO_2 萃取的应用：在食品工业中用于茶叶和咖啡豆脱咖啡因、植物色素、动植物油脂的萃取；在医药工业中，常用于酶、维生素等的精制，糖类与蛋白质的分离以及脱溶剂脂肪类混合物的分离精制等；在化妆品工业中，用于天然和合成香料的萃取和精制。

第四节　浓缩和干燥技术

在生物化学实验中，为了便于研究和保存，常常需要借助各种浓缩和干燥技术进行样品的富集和试剂的回收。浓缩是将溶液中的水分等溶剂去除从而使溶液中的溶质浓度变高的过程，是分离纯化过程的中间或最后对溶液的一种处理过程，主要目的是提高溶质浓度，浓缩前后的样品的物理状态不变。干燥是将固体、膏状物、溶液中的水分等溶剂除尽的过程，处理完成后得到的是固体产物，往往是分离纯化的最后一个步骤，主要目的是便于运输和保存。对于溶液来说，为了提高干燥效率，常常需要先进行浓缩。由于都是去除水分等溶剂的过程，有些浓缩技术也是干燥技术，如蒸发和冷冻。但由于处理对象的差异，有些技术只能用于浓缩，如过滤、吸附和亲和层析。有些技术在其他章节中已有详细介绍，本节不再重复。

一、浓缩技术

在生物化学物质提取中，浓缩过程是必不可少的。浓缩技术有很多方法，选择哪种方法需要考虑溶质和溶剂的性质，如热稳定性、分子量差异、极性等。下面介绍常用的几种浓缩方法。

1. 蒸发浓缩　蒸发是溶液表面的溶剂分子获得的动能超过了溶液内溶剂分子间的吸引力而脱离液面向外逸出的过程。蒸发浓缩是利用各种蒸发器将溶液中的水或者其他溶剂汽化去除的一种浓缩方式，常常作为沉淀、结晶、干燥等操作之前的预处理过程。

传统蒸发浓缩技术是通过加热使溶液沸腾而汽化逸出。当溶液受热，溶剂分子动能增加，蒸发过程加快。现代蒸发浓缩技术是通过扩大液体表面积和降低压力等方法来提高蒸发效率，避免了破坏生化成分的生物学活性。如薄膜蒸发浓缩是让液体形成薄膜后再进行蒸发。液体成膜后有很大的表面积，热传导快而均匀，在加快蒸发的同时，可以缩短受热时间，利于保持样品成分的各种性质的稳定。减压浓缩是在减压或真空条件下进行蒸发的过程，通过降低液面压力使溶剂沸点降低从而达到蒸发浓缩的目的，也称真空浓缩。此法尤其适用于对高温敏感的样品和不能高温处理的溶液的浓缩。对于热稳定样品，可以结合加热来加快蒸发。但是，溶液沸点降低的同时会导致黏度增大，不利于热传导；同时真空装置的使用会增加能量的消耗。

2. 冷冻浓缩　冷冻浓缩是利用冰与水溶液之间的固相平衡原理，将水以固态形式（冰）从溶液中去除的一种浓缩方法。在常压下将溶液降温至冰点以下，使溶液中部分水冻结成冰，用机械手段将冰晶分离出来，减少溶液中的溶剂，使溶质得到浓缩。当然，在进行冷冻浓缩时，溶质的浓度升高是有限度的。当溶液中溶质浓度超过饱和浓度时，过饱和溶液冷却会使溶质结晶析出，导致溶质浓度降低。

冷冻浓缩有其独特的优越性，也有其缺点。一方面，由于是在低温下操作，此法适用于酶等对高温敏感的样品溶液的浓缩。水分的去除是从溶液到冰晶的相间传递过程，可以避免加热造成的挥发损失，适用于芳香性挥发物质的浓缩。另一方面，浓缩效果不仅受到溶液浓度的影响，还取决于冰晶与浓缩液可分离程度。浓缩过程中，随着溶液黏度增高，分离就变得更困难，因此会造成一定程度的溶质损失。此外，冷冻装置的使用使成本相对较高。这些技术和成本上的问题限制了冷冻浓缩技术的广泛应用。

3. 膜浓缩　膜浓缩是利用选择透过性膜的滤分作用将水等溶剂选择性过滤去除从而提高溶质浓度的浓缩方式。根据膜和溶剂滤过方式不同，膜浓缩有膜吸收浓缩、膜蒸发浓缩、反渗透浓缩等多种方法。

膜吸收浓缩是将透析和吸附相结合的一种非热浓缩方法。吸附剂对溶剂有很强的吸附能力，但不会与溶液发生化学反应，对溶质也没有吸附作用，能够重复使用。常用的吸附剂有聚乙二醇（PEG）、聚乙烯吡咯烷酮（PVP）、交联葡聚糖、大孔吸附树脂等。以 PEG 为例，先将溶液装入透析袋内，袋外覆盖 PEG 干粉，袋内溶剂渗出即被 PEG 迅速吸收，在 PEG 被溶剂饱和后，可更换新的 PEG，直到溶质浓缩至所需的浓度。此方法是蛋白质分离纯化过程中常用的浓缩方法。

膜蒸发浓缩是将膜的滤分功能和蒸发浓缩相结合的一种浓缩方法，可以在常压下进行，也可以在减压条件下进行。

超滤、纳滤和反渗透等滤分技术既是溶液中溶质的分离技术，也是溶液去除溶剂的浓缩技术。当溶剂被去除时，即可实现浓缩的目的。

二、干燥技术

传统的高温干燥法是通过加热使水分或其他溶剂等汽化后蒸发去除，固体、膏状物和溶液都可以通过高温蒸发的方法进行干燥。在大量实验材料的干燥处理和工业生产中，有一种溶液的喷雾干燥法被广泛应用，是利用干燥机将溶液以雾滴形式高速喷出，雾滴中的水分等溶剂在高温热风环境中汽化排出，溶质以粉末形式回收。这种干燥方法虽然处理温度较高，但处理时间非常短，可以在迅速干燥的同时在一定程度上保持溶质的性质稳定。

在生物化学实验中，很多成分（如蛋白质、脂类、维生素等）的结构和生物学活性在高温条件下会被破坏，这就要求采用常温或低温干燥技术，如真空干燥、冷冻干燥或二者相结合的真空冷冻干燥等。真空干燥和冷冻干燥与减压浓缩和冷冻浓缩的原理一致，只是在溶剂去除程度上存在差异，干燥往往要求的含水（溶剂）量更低。

真空冷冻干燥是利用冰晶升华的原理，将实验材料进行冷冻（$-50 \sim -10$ ℃）处理，使其冻结成固态，然后在高度真空的环境下（1.3～13 Pa）让冰不经过液态（融化）直接升华为气态去除，最终使样品脱水的干燥技术，又称冷冻升华干燥。真空冷冻干燥是在低温、低氧条件下操作，实验材料脱水彻底，不会引起盐的表面沉积，并且易于保持物质原来的物理性质（如多孔结构、胶体性质等）、化学组成和性质，尤其适用于热敏性样品和易氧化样品（如酶、脂类、维生素等）的干燥，但设备要求复杂，能量消耗和生产成本较高。

下　篇

生物化学实验方法

第八章

糖 类 化 学

实验 1 可溶性糖的定量测定

方法一 蒽 酮 法

一、目的

1. 学习蒽酮法测定可溶性糖的原理和方法。
2. 掌握 722 分光光度计的原理和操作技术。

二、原理

糖类在较高温度下被浓硫酸作用脱水生成糖醛或糖醛衍生物，糖醛或糖醛衍生物可与蒽酮（$C_{14}H_{10}O$）缩合生成蓝绿色糠醛衍生物，在 620 nm 处有最大光吸收。当溶液含糖量为 20～200 μg 时，其颜色深浅与溶液中糖的含量成正比，故可用比色法对糖进行定量。反应式（以葡萄糖为例）如下：

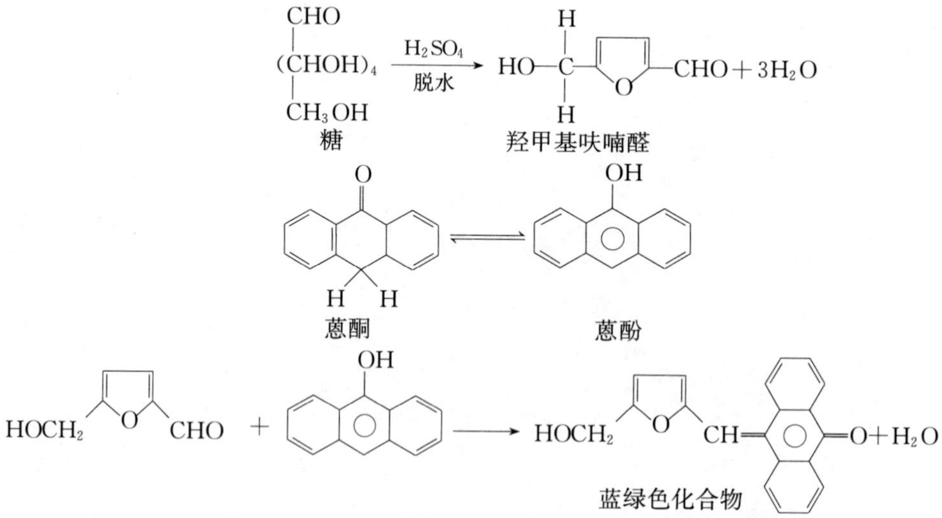

CHO—$(CHOH)_4$—CH_3OH（糖）$\xrightarrow[\text{脱水}]{H_2SO_4}$ 羟甲基呋喃醛 + $3H_2O$

蒽酮 ⇌ 蒽酚

$HOCH_2$-呋喃-CHO + 蒽酚 ⟶ 蓝绿色化合物 + H_2O

蒽酮不仅能与单糖直接作用，也能与双糖、糊精、淀粉等直接起作用，所以测定时样品不必经过水解。

三、材料、用具和试剂

1. 材料 蜂蜜、水果、蔬菜或植物干样品等。

2. 用具　可见分光光度计、恒温水浴锅、试管（或具塞试管）、移液管、组织捣碎机等。

3. 试剂

（1）蒽酮试剂。称取 0.2 g 蒽酮溶于 100 mL 98%硫酸溶液中，用时配制。

（2）100 μg/mL 葡萄糖标准液。准确称取分析纯葡萄糖 100 mg，用蒸馏水溶解后，置于 1 000 mL 容量瓶中定容。

四、操作步骤

1. 葡萄糖标准曲线的制作　取 6 支干燥洁净的试管，编号后按表 8-1 操作。

表 8-1

试剂	管号					
	0	1	2	3	4	5
100 μg/mL 葡萄糖标准液/mL	0	0.2	0.4	0.6	0.8	1.0
H_2O/mL	1.0	0.8	0.6	0.4	0.2	0
蒽酮试剂/mL	5	5	5	5	5	5

每管加入葡萄糖标准液和水后立即混匀，再在各试管中加入蒽酮试剂，摇匀，置沸水浴中加热 10 min，用自来水迅速冷却至室温，以 0 号管为参比溶液，在 620 nm 波长下依次测定吸光值。以标准葡萄糖含量作横坐标，以吸光值为纵坐标，绘制标准曲线。

2. 样品处理　切取苹果食用部分用捣碎机捣成匀浆，准确称取 1～5 g 匀浆，置于三角瓶中，加蒸馏水 10 mL，在水浴中加盖煮沸 15 min，冷却后用漏斗过滤到 50 mL 容量瓶中，并用蒸馏水冲洗数次。然后在容量瓶中加入 2.5 mL 10%醋酸铅，以沉淀样品中的蛋白质，待反应完全后，再加入 0.5 g 草酸钾，以除去过量的醋酸铅，然后定容并混匀、过滤，上清液即为待测样品液（若溶液中蛋白质含量很低，可省略沉淀蛋白质）。

3. 测定　取 3 支试管，编号，分别加入 1 mL 样品液、5 mL 蒽酮试剂，其他操作与制作标准曲线的相同，以制作标准曲线的 0 号管为参比溶液，测得 1～3 号样品管在620 nm波长处的吸光值，之后根据 A_{620} 平均值从标准曲线上查得相应的含糖量，即可计算求得样品的含糖量。

五、结果与计算

$$含糖量=\frac{C}{m\times10^{6}}\times\frac{V_T}{V_1}\times100\%$$

式中，C 为查标准曲线所得的含糖量（μg）；m 为样品质量（g）；V_T 为样品液总体积（mL）；V_1 为吸取样品液体积（mL）。

[附注]

1. 应用此法时，查阅样品含糖量的参考值，称取适量的样品，待测液含糖量在有效范围内才能获得准确结果。

2. 此法灵敏度高，一般含糖在 30 μg 左右就能进行测定，可作为微量测糖方法。

3. 反应温度和时间要严格控制，这是实验成败的关键，否则影响测定结果。

4. 蒽酮试剂不稳定，易被氧化变为褐色，一般应当天配制，添加稳定剂硫脲后，在冷暗处可保存 48 h。

[思考题]

1. 用蒽酮法测定样品中糖含量时应注意什么？为什么？

2. 若实验样品中有蛋白质，对本实验是否有影响？应怎样除去？

方法二　苯酚-硫酸法

一、目的

掌握苯酚-硫酸法测定可溶性糖含量的原理和方法。

二、原理

植物体内的可溶性糖主要是指在植物体内呈溶解状态，可被水和其他极性溶剂提取出来的糖。苯酚-硫酸法测定可溶性糖含量的原理是：糖在浓硫酸作用下，脱水生成的糠醛或羟甲基糠醛能与苯酚缩合成一种橙红色化合物，在 10～100 mg 范围内其颜色深浅与糖的含量成正比，且在 485 nm 波长下有最大光吸收，故可用比色法在此波长下测定。苯酚-硫酸法可用于绝大部分单糖、寡糖和部分可溶性多聚糖的测定，方法简单，灵敏度高，实验时基本不受蛋白质存在的影响，并且产生的颜色可稳定 160 min 以上。

三、材料、用具和试剂

1. 材料　新鲜的植物叶片。

2. 用具　722 分光光度计、水浴锅、刻度试管、移液管等。

3. 试剂

(1) 90%苯酚溶液。称取 90 g 苯酚（AR），加蒸馏水溶解并定容至 100 mL，在室温下可保存数月。

(2) 9%苯酚溶液。取 3 mL 90%苯酚溶液，加蒸馏水至 30 mL，现配现用。

(3) 浓硫酸（相对密度 1.84）。

(4) 100 mg/L 蔗糖标准液。将分析纯蔗糖在 80 ℃下烘至恒重，精确称取 1 g，加少量水溶解，移入 100 mL 容量瓶中，缓缓加入 0.5 mL 浓硫酸，用蒸馏水定容至刻度。

(5) 100 μg/L 蔗糖标准液。精确吸取 100 mg/L 蔗糖标准液 1 mL 加入 100 mL 容量瓶中，加蒸馏水定容至刻度。

四、操作步骤

1. 标准曲线的制作　取 20 mL 刻度试管 6 支，按表 8－2 加入蔗糖标准液和水，然后按顺序向试管内加入 1 mL 9%苯酚溶液，摇匀，再尽快向各管中加入 5 mL 浓硫酸，摇匀，在室温下放置 30 min 显色，然后以 0 号管为参比溶液，在 485 nm 波长下比色测定，以蔗糖含量为横坐标、吸光值为纵坐标，绘制标准曲线。

表 8-2

试 剂	管 号					
	0	1	2	3	4	5
100 μg/L 蔗糖标准液/mL	0	0.2	0.4	0.6	0.8	1.0
蒸馏水/mL	2.0	1.8	1.6	1.4	1.2	1.0
苯酚试剂/mL	1	1	1	1	1	1
浓硫酸/mL	5	5	5	5	5	5

2. 可溶性糖的提取 取新鲜植物叶片，洗净表面污物，剪碎混匀，称取 0.1～0.3 g，放入试管中，然后加入 5～10 mL 蒸馏水，塑料薄膜封口，于沸水中提取 30 min，提取液过滤入 25 mL 容量瓶中，反复冲洗试管及残渣，定容至刻度。

3. 测定 吸取 0.5 mL 样品液于试管中，加蒸馏水 1.5 mL，同制作标准曲线的步骤，按顺序分别加入苯酚、浓硫酸溶液，显色并测定吸光值，从标准曲线上查得相应的含糖量，即可计算求得样品的含糖量。

五、结果与计算

$$可溶性糖含量=\frac{C\times V_T}{V_1\times m\times 10^6}\times 100\%$$

式中，C 为从标准曲线上查得的含糖量（μg）；V_T 为提取样品液总体积（mL）；V_1 为吸取样品液体积（mL）；m 为样品质量（g）。

[思考题]

1. 实验中为什么不用淀粉作为多糖的标准物质？

2. 以葡萄糖作标准物质得到的标准曲线或方程，能不能直接用来求多糖的含量？若不能，怎样转换？

实验 2 还原糖和总糖的测定

——3,5-二硝基水杨酸比色法

一、目的

掌握还原糖和总糖定量测定的基本原理，学习 3,5-二硝基水杨酸比色法的基本操作。

二、原理

还原糖是指含有自由醛基或酮基的糖类，几乎所有的单糖都是还原糖，而双糖和多糖不一定是还原糖，其中乳糖和麦芽糖是还原糖，蔗糖和淀粉是非还原糖。利用糖溶解性质不同，可将植物样品中的单糖、双糖和多糖分别提取出来，再用酸水解法使没有还原性的双糖和多糖彻底水解成有还原性的单糖。

在碱性条件下，还原糖与 3,5-二硝基水杨酸共热，可使 3,5-二硝基水杨酸还原为 3-

氨基-5-硝基水杨酸（棕红色物质），还原糖则被氧化成糖醛酸及其他产物。在一定范围内，还原糖的量与棕红色物质的颜色深浅成比例关系，在540 nm波长下测定棕红色物质的吸光值，通过查对标准曲线，便可分别求出样品中还原糖和总糖的含量。由于多糖水解时，每断裂一个糖苷键需在单糖残基上加一分子水，因而在计算中需扣除已加入的水量，测定所得的总糖量乘以0.9即为实际的总糖量。

三、材料、用具和试剂

1. 材料　水果、蔬菜、植物干样品、面粉等。

2. 用具　刻度试管或比色管、移液管、大离心管或玻璃漏斗、恒温水浴锅、烧杯、离心机、容量瓶、电子天平、分光光度计、三角瓶等。

3. 试剂

（1）1 mg/mL葡萄糖标准液。准确称取100 mg分析纯葡萄糖（预先在80 ℃烘至恒重），置于小烧杯中，用少量蒸馏水溶解后，转移到100 mL的容量瓶中，用蒸馏水定容至刻度，摇匀，4 ℃冰箱中保存备用。

（2）3,5-二硝基水杨酸试剂。将6.3 g 3,5-二硝基水杨酸和262 mL 2 mol/L NaOH溶液，加到500 mL含有185 g酒石酸钾钠的热水溶液中，再加5 g结晶酚和5 g亚硫酸钠，搅拌溶解，冷却后加蒸馏水定容至1 000 mL，储于棕色瓶中备用。

（3）碘-碘化钾溶液。称取5 g碘和10 g碘化钾，溶于100 mL蒸馏水中。

（4）酚酞指示剂。称取0.1 g酚酞，溶于250 mL 70%乙醇中。

（5）6 mol/L HCl。

（6）6 mol/L NaOH。

四、操作步骤

1. 葡萄糖标准曲线的制作　取7支25 mL具塞比色管，编号，按表8-3加入试剂。

表8-3

试　剂	管　号						
	0	1	2	3	4	5	6
葡萄糖标准液/mL	0	0.2	0.4	0.6	0.8	1.0	1.2
蒸馏水/mL	2.0	1.8	1.6	1.4	1.2	1.0	0.8
3,5-二硝基水杨酸试剂/mL	1.5	1.5	1.5	1.5	1.5	1.5	1.5

将各管摇匀，在沸水浴中加热5 min，取出后用自来水冷却至室温，加蒸馏水定容至25 mL，混匀，在540 nm波长下，用0号管做对照，分别测定1～6号管的吸光值，绘制标准曲线。

2. 样品中还原糖和总糖的提取

（1）还原糖水提取法。新鲜植物样品洗净擦干，切成小块，准确称取0.5 g，研磨成匀浆，转入100 mL容量瓶中，用蒸馏水定容至刻度。若样品呈酸性，则用稀碱调至中性。如系磨细的风干样品，可准确称取3 g，加少量水湿润后注入100 mL容量瓶中，中和酸性操作同上。在 80 ℃水浴中保温 30 min，使还原糖浸出。保温后冷却至室温，定容至刻度，摇匀后过滤，滤液作为还原糖待测液。

（2）还原糖乙醇提取法。对含有大量淀粉和糊精的样品，用水提取会使部分淀粉、糊精溶出影响测定，同时过滤也困难，为此，宜采用乙醇溶液提取。将研磨成糊状的样品用 100 mL 80%乙醇洗入蒸馏瓶中，装上回流冷凝管，接通冷凝水。在 80 ℃水浴中保温提取 3 次，第一次 30 min，后两次 15 min。3 次提取的上清液一并倒入另一蒸馏瓶中，在85 ℃水浴中蒸去乙醇。也可在 40～45 ℃水浴中进行减压蒸馏，直至乙醇提取液只剩 3～5 mL，用水洗入 250 mL 容量瓶中，定容至刻度，摇匀，作为还原糖待测液。

用乙醇溶液作为提取剂时，不必去除蛋白质，因为蛋白质不会溶解出来。

（3）总糖的水解和提取。准确称取 10 g 新鲜植物样品，置 100 mL 的三角瓶中，加入 10 mL 6 mol/L HCl 及 15 mL 蒸馏水，置于沸水浴中加热水解 30 min。取 1～2 滴水解液于白瓷板上，加 1 滴碘-碘化钾溶液，检查水解是否完全。如已水解完全，则不显蓝色。待三角瓶中的水解液冷却后，加入 1 滴酚酞指示剂，以 6 mol/L NaOH 中和至微红色，过滤，再用少量蒸馏水冲洗三角瓶及滤纸，将滤液全部收集在 100 mL 的容量瓶中，用蒸馏水定容至刻度，混匀。精确吸取 10 mL 定容过的水解液，移入另一 100 mL 的容量瓶中，定容、混匀，作为总糖待测液。

3. 还原糖和总糖的测定　取 4 支 25 mL 具塞比色管，编号，按表 8－4 加入试剂。

表 8－4

试　剂	还原糖测定管号		总糖测定管号	
	1	2	3	4
还原糖待测液/mL	2.0	2.0	0	0
总糖待测液/mL	0	0	2.0	2.0
3,5－二硝基水杨酸试剂/mL	1.5	1.5	1.5	1.5

加入试剂后，其余操作与制作葡萄糖标准曲线时相同。以制作标准曲线的 0 号管为对照，测定各管吸光值。

五、结果与计算

在标准曲线上分别查出相应的还原糖和总糖的含量，按下式计算出样品中还原糖和总糖的含量：

$$\text{还原糖}=\frac{\text{查曲线所得还原糖含量 (mg)}\times\dfrac{\text{提取液总量}}{\text{测定时取用量}}}{\text{样品质量 (g)}\times 1\,000}\times 100\%$$

$$\text{总糖}=\frac{\text{查曲线所得总糖含量 (mg)}\times\dfrac{\text{提取液总量}\times\text{稀释倍数}}{\text{测定时取用量}}\times 0.9}{\text{样品质量 (g)}\times 1\,000}\times 100\%$$

［附注］

1. 取样量和稀释倍数的确定，要考虑本方法的检测范围，待测液的含糖量要在标准曲线范围内。

2. 标准曲线的制作与样品的测定要在相同条件下进行，故最好同时进行显色和比色。

[思考题]

1. 还原糖的提取有几种方法？试讨论各自的优缺点。
2. 为什么说总糖的测定通常是以还原糖的测定方法为基础的？

实验3　血糖的定量测定

正常人的空腹血糖含量一般为3.9～6.7 mmol/L或700～1 200 mg/L。测定血糖的方法有无机化学法（如Folin-Wu法）、有机化学法（如邻甲苯胺法）和酶法（如己糖激酶法和葡萄糖氧化酶法）。其中，Folin-Wu法测定准确，稳定性高，但容易受血液中其他非糖还原物的干扰，测定结果略高；邻甲苯胺法测定结果可靠，但反应条件需要强酸和加热，试剂有一定毒性，因此难以大规模应用；葡萄糖氧化酶法反应特异性高，反应条件温和，广泛用于临床，但成本较高。

方法一　葡萄糖氧化酶法

一、目的

1. 掌握用葡萄糖氧化酶法测定血糖含量的原理及方法。
2. 了解血糖测定的意义及应用。

二、原理

本方法采用两种酶（葡萄糖氧化酶，GOD；过氧化物酶，POD）测量血液中葡萄糖的含量，该法依据的酶反应为：

$$\text{葡萄糖} + O_2 + H_2O \xrightarrow{\text{葡萄糖氧化酶（GOD）}} \text{葡萄糖酸} + H_2O_2$$

$$2H_2O_2 + 4\text{-氨基安替吡啉} + \text{酚} \xrightarrow{\text{过氧化物酶（POD）}} \text{醌亚胺} + 4H_2O$$

反应产物醌亚胺在480～550 nm波长有最大光吸收，其颜色的深浅与血清中葡萄糖的量成正比。在同样条件下，测定葡萄糖标准液和样品的吸光值，代入后面所给的公式即可求出样品中葡萄糖的含量。

三、材料、用具和试剂

1. 材料　新鲜动物血液。

2. 用具　试管、恒温水浴锅、可见分光光度计、移液管等。

3. 试剂　血糖试剂盒组成如下：

（1）工作液。

酶制剂：葡萄糖氧化酶（GOD）≥13 000 U/L、过氧化物酶（POD）≥900 U/L。

磷酸缓冲液：100 mmol/L pH 7.0磷酸缓冲液（11 mmol/L酚、0.77 mmol/L 4-氨基

安替吡啉)。

使用时，将 10 mL 酶制剂和 90 mL 磷酸缓冲液混合均匀。

(2) 校准液。5.55 mmol/L 葡萄糖溶液。

四、操作步骤

取 3 支试管，按表 8－5 加入试剂。

表 8－5

试　剂	空白管	校准管	样品管
工作液/mL	1.5	1.5	1.5
重蒸馏水/mL	0.01	—	—
校准液/mL	—	0.01	—
样品/mL	—	—	0.01

将各管混匀，37 ℃保温 10～15 min（避免阳光直射），以空白管调零，在 500 nm 波长下比色。

五、结果与计算

$$葡萄糖浓度（mmol/L）=\frac{A_{样品}}{A_{校准}}\times 校准液浓度$$

式中，$A_{样品}$为样品管的吸光值；$A_{校准}$为校准管的吸光值。

[附注]

1. 血糖试剂盒中有叠氮化钠作稳定剂，勿与皮肤、黏膜接触。

2. 若样品测定值超过上限，可用生理盐水稀释后重新测定，结果乘以稀释倍数。

3. 操作中，保温时间若要稍短一些，只要校准液、待测样品同时测定是可以的，只是精确度稍差一些。

[思考题]

葡萄糖氧化酶法测定血糖含量的原理是什么？

方法二　邻甲苯胺法

一、目的

掌握邻甲苯胺法测定血糖的原理和方法。

二、原理

血糖中葡萄糖与冰醋酸共热，脱水反应生成 5－羟甲基－2－呋喃甲醛，后者与邻甲苯胺缩合成蓝色的醛亚胺（Schiff 碱）。将标准葡萄糖溶液与样品按相同方法处理，在 630 nm波长处比色，即可测定样品中葡萄糖含量。邻甲苯胺法测得正常空腹血糖值为 3.9～

5.6 mmol/L。

其反应式如下：

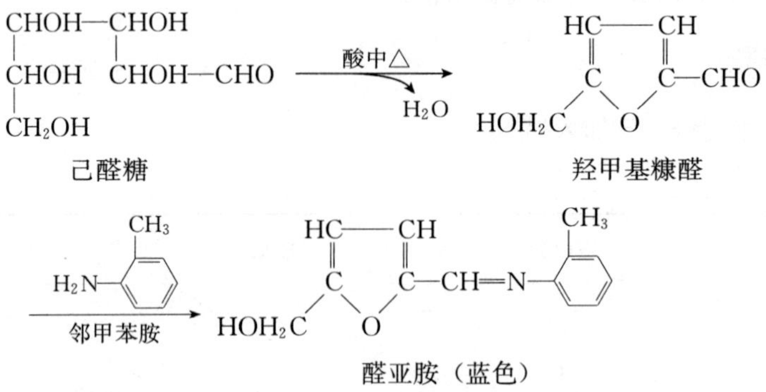

CHOH—CHOH
|　　　　|
CHOH　CHOH—CHO　$\xrightarrow[H_2O]{\text{酸中}\triangle}$　HC——CH ‖ ‖ C　C—CHO (HOH$_2$C—C，O 环)

CH_2OH

己醛糖　　　　　　　　　　　　　　　　羟甲基糠醛

$\xrightarrow[\text{邻甲苯胺}]{H_2N-C_6H_4-CH_3}$　HC——CH ‖ ‖ C　C—CH═N—C_6H_4—CH_3 (HOH$_2$C—C，O 环)

醛亚胺（蓝色）

由于邻甲苯胺只与醛糖作用显色，血糖中的醛糖又是葡萄糖，故用此法测出的血糖含量接近真正的葡萄糖含量。该法不受血液中其他还原物质的干扰，血清中的蛋白质则溶解在冰醋酸和硼酸中不发生混浊，测定时也无须去除血浆或血清中的蛋白质。

三、材料、用具和试剂

1. 材料　兔血清。

2. 用具　具塞试管、分光光度计、水浴锅等。

3. 试剂

（1）邻甲苯胺试剂。称取硫脲 1.5 g 溶于 750 mL 冰醋酸中，加邻甲苯胺 150 mL 及饱和硼酸 40 mL，混匀后加冰醋酸至 1 000 mL，置棕色瓶中，4 ℃冰箱保存。

（2）标准葡萄糖液。5.0 mg/mL，使用时稀释成 1.0 mg/mL。

（3）饱和硼酸。称取硼酸 6 g，溶于 100 mL 蒸馏水中并摇匀，放置过夜，取上清液备用。

四、操作步骤

1. 制作标准曲线　取 6 支试管编号后，按表 8-6 顺序加入试剂。

表 8-6

试　剂	管　号					
	0	1	2	3	4	5
标准葡萄糖液/mL	0.00	0.02	0.04	0.06	0.08	0.10
蒸馏水/mL	0.10	0.08	0.06	0.04	0.02	0.00
邻甲苯胺试剂/mL	5.0	5.0	5.0	5.0	5.0	5.0

加毕，温和混匀，于沸水浴中煮沸 4 min，取出冷却，室温放置 30 min，以 0 号管为参比溶液，测定 630 nm 处各管吸光值，绘制标准曲线。

2. 样品测定　取 3 支试管编号后，按表 8-7 分别加入试剂。

表 8-7

试剂	管号		
	0	1	2
稀释的未知血清样品/mL	0.00	0.10	0.10
蒸馏水/mL	0.10	0.00	0.00
邻甲苯胺试剂/mL	5.0	5.0	5.0

将各管摇匀，于沸水浴中煮沸 4 min，取出后冷却，室温放置 30 min，以 0 号管为参比溶液，测定 630 nm 处各管吸光值，从标准曲线中可查出样品中葡萄糖含量。

五、结果与计算

$$\text{血糖浓度（mg/L）}=\frac{\text{查标准曲线所得葡萄糖含量（mg）}}{0.1\text{（mL）}}\times 1\,000\times\text{稀释倍数}$$

[附注]

邻苯甲胺法测定血糖具有操作简单，特异性较高的优点，试剂成本也较低，但该法一般在浓酸和高温条件下发生反应，因此在做血糖测定时需多加注意。

[思考题]

1. 血糖的来源和去路有哪些?
2. 简述测定血糖含量在临床上的意义。

实验 4 直链淀粉和支链淀粉含量的测定
——碘比色法

一、目的

学习和掌握种子中直链淀粉和支链淀粉的提取、分离及测定方法。

二、原理

淀粉是禾谷类种子中含量最多的化学成分，常占籽粒干重的 65%～80%。淀粉可分为直链淀粉和支链淀粉两种，二者的组成比例因作物、品种而不同，与加工品质有密切关系。测定淀粉及其组分含量，对种子食用品质和经济价值评价具有重要意义。

直链淀粉与碘作用生成纯蓝色络合物，而支链淀粉与碘作用则生成紫红色，二者皆具有特定的吸收峰。不同比例的直链和支链淀粉与碘作用，可生成由纯蓝到紫红的一系列颜色。若使两种淀粉含量之和保持不变，配制成不同比例的混合液，此液与 610 nm 吸光值成比例。以此液浓度为横坐标、吸光值为纵坐标绘制标准曲线，再将试样测得的吸光值查此标准曲线，即可计算出试样中直链淀粉和支链淀粉的百分含量。

三、材料、用具和试剂

1. 材料 小麦种子，粉碎后过 40 目筛。

2. 用具　离心机、冰箱、分光光度计、水浴锅、分液漏斗、三角瓶等。

3. 试剂

（1）6 mol/L HCl 溶液。

（2）2%、10%的 NaOH 溶液。

（3）碘试剂。称取 2 g 碘和 2 g 碘化钾于研钵中干研，然后用蒸馏水溶解并稀释至 100 mL。

（4）无水乙醇、丁醇、异戊醇等。

四、操作步骤

1. 直链淀粉与支链淀粉的提取与分离

（1）称取粉碎试样 10 g，加 5 mL 无水乙醇和少量蒸馏水，先使试样湿润，然后加入 400 mL 2%氢氧化钠溶液，置 85 ℃水浴中分散 30 min（用玻璃棒不断搅拌），趁热放入离心管中，以 4 000 r/min 离心 15 min。去掉未分散物后，再以 6 mol/L HCl 中和，加入 50 mL 丁醇和50 mL异戊醇，继续在 85 ℃水浴中加热 30 min。

（2）待冷至室温，放入 0～5 ℃冰箱中冷却 24 h，然后离心 20 min。收集上层液于分液漏斗中，为提取支链淀粉做准备。

（3）将离心沉淀物用蒸馏水洗 2 次，每次以与上面相同的速度离心 20 min。然后将沉淀溶于 200 mL 被丁醇饱和的热蒸馏水溶液中，冷至室温，放入 0～5 ℃冰箱中 24 h，再离心 20 min。沉淀物先用蒸馏水洗涤 2 次，再用乙醇洗 2 次，每次都以相同速度离心 20 min。将沉淀物放入真空干燥器中干燥，称重，即得直链淀粉。

（4）收集在分液漏斗中的溶液，静置后形成 3 层，上层为醇层，中层为泡沫层，下层为乳胶层。取下层乳胶液，按体积加入 5 倍量的无水乙醇，支链淀粉立即从液体中析出。用无水乙醇洗涤 2 次，放入真空干燥器中干燥，称重，得到支链淀粉。

2. 标准曲线的绘制

（1）精确称取直链淀粉和支链淀粉各 0.1 g，分别置于 100 mL 容量瓶中，各加入 1 mL 无水乙醇、10 mL 蒸馏水，待样品润湿后，再加入 2 mL 10%氢氧化钠溶液，在 85 ℃水浴中分散至溶液清亮为止。取出容量瓶，用蒸馏水定容至刻度。

（2）按表 8－8 所示，精确吸取直链淀粉（甲）和支链淀粉（乙）于 100 mL 容量瓶中，分别加入 40 mL 蒸馏水，用 6 mol/L HCl 调节 pH 至 3 左右，再加入 2 mL 碘试剂，用蒸馏水定容至 100 mL。

表 8－8

试　剂	管　号					
	1	2	3	4	5	6
甲液/mL	1.00	0.80	0.60	0.40	0.20	0
乙液/mL	0	0.20	0.40	0.60	0.80	1.00

（3）在波长 610 nm 处测定各混合液吸光值，绘制标准曲线。

3. 试样的制备与测定

（1）先取 1 份粉碎试样，用旋光法（或其他方法）测淀粉含量。然后称取同一试样（使其中含干态淀粉 100 mg）于 100 mL 容量瓶中，加入 1 mL 无水乙醇、10 mL 蒸馏水、2 mL 10%氢氧化钠溶液，混匀后置 85 ℃水浴中分散至溶液清亮。冷却后用蒸馏水定容。

（2）吸取样品液 1.00 mL，加 40 mL 蒸馏水，然后按绘制标准曲线的方法进行操作，测出样品液的吸光值。

（3）将测得的样品液吸光值查标准曲线，即可计算直链淀粉和支链淀粉含量。

五、结果与计算

$$\text{直链淀粉（干基）}=\frac{A\times 100}{m\times(1-\text{水分百分比})}\times 100\%$$

$$\text{支链淀粉（干基）}=\frac{B\times 100}{m\times(1-\text{水分百分比})}\times 100\%$$

式中，m 为试样质量（mg）；A 为从标准曲线上查得直链淀粉量（mg）；B 为从标准曲线上查得支链淀粉量（mg）。

［附注］

若有待测作物种子的直链和支链淀粉纯品，则该方法中直链淀粉与支链淀粉的提取与分离可以省略。

［思考题］

碘比色法测定直链淀粉和支链淀粉含量的原理是什么？

实验 5　可溶性糖的硅胶 G 薄层层析

一、目的

了解薄层层析的一般原理，掌握硅胶 G 薄层层析的基本技术及其在可溶性糖分离鉴定中的应用。

二、原理

植物组织的可溶性糖可用一定浓度的乙醇提取出来，经去杂除去糖提取液中蛋白质等干扰测糖的杂质，获得较纯的可溶性糖混合液。薄层层析是在吸附层析的基础上发展起来的一种快速、微量、操作简便的层析法。硅胶是薄层层析中应用最广的吸附剂。由于硅胶薄层的机械性能差，一般必须加入 10%～15%的煅石膏作为黏合剂，称为硅胶 G。展层剂凭借毛细管效应在薄层中移动，点在薄层上的样品随展层剂的移动而不同程度地移动。因为被分离物质的极性有差异，因而与吸附剂和展层剂的亲和力有差别，结果在薄层上的比移值 R_f 不同。对于某一物质，在一定的溶剂系统和一定的温度下，R_f 值是该物质的特征常数。被分离物质 R_f 值差别愈大分离得愈彻底，因此可选择适当的展层溶剂，扩大被分离物质的 R_f 值差别，以期达到较理想的分离效果。

糖是多羟基化合物，在硅胶 G 薄板上展层时，被硅胶吸附的强弱有差别，其吸附力主要与糖分子中所含羟基数目有关。吸附力大小顺序为：三糖＞双糖＞己糖＞戊糖。展层后，喷显色剂显色，不同的糖呈现不同的颜色，吸附力愈大的糖 R_f 值愈小，与已知标准糖的颜色和 R_f 值比较，即可鉴别样品提取液和标准糖溶液，显色后再用薄层扫描仪扫描，则可对样品的各种糖进行定性分析。

三、材料、用具和试剂

1. 材料　苹果或其他植物材料。

2. 用具　离心机、大离心管、涂布器、天平、烘箱、研钵、微量点样器或毛细管、层析缸、吹风机、喷雾器、蒸发皿、量筒（50 mL）、移液管、玻璃板（15 cm×7 cm）、电热水浴锅等。

3. 试剂

（1）95%乙醇和80%乙醇。

（2）饱和 Na_2SO_4。

（3）硅胶 G 和 0.1 mol/L 硼酸。

（4）氯仿。

（5）10%醋酸铅。

（6）冰乙酸。

（7）1%标准糖溶液（10 mg/mL）。木糖、果糖、葡萄糖、蔗糖。

（8）苯胺-二苯胺-磷酸显色剂。称取 2.0 g 二苯胺于烧杯中，依次加入 2 mL 苯胺、10 mL 85%磷酸、1 mL 浓盐酸，然后用 100 mL 丙酮溶解混匀。

四、操作步骤

1. 硅胶 G 薄板的制备　制板用的玻璃板应平整光滑，预先用洗液或其他洗涤剂洗净，干燥后备用。称取硅胶 G 粉 3 g，加 0.1 mol/L 硼酸溶液 9 mL，于研钵中充分研磨，待硅胶变稠、发出如脂肪光泽时，倾入涂布器中均匀涂布在玻璃板上，可铺 7 cm×15 cm 薄板 1 块。铺层后的薄板置于 100 ℃烘箱中烘干，取出后放在干燥器中备用。也可在室温下自然干燥 24 h，用前放入 110 ℃烘箱中活化 30 min。

2. 样品提取液的制备　称取苹果果肉（或其他植物材料）10 g，在研钵中研成匀浆，用 20 mL 95%乙醇分数次洗入大离心管中，浸提 30 min，离心（3 000 r/min）10 min，上清液倾入另一大离心管中，残渣用 5 mL 80%乙醇再浸提 10 min，离心，合并上清液。把装有上清液的离心管放入 70 ℃水浴中预热，趁热逐滴加入 10%中性醋酸铅溶液，以沉淀蛋白质。然后滴加饱和硫酸钠溶液，沉淀过剩的铅，离心（3 000 r/min）10 min。把上清液转移至蒸发皿，在 70 ℃水浴蒸干，加蒸馏水 2 mL 溶解析出物质，即得样品提取液。如果通过预试验发现乙醇提取液中蛋白含量不高，也可省去除蛋白步骤。

3. 点样　取活化过的硅胶 G 薄板，在距底边 2 cm 水平线上确定 5 个点，相互间隔约 1 cm，其中 4 个点分别点上木糖、葡萄糖、果糖和蔗糖标准溶液，另一个点点样品提取液。用内径约 1 mm 管口平整的毛细管吸取糖溶液，轻轻接触薄板表面，每次加样后原点扩散直径不应超过 1 cm，用吹风机冷风吹干，重复滴加几次。点样是薄层层析中的关键步骤，适当的点样量和集中的原点，是获得良好色谱的必要条件。点样量太少时，样品中含量少的成分不易检出；点样量过多时，易拖尾或扩散，影响分离效果。糖的硅胶 G 薄层层析点样量一般不超过 5 μg。点样完毕，斑点干燥后即可展层。

4. 展层　根据样品的极性及其与展层剂的亲和力选择适当的展层剂。本实验选用氯仿：冰乙酸：水＝18：1：3为展层剂，用前临时配制。展层在密闭器皿中进行。为了消除边缘效应，可在层析缸内壁贴上浸透展层剂的滤纸条，以加速缸内蒸汽的饱和。将薄板点有样品的一端浸入展层剂，注意切勿使样品原点浸入展层剂，盖好层析缸盖，上行展层。当展层剂前沿离薄板顶端1～2 cm时，即可停止展层，取出放在室内自然干燥或用吹风机吹干。

5. 显色　显色是鉴定物质的重要步骤。纸层析用的显色剂一般均可用于薄层层析。无机吸附剂薄板还可使用腐蚀性显色剂，如用5%～50%的硫酸乙醇或水溶液喷雾，在130 ℃下烘烤10 min，糖呈现黄、棕、黑色。本实验采用苯胺-二苯胺-磷酸显色剂喷雾法，喷出细雾使薄板均匀湿润，注意切勿喷出点或线状溶液，然后于85 ℃烘箱中烘30 min，各种糖即呈现出不同的颜色。

五、结果与计算

小心量出原点至展层剂前沿和各色斑中心点的距离，计算出它们的 R_f 值。根据标准糖的颜色和 R_f 值，鉴定出样品提取液中糖的种类，并绘出层析图谱。

$$R_f = \frac{\text{原点至色斑中心点的距离}}{\text{原点至展层剂前沿的距离}}$$

［**附注**］

显色剂有刺激性气味和一定毒性，因此最好在通风橱中喷雾。

［**思考题**］

1. 硅胶G薄层层析实验中引起样品点拖尾的因素有哪些？
2. 当固定相选定后，为使被分离物质达到理想的分离效果，选择展层剂的原则是什么？

第九章

脂 类 化 学

实验 6 粗脂肪的提取和定量测定

——索氏抽提法

一、目的

学习和掌握索氏抽提法测定粗脂肪含量的原理和方法，熟悉质量分析的基本操作程序。

二、原理

索氏抽提法（Soxhlet extractor method）测脂肪含量是公认的经典方法，也是我国粮油分析首选的标准方法。索氏抽提法分为油重法和残余法，本实验采用残余法，即用低沸点有机溶剂（乙醚或石油醚）回流抽提，除去样品中的粗脂肪，以样品与残渣质量之差计算粗脂肪含量。由于有机溶剂的抽提物中除脂肪外，还或多或少含有游离脂肪酸、固醇、磷脂、蜡及色素等脂溶性物质，因而抽提法测定的结果只能是粗脂肪。

脂肪不溶于水，易溶于乙醚、石油醚和氯仿等有机溶剂。根据这一特性，选用低沸点的乙醚（沸点 35 ℃）或石油醚（沸点 30～60 ℃）作溶剂，用索氏抽提器可对样品中的脂肪进行提取。索氏抽提器由浸提管、抽提瓶和冷凝管三部分连接而成，如图 9－1 所示。浸提管两侧有虹吸管及通气管，装有样品的滤纸包放在浸提管内，溶剂加入抽提瓶中。当加热时，溶剂蒸气经通气管至冷凝管，冷凝后的溶剂滴入浸提管对样品进行浸提。当浸提管中溶剂高度超过虹吸管高度时，浸提管内溶有脂肪的溶剂即从虹吸管流入抽提瓶。如此经过多次反复抽提，样品中脂肪逐渐全部浓集在抽提瓶中。抽提完毕，利用样品滤纸包脱脂前后减少的质量来计算样品的粗脂肪含量。

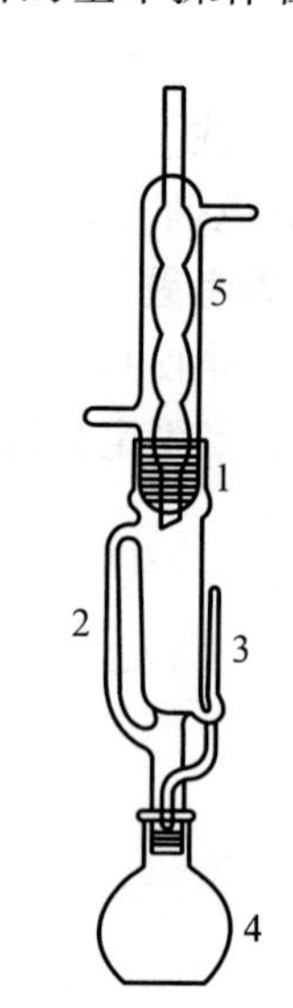

图 9－1 索氏抽提器
1. 浸提管 2. 通气管
3. 虹吸管 4. 抽提瓶
5. 冷凝管

三、材料、用具和试剂

1. 材料 油料作物种子。

2. 用具 索氏抽提器（图 9－1）或 YG－Ⅱ型油分测定器、干燥器、不锈钢镊子（长 20 cm）、培养皿、分析天平（感量 0.001 g）、称量瓶、恒温水浴锅、烘箱、样品筛（60 目）等。

3. 试剂 无水乙醚或低沸点（30～60 ℃）石油醚。

四、操作步骤

1. 滤纸的准备　将滤纸切成 8 cm×8 cm，叠成一边不封口的纸包，用硬铅笔编写顺序号，按顺序排列在培养皿中。将盛有滤纸包的培养皿移入（105±2)℃烘箱中干燥 2 h，去除滤纸水分，取出放入干燥器中，冷却至室温。按顺序将各滤纸包放入同一称量瓶中称重（a），称量时室内相对湿度必须低于 70%。

2. 样品预处理　在上述已称量的滤纸包中装入 3 g 左右已粉碎、过筛后的样品，封好包口，放入（105±2)℃的烘箱中干燥 3 h，去除样品水分，移至干燥器中冷却至室温。按顺序号依次放入称量瓶中称重（b）。

3. 抽提　将装有样品的滤纸包用长镊子放入索氏抽提器的浸提管中，滤纸的高度不能超过虹吸管顶部。浸提管上部连接冷凝管，并用一小团脱脂棉轻轻塞入冷凝管上口；浸提管下部连接抽提瓶，抽提瓶中加入约瓶体体积 1/2 的无水乙醚，并置于恒温水浴锅中。接通冷凝水流，开始加热抽提。加热的水浴锅温度控制在 70～80 ℃，使每分钟冷凝回滴乙醚呈连珠状（120～150 滴/min），提取时间视样品性质而定，一般需 8～14 h，以浸提管内乙醚滴在滤纸上不显油迹为止。从浸提管内吸取少量的乙醚并滴在干净的滤纸上，待乙醚蒸干后，滤纸上不留有油脂的斑点则表示已经提取完全。提取完毕，用长镊子取出滤纸包放在通风橱中使乙醚挥发（抽提室温以 12～25 ℃为宜）。抽提瓶中的乙醚另行回收。

4. 称重　待乙醚挥发之后，将滤纸包置于（105±2)℃烘箱中干燥 2 h，放入干燥器中冷却至室温，按顺序将各包放在称量瓶中准确称重。可重复干燥、冷却，称至恒重为止（c）。滤纸包脱脂前后的质量差即为样品中粗脂肪的质量。

五、结果与计算

$$\text{粗脂肪含量}=\frac{b-c}{b-a}\times 100\%$$

式中，a 为称量瓶加滤纸包质量（g）；b 为称量瓶加滤纸包和烘干样质量（g）；c 为称量瓶加滤纸包和抽提后烘干残渣质量（g）。

[附注]

1. 必须十分注意乙醚的安全使用。滤纸包置于烘箱中烘干溶剂时，为防止醚气燃烧着火，烘箱应先半开门。抽提室内严禁有明火存在或用明火加热。乙醚中不得含有过氧化物，保持抽提室内良好通风，以防燃爆。乙醚中过氧化物的检查方法是：取适量乙醚，加入碘化钾溶液，用力摇动，放置 1 min，若出现黄色则表明存在过氧化物，应进行处理后方可使用。处理的方法是：将乙醚放入分液漏斗，先以 1/5 乙醚量的稀 KOH 溶液洗涤 2～3 次，以除去乙醇；然后用盐酸酸化，加入 1/5 乙醚量的 $FeSO_4$ 或 Na_2SO_4 溶液，振摇，静置，分层后弃去下层水溶液，以除去过氧化物；最后用水洗至中性，用无水 $CaCl_2$ 或无水 Na_2SO_4 脱水，并进行重蒸馏。

2. 试样粗细度要适宜。试样粉末过粗，脂肪不易抽提干净；试样粉末过细，则有可能透过滤纸孔隙随回流溶剂流失，影响测定结果。

3. 索氏抽提法测定脂肪最大的不足是耗时过长。如能将样品先回流 1～2 次，然后浸泡在溶剂中过夜，次日再继续抽提，则可明显缩短抽提时间。

4. 测定用样品、抽提器、抽提用有机溶剂都需要进行脱水处理。这是因为：①抽提体系中有水，会使样品中的水溶性物质溶出，导致测定结果偏高；②抽提体系中有水，则抽提溶剂易被水饱和（尤其是乙醚，可饱和约2%的水），从而影响抽提效率；③样品中有水，抽提溶剂不易渗入细胞组织内部，结果不易将脂肪抽提干净。

5. YG-Ⅱ型油分测定器容量大，适合于样品较多的选种鉴定工作使用，温度控制在70 ℃左右，8 h可提取完毕。

[思考题]

1. 写出5种良好的脂肪溶剂。
2. 测定粗脂肪含量时，应注意什么？
3. 有机溶剂中过氧化物、乙醇或水分的存在会对实验结果产生什么影响？

实验7　血清三酰甘油含量的测定

一、目的

1. 掌握测定三酰甘油的原理和方法。
2. 了解血清三酰甘油的正常值及临床意义。

二、原理

三酰甘油的主要生理功能是储能和供能，主要分布在皮下、腹腔大网膜、肠系膜、内脏周围等脂肪组织中。在血清中，内源性三酰甘油主要以极低密度脂蛋白（VLDL）的形式运输，外源性三酰甘油主要以乳糜微粒（CM）的形式运输。在正常成人空腹血脂中，三酰甘油的含量为0.23～1.69 mmol/L。血脂的含量受膳食、种族、性别、年龄、职业、运动状况、生理状态以及激素水平等多因素影响，波动范围较大。例如，青年人血浆胆固醇水平低于老年人；患某些疾病时，如糖尿病和动脉粥样硬化的患者，血脂一般都明显升高。因此，测定血脂的含量在临床上具有重要的意义。

用正庚烷-异丙醇联合抽提血清中的三酰甘油，再用KOH皂化抽提液，生成甘油，然后用过碘酸钠氧化甘油，生成甲醛，最后甲醛与乙酰丙酮及氨缩合，生成带黄色荧光的3,5-二乙酰-1,4-双氢二甲基吡啶。

$$\text{三酰甘油} + 3KOH \longrightarrow 3R{-}\overset{\overset{\displaystyle O}{\|}}{C}{-}OK + \text{甘油}$$

$$\text{甘油} + 2NaIO_4 \longrightarrow 2HCHO + HCOOH + 2NaIO_4 + H_2O$$

$$HCHO + 2H_3C{-}\overset{\overset{\displaystyle O}{\|}}{C}{-}\overset{H_2}{C}{-}\overset{\overset{\displaystyle O}{\|}}{C}{-}CH_3 + NH_4^+ \longrightarrow$$

乙酰丙酮

3,5-二乙酰-1,4-双氢二甲基吡啶

三、材料、用具和试剂

1. 材料　新鲜血清。

2. 用具　试管、试管架、混匀器、恒温水浴箱、微量加样器、吸量管、洗耳球、可见分光光度计、记号笔等。

3. 试剂

（1）抽提剂。正庚烷：异丙醇为 2：3.5（体积比）。

（2）0.04 mol/L H_2SO_4 溶液。

（3）异丙醇。

（4）皂化试剂。6.0 g KOH 溶于 60 mL 蒸馏水中，加异丙醇 10 mL 混合，置棕色瓶中，室温保存。

（5）氧化试剂。650 mg 过碘酸钠溶于约 100 mL 蒸馏水中，加入 77 g 醋酸铵，溶解后再加入 60 mL 冰醋酸，加水至 1 000 mL，置棕色瓶中室温保存。

（6）乙酰丙酮试剂。0.4 mL 乙酰丙酮加异丙醇至 100 mL，置棕色瓶中，室温保存。

（7）三酰甘油标准液。精确称取三酰甘油酯 1.00 g 于 100 mL 容量瓶中，加抽提剂至刻度，此为储存标准液（10 g/L）。临用时，再以抽提剂稀释 10 倍，即得 1 g/L 应用液，冰箱保存。

四、操作步骤

（1）取干试管 3 支，编号，按表 9－1 准确加入试剂。

表 9－1

试　剂	空白管	标准管	测定管
血清/mL	—	—	0.2
三酰甘油标准液/mL	—	0.2	—
蒸馏水/mL	0.2	—	—
抽提剂/mL	2.0	2.0	2.0
0.04 mol/L H_2SO_4/mL	0.6	0.6	0.6

边加边摇，加毕剧烈振摇 25 min，然后静置分层。

（2）另取 3 支同样编号的干试管，各加上层液 0.3～0.5 mL（3 支管液量相等），再加异丙醇 2.0 mL 及皂化试剂 0.4 mL，立即摇匀，于 65 ℃保温 5 min。

（3）各管加入氧化试剂 2.0 mL 及乙酰丙酮试剂 2.0 mL，充分混匀。至 65 ℃水浴保温 15 min，用冷水冷却，以 420 nm 波长或蓝色滤光片比色，以空白管校正零点，读取各管吸光值。

五、结果与计算

血清三酰甘油含量（mmol/L）＝(测定管吸光值/标准管吸光值)×标准液浓度

标准液浓度（mmol/L）＝1 000(mg/L)×0.001 1

式中，0.0011 为 mg/L 换算成 mmol/L 的系数。

［附注］

1. 乙酰丙酮的吸收峰在波长 415 nm 左右。

2. 本法用廉价庚烷作为与异丙醇的混合抽提剂。此外，如辛烷或壬烷以及沸点在 98.4～150.7 ℃的石油醚均可采用。故抽提剂也可用汽油-异丙醇。

［思考题］

本实验中，H_2SO_4 的作用是什么？

实验 8 血清总胆固醇含量的测定

胆固醇是动物机体中最重要的一种以环戊烷多氢菲为母核的固醇类化合物，最早从动物胆石中分离得到，故得此名。它不仅参与血浆脂蛋白的组成，而且也是细胞的必要结构成分，还可以转化为胆汁酸盐、肾上腺皮质激素和维生素 D_3 等。胆固醇在体内以游离胆固醇和胆固醇酯的形式存在，统称总胆固醇。

血清总胆固醇含量的测定方法很多，本实验仅述及化学显色法。

化学显色法一般包括抽提、皂化、纯化、显色比色 4 个阶段。化学显色法测定总胆固醇含量的原理主要分 3 类：

① 与醋酐-硫酸试剂产生蓝绿色：胆固醇酯和胆固醇与醋酐-硫酸反应时呈色深浅不同，因此用这种方法测定结果偏高。

② 与高铁-硫酸试剂产生紫红色：高铁-硫酸比色法灵敏度高，显色稳定，测定精密度好，是临床检验胆固醇推荐方法，但干扰因素多。

③ 与邻苯二甲醛-硫酸试剂产生稳定的紫红色：邻苯二甲醛-硫酸比色法不需要对胆固醇进行抽提而可直接测定。

方法一 磷硫铁法

一、目的

学习和掌握磷硫铁法测定血清总胆固醇含量的原理和方法。

二、原理

胆固醇易溶于无水乙醇，乙醇又可使蛋白质变性沉淀，从而破坏胆固醇与蛋白质的结合键，因此血清中的胆固醇可用无水乙醇全部提出。向提取液中加入磷硫铁试剂，胆固醇在浓硫酸及三价铁作用下生成较稳定的紫红色化合物，在 520 nm 处有最大光吸收，此化合物的浓度与吸光值成正比关系。

三、材料、用具和试剂

1. 材料 新鲜动物血清。

2. 用具 试管、离心机、移液管、722 分光光度计等。

3. 试剂

（1）无水乙醇。

（2）显色剂。

a. 储存液：称取三氯化铁（$FeCl_3 \cdot 6H_2O$）2.5 g，溶于浓磷酸（87%）中并定容至 100 mL。此液在室温下可长期保存。

b. 应用液：取储存液 8.0 mL，加浓硫酸至 100 mL。室温下可保存 6～8 周。

（3）胆固醇标准液。

a. 储存液：精确称取干燥重结晶胆固醇 100 mg，溶于无水乙醇中（因不易溶解，可稍加热助溶）并定容至 100 mL。储于棕色瓶中，冰箱保存。

b. 应用液：取储存液 4.00 mL，加无水乙醇定容至 100 mL。因为胆固醇显色反应受水分影响很大，为使标准管与样品管条件尽量一致，所以应再向此液中加入 2.00 mL 水，混匀。这样，每毫升标准胆固醇应用液的浓度为：4 mg/(100+2)mL=0.039 2 mg/mL。

四、操作步骤

（1）血清提取液的制备。准确吸取 0.10 mL 血清，再对着血清吹入 4.90 mL 无水乙醇，使血清蛋白分散成很细的沉淀，加塞或用垫有塑料薄膜的手指紧堵管口，用力振荡 0.5 min（或混匀器上混合 15 s），放置 5 min 后，再次振荡混匀沉淀，3 000 r/min 离心 5 min，上清液备用。

（2）取干净试管 9 支，按表 9－2 加入试剂。

表 9－2

试　剂	制备标准曲线管						待测样品管	
	0	1	2	3	4	5	样品	样品
标准胆固醇应用液/mL	0	0.4	0.8	1.2	1.6	2.0	—	—
无水乙醇/mL	2.0	1.6	1.2	0.8	0.4	0	—	—
血清提取液/mL	—	—	—	—	—	—	2.0	2.0
显色剂应用液/mL	2.0	2.0	2.0	2.0	2.0	2.0	2.0	2.0

（3）立即振摇 15～20 次，室温下静置 15 min，然后在 520 nm 波长下用分光光度计比色测定吸光值。

（4）以标准胆固醇应用液浓度为横坐标、吸光值 A_{520} 为纵坐标制作标准曲线。

（5）对照标准曲线计算样品中总胆固醇含量。

［附注］

1. 胆固醇必须纯、干、白色，若已变色要进行重结晶。标准液要防止乙醇挥发，以免标准液浓度增大。

2. 颜色反应与加显色剂混合时的产热程度有关，因此操作中应注意：①同一批样本测定需用同样口径及厚度的试管，为了便于快速混合，试管口径大一些的好；②沿管壁加入显色剂必须与乙醇分成两层，然后混合，不能边加边摇，否则显色不完全；③显色剂要加一管混合一管，不可成批加完后再混合，混合的手法也要一致；④环境温度太低（15 ℃以下）时，可先将血清提取液放在 37 ℃水浴中，然后显色。

3. 所用试管和比色皿均必须干燥，浓硫酸的质量很重要，放置过久，往往会由于吸收水分而使颜色反应降低。

［思考题］

1. 磷硫铁法测定血清胆固醇含量的原理是什么？

2. 全部实验过程中，所用容器为何必须保持干燥？

方法二　邻苯二甲醛法

一、目的

学习和掌握邻苯二甲醛法测定血清总胆固醇含量的原理和方法。

二、原理

胆固醇及其酯在硫酸作用下与邻苯二甲醛产生紫红色物质，该反应具有敏感度高、特异性强、稳定性好等优点。反应生成的紫红色物质在 550 nm 处有最大光吸收，每 100 mL 胆固醇含量在 400 mg 之内，光吸收有良好的线性关系，因此可用比色法作总胆固醇的定量测定。

三、材料、用具和试剂

1. 材料　新鲜血清。

2. 用具　试管、移液管、722 分光光度计等。

3. 试剂

（1）邻苯二甲醛溶液。称取邻苯二甲醛 [$C_6H_4(CHO)_2$]50 mg，以无水乙醇溶解并定容至 50 mL，冷藏于棕色瓶中。

（2）混合酸。将冰醋酸与等体积的浓硫酸混合。

（3）胆固醇标准液。

a. 储存液（1 mg/mL）：准确称取胆固醇 100 mg，以冰醋酸溶解并定容至 100 mL。

b. 应用液（0.1 mg/mL）：将上述储存液用冰醋酸稀释 10 倍。

四、操作步骤

1. 标准曲线的制作

（1）取 9 支清洁干燥的试管，编号后，按表 9－3 加入试剂。

表 9－3

项　目	管　号								
	0	1	2	3	4	5	6	7	8
标准胆固醇应用液/mL	0	0.05	0.10	0.15	0.20	0.25	0.30	0.35	0.40
冰醋酸/mL	0.40	0.35	0.30	0.25	0.20	0.15	0.10	0.05	0
邻苯二甲醛试剂/mL	0.20	0.20	0.20	0.20	0.20	0.20	0.20	0.20	0.20
混合酸/mL	4.00	4.00	4.00	4.00	4.00	4.00	4.00	4.00	4.00
每管含总胆固醇质量/μg	0	5	10	15	20	25	30	35	40

（2）加毕，混合均匀，20～37 ℃下静置 5 min。

（3）分光光度计比色测定吸光值 A_{550}，以标准胆固醇应用液浓度为横坐标、吸光值 A_{550} 为纵坐标制作标准曲线。

2. 样品测定

（1）取 3 支干燥洁净的试管编号后，分别按表 9－4 加入试剂。其中“稀释的血清样品”是吸取 0.10 mL 血清，再用冰醋酸稀释到 4.00 mL 而成的样品。

表 9－4

试剂	试管		
	对照	样品 1	样品 2
稀释的血清样品/mL	0.40	0.40	0.40
邻苯二甲醛试剂/mL	—	0.20	0.20
无水乙醇/mL	0.20	—	—
混合酸/mL	4.00	4.00	4.00

（2）加毕，混合均匀，20～37 ℃下静置 5 min。

（3）用分光光度计比色测定吸光值 A_{550}，对照标准曲线计算样品中总胆固醇含量。

［附注］

1. 本法所显颜色比较稳定，吸光值在 5 min 内可达最高值，60 min 内无明显改变，室温高低对结果的影响不明显。

2. 血清蛋白及样本轻度溶血对本法结果无明显影响，但严重溶血可使结果偏高。黄疸血清测定结果也会偏高。

［思考题］

1. 动物体内胆固醇由什么合成？

2. 邻苯二甲醛法测定血清总胆固醇的原理是什么？

实验 9　酮体的生成与利用

一、目的

1. 了解酮体生成的特点和意义。

2. 掌握酮体检出的方法。

二、原理

酮体是乙酰乙酸、β-羟丁酸及丙酮 3 种物质的总称。酮体是脂肪酸在肝脏氧化分解时形成的特有中间代谢物，是在特殊情况下肝脏向外输出能源的一种特殊方式。酮体代谢的重要特征是肝内生酮肝外用。

在正常情况下，糖供应充分，生物体主要依靠糖的有氧氧化供能，脂肪动员较少，血中仅含少量酮体（0.05～0.85 mmol/L）。脑组织不能氧化脂肪酸，却能利用酮体。在饥饿、糖尿病、高脂低糖膳食等情况下，酮体生成增加，小分子水溶性的酮体易通过血脑屏障和肌肉毛细血管壁，作为肌肉尤其是脑组织的重要能源。当肝内生酮的速度超过肝外组织利用酮体的能力时，导致血中酮体含量异常升高，称为酮血症。此时尿中也可出现大量酮体，称为酮尿症。乙酰乙酸和β-羟丁酸都是较强的有机酸，当血中酮体过高时，易使血液pH下降导致酸中毒。酮症酸中毒是一种临床常见的代谢性酸中毒。因此，酮体的检出在临床上有重要的意义。代谢性酸中毒治疗时除对症给予碱性药物外，糖尿病人还要给予胰岛素和葡萄糖，以纠正糖代谢紊乱，增加糖的氧化供能，减少脂肪动员和酮体的生成。

以丁酸作为底物与肝组织匀浆（内含合成酮体的酶系）保温后，即有酮体生成。酮体可与显色粉（亚硝基铁氰化钠等）产生紫红色物质反应，而经同样处理的肌肉匀浆则不产生酮体，故无显色反应。

三、材料、用具和试剂

1. 材料　小鼠。

2. 用具　试管、试管架、剪刀、恒温水浴箱、匀浆器、研钵、离心机等。

3. 试剂

（1）0.9% NaCl溶液。

（2）罗氏溶液。分别称取NaCl 0.9 g、KCl 0.042 g、$CaCl_2$ 0.024 g、$NaHCO_3$ 0.02 g、葡萄糖0.1 g，用蒸馏水溶解并定容至100 mL。

（3）0.5 mol/L丁酸。取44.0 g丁酸溶于0.1 mol/L NaOH溶液中，并用0.1 mol/L NaOH溶液稀释至1 000 mL。

（4）1/15 mol/L磷酸缓冲液（pH 7.6）。

（5）15%三氯醋酸。

（6）乙酰乙酸溶液。取乙酰乙酸13 g，加入500 mL 0.2 mol/L的NaOH溶液中，放置48 h。临用前取此溶液10 mL以蒸馏水稀释至800 mL。

（7）显色粉。分别称取亚硝基铁氰化钠1 g、无水碳酸钠30 g、硫酸铵50 g，混合后研碎。密封保存，严防受潮。

四、操作步骤

（1）肝匀浆和肌肉匀浆的制备　取小鼠1只，断头处死，迅速剖腹，取出全部肝脏和部分肌肉组织（约5 g），分别置于研钵中，用剪刀剪碎，加入生理盐水（质量体积比为1∶3）和少许细砂，研磨成匀浆备用。

（2）取试管2支，编号，按表9-5操作。

表9-5

项　目	管　号	
	1	2
罗氏溶液/mL	1	1
0.5 mol/L丁酸溶液/mL	1.5	1.5
1/15 mol/L磷酸缓冲液/mL	1	1
肝匀浆/mL	1	—

（续）

项 目	管 号	
	1	2
肌肉匀浆/mL	—	1
置 37 ℃水浴箱中保温 40～50 min		
15%三氯醋酸/mL	1	1

将 1 号和 2 号试管分别摇匀混合 5 min，离心（3 000 r/min）约 5 min，并取出上清液 1 号和 2 号备用。

（3）另取试管 4 支，编号，按表 9－6 加入试剂并混匀。

表 9－6

试 剂	管 号			
	1	2	3	4
上清液（1）/mL	1	—	—	—
上清液（2）/mL	—	1	—	—
乙酰乙酸溶液/mL	—	—	1	—
0.5 mol/L 丁酸溶液/mL	—	—	—	1

（4）各管加显色粉一小匙（高粱米粒大），观察各管颜色反应，并解释。

五、思考题

1. 本实验结果反映出酮体代谢组织的特点是什么？
2. 本实验中三氯醋酸的作用是什么？
3. 如何通过实验验证酮体的生成部位？

第十章

蛋白质化学

实验 10　纸层析法分离鉴定氨基酸

一、目的

通过对氨基酸的分离和鉴定，学习并掌握纸层析的基本原理及操作方法。

二、原理

纸层析是以层析滤纸为惰性支持物，以结合于滤纸纤维上的水为固定相，以某些有机溶剂为流动相，根据各物质在这两相中溶解度不同将其分离的方法，因此属于分配层析。分配层析实际上是一种连续抽提方法，即溶质在互不相溶的两种溶剂中振荡时，因该溶质在两种溶剂中溶解度不同而不均匀地分配在两相中，在一定温度下分配达平衡时，溶质在这两种溶剂中的浓度之比（溶质在流动相里的浓度/溶质在固定相里的浓度）是一个常数，称为分配系数。分配系数的大小与溶质和溶剂的性质及温度有关，不同溶质在相同的溶剂系统中分配系数也不同。层析时，滤纸一端浸入展层剂，有机溶剂连续通过点有样品的原点处，溶质中各种物质依据本身的分配系数在两相间进行分配。分配的过程：一部分溶质随有机相移动离开原点进入无溶质区，并进行重新分配，不断向前移动。随着有机相不断向前移动，溶质不断地在两相间进行可逆的分配。由于各种物质的分配系数不同，随展层剂移动的速率也不同，从而达到分离的目的。移动速率可用比移（R_f）值表示：

$$R_f=\frac{原点到色斑中心点的距离}{原点到展层剂前沿的距离}$$

各种化合物在恒定的条件下，经层析后都有其一定的 R_f 值，借此可以达到分离、鉴定的目的。影响 R_f 值的因素很多，其中最主要的是所分离物质的分配系数。物质的分配系数是由下列因素决定的：

（1）物质极性大小。水的极性很强，一般极性强的物质容易进入水相，非极性物质易进入有机相。

（2）滤纸的质地以及水分饱和的程度。层析滤纸的质地必须均一、纯净、厚薄适当，具有一定的机械强度，展层前应为水和有机溶剂的蒸汽所饱和。

（3）溶剂的纯度、pH 和含水量的改变可使氨基酸和展层剂的极性改变，R_f 值也随之改变。

（4）层析的温度和时间。温度影响溶剂系统有机相的含水量，使 R_f 值改变。

为了取得满意的分离效果，在层析过程中对以上影响 R_f 值的因素必须严格控制。纸层析一般多采取单向层析。如果样品中溶质种类较多，且某些溶质在某一层析系统中的 R_f 值十分接近时，单向层析分离效果不佳，则可采用双向层析。这时，将样品点在一方形滤纸的角上，先用一种溶剂系统展层，滤纸取出干燥后，再将滤纸转 90°，用另一溶剂系统展层。所得图谱分别与在这两种溶剂系统中作的标准物质层析图谱对比，即可对混合物样品中各成分进行鉴定。

三、用具和试剂

1. 用具 层析缸、层析滤纸、电吹风机、烘箱、喷雾器、剪刀、毛细管、直尺、铅笔、大头针等。

2. 试剂

(1) 氨基酸标准液（2 mg/mL）。称取丙氨酸（Ala）、谷氨酸（Glu）、脯氨酸（Pro）各 1 mg，分别溶于 0.5 mL 0.01 mol/L 的 HCl 溶液中，保存于冰箱。

(2) 氨基酸混合液（2 mg/mL）。称取上述氨基酸各 1 mg 溶于 0.5 mL 0.1 mol/L 的 HCl 溶液中，保存于冰箱。

(3) 展层剂。水饱和苯酚，可连续使用。

(4) 显色剂。0.3%(质量体积分数) 茚三酮丙酮溶液，避光保存。

四、操作步骤

1. 层析滤纸的准备 取 1 张 4 cm×15 cm 的层析滤纸，用剪刀在层析滤纸下端剪去两个角（高 1.5 cm，宽 0.5 cm），用铅笔在层析滤纸上画线（距离底部 1.5 cm）并标记点样位置（图 10-1）。

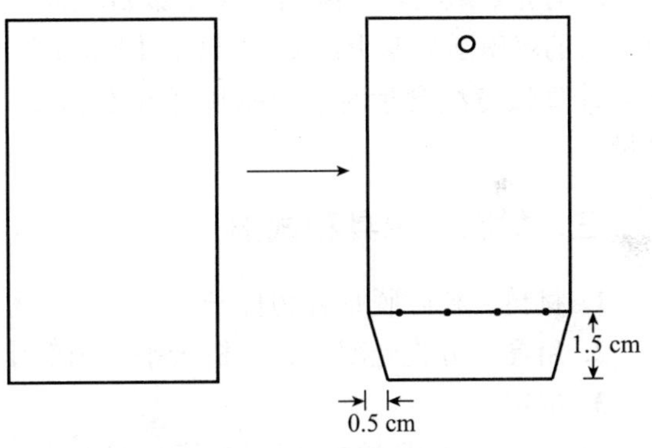

图 10-1 层析滤纸准备

2. 点样 用毛细管平口端蘸取少量氨基酸标准液及样品溶液，分别点样于滤纸的相应位置。要求样品斑点直径不超过 0.3 cm，待斑点样品干燥后，再点样，重复 3 次，以保证样品的质量。注意，在点样时要避免手指或唾液等污染滤纸有效面（即展层时样品可能到达的部分）。

3. 展层 向层析缸中注入展层剂，使液面高度为 1 cm 左右。将层析滤纸穿在铁丝上后，将其放入层析缸，点样端朝下浸入展层剂（勿使样点浸入展层剂），进行展层。当展层剂到达层析滤纸 2/3 高度时，取出滤纸，用大头针固定后用电吹风机吹干滤纸上的展层剂。苯酚具有较强的挥发性和腐蚀性，展层、吹干及后续的显色操作均需在通风橱中进行。

4. 显色 用喷雾器把茚三酮溶液均匀细致地喷洒在滤纸有效面上，切勿喷得过多致使斑点扩散。然后将滤纸放入烘箱，于 80 ℃下显色 3 min，即得到标准氨基酸和混合氨基酸的层析图谱。氨基酸与茚三酮反应呈现紫红色斑点，只有脯氨酸反应后呈黄色。

五、结果与计算

用铅笔描出色斑轮廓，找出中心点。如果斑点形状不规则或出现明显的“拖尾”，则圈出颜色集中均匀的部分。计算各色斑的 R_f 值，对照标准样品，确定混合样品中氨基酸成分。

[思考题]

1. 何谓 R_f 值？影响 R_f 值的因素是什么？
2. 纸层析分离氨基酸的原理是什么？
3. 层析滤纸底部剪去两个角的目的是什么？

实验 11　谷物种子中赖氨酸含量的测定

一、目的

学习用分光光度法测定种子蛋白质中赖氨酸含量的原理和方法。

二、原理

蛋白质中的赖氨酸具有一个游离的 $\varepsilon-NH_2$，它与茚三酮试剂反应生成蓝紫色物质，其颜色深浅在一定范围内与赖氨酸的含量成线性关系。因此，用已知浓度的游离氨基酸制作标准曲线，通过测定 530 nm 波长下的吸光值可确定样品蛋白质中的赖氨酸含量。

制作标准曲线应该配制赖氨酸标准溶液，但当赖氨酸来源有困难时，也可用亮氨酸代替，因为亮氨酸与赖氨酸的碳原子数目相同，而且仅有一个游离氨基（$\alpha-NH_2$），相当于蛋白质中的赖氨酸残基上的 $\varepsilon-NH_2$。但由于这两种氨基酸相对分子质量不同，以亮氨酸为标准计算赖氨酸含量时，应乘以校正系数 1.151 5，而且最后还应减去样品中游离氨基酸含量。

三、材料、用具和试剂

1. 材料　粉碎脱脂谷物种子。

2. 用具　分光光度计、分析天平、恒温水浴锅、康氏振荡器等。

3. 试剂

（1）0.2 mol/L 柠檬酸缓冲液（pH 5.0）。称取 2.10 g 柠檬酸和 2.94 g 柠檬酸钠，溶解于 50 mL 蒸馏水中，调 pH 至 5.0。

（2）茚三酮试剂。称 1 g 茚三酮溶于 25 mL 95%乙醇中。称 40 mg 二氯化锡溶于 25 mL 0.2 mol/L 柠檬酸缓冲液中。将两液混合摇匀，滤去沉淀，上清液置冰箱保存备用。

（3）0.02 mol/L 盐酸。取 12 mol/L 盐酸 1.8 mL，用蒸馏水稀释至 1 000 mL。

（4）亮氨酸标准液。准确称取 5 mg 亮氨酸，加数滴 0.02 mol/L HCl 溶解，然后用蒸馏水稀释到 100 mL，则得浓度为 50 μg/mL 的标准液。

（5）4%碳酸钠。称取 4 g 无水碳酸钠，溶于 100 mL 蒸馏水中。

（6）2%碳酸钠。取 4%碳酸钠 25 mL，加水定容至 50 mL。

四、操作步骤

1. 标准曲线的制作　取 7 支带塞试管，编号，按表 10－1 添加试剂。

表 10-1

试　剂	管　号						
	0	1	2	3	4	5	6
亮氨酸标准液/mL	0	0.1	0.2	0.4	0.6	0.8	1.0
蒸馏水/mL	2.0	1.9	1.8	1.6	1.4	1.2	1.0
亮氨酸含量/μg	0	5	10	20	30	40	50

再向每支试管内加 4%碳酸钠和茚三酮试剂各 2.0 mL，摇匀后加塞置 80 ℃水浴中加热 30 min，取出后冷却至室温。再向每支试管加 95%乙醇 3.0 mL，混匀后在 530 nm 波长下比色。以吸光值为纵坐标、亮氨酸含量为横坐标，绘制标准曲线。

2. 样品测定　取 15 mg 粉碎脱脂的谷物样品于具塞干燥试管中，加 2%碳酸钠 4.0 mL，于 80 ℃水浴中提取 20 min，然后加茚三酮试剂 2.0 mL，继续保温显色 30 min，冷却后加 95%乙醇 3.0 mL，混匀后过滤，然后在 530 nm 波长下比色，记录吸光值。

五、结果与计算

$$赖氨酸含量=1.151\,5\times\frac{C\times10^{-3}}{m}\times100\%-X$$

式中，C 为标准曲线上查得的亮氨酸含量（μg）；m 为样品质量（mg）；X 为游离氨基酸含量。

［附注］

1. 样品需预先脱脂，以免干扰显色，且使滤液混浊而影响比色。可用丙酮或石油醚浸泡，或用索氏抽提器脱脂。

2. 各种谷物种子中游离氨基酸含量是：玉米 0.01%、小麦 0.05%、水稻 0.01%、高粱 0.04%。

［思考题］

本方法测定赖氨酸含量的原理是什么？

实验 12　种子蛋白的氨基酸组分分析

——氨基酸自动分析仪法

一、目的

了解氨基酸自动分析仪的结构及工作原理，学习待测样品的处理方法。

二、原理

氨基酸是蛋白质的基本结构单位。构成蛋白质的氨基酸共 20 种，其中 Lys、Phe、Trp、Val、Leu、Ile、Thr、Met 8 种是人体的必需氨基酸，必须由蛋白类食物供给。不同食品的蛋白质含量不同，氨基酸组成也有差异，其必需氨基酸的含量及是否平衡，对营养品质有很大影响。氨基酸组成分析又是蛋白质顺序分析的重要组成部分，因此，氨基酸组分分析是常用的重要分析项目。

种子蛋白质在 110 ℃条件下，经 5.7 mol/L 恒沸点盐酸作用 22～24 h，被水解成组成该蛋白质的各种游离氨基酸（色氨酸被破坏需另法测定，天冬酰胺和谷氨酰胺分别转变成天冬氨酸和谷氨酸），再经过一定处理即可用氨基酸自动分析仪测定出各种氨基酸的含量。

三、材料、用具和试剂

1. 材料　谷物全粉或谷物脱脂粉。

2. 用具　水解试管、喷灯、121MB 型或其他型号氨基酸自动分析仪、台式高速离心机等。

3. 试剂

（1）5.7 mol/L 恒沸点盐酸。

（2）pH 2.2 柠檬酸缓冲液。柠檬酸 21 g、氢氧化钠 8.4 g、浓盐酸 16 mL，用无离子水溶解后定容至 1 000 mL。

四、操作步骤

（1）准确称取谷物全粉或脱脂粉 30 mg，小心送入水解试管底部，加 8.0 mL 5.7 mol/L 盐酸。在超声波水槽中振荡除气后于喷灯上封闭管口，置（110±1）℃烘箱中水解 22 h。

（2）冷却后切开试管，将水解液过滤到 25 mL 量瓶内，并用无离子水冲洗试管和滤纸，然后定容至刻度。

（3）取 5.0 mL 滤液置于蒸发皿中，在水浴上蒸干。残留物用无离子水 3～5 mL 溶解并蒸干，反复 3 次。

（4）准确加入 pH 2.2 柠檬酸缓冲液 5.0 mL，溶解提取物。取 1.5 mL 样品，在高速离心机上离心（10 000 r/min，20 min）。

（5）用 121MB 型氨基酸自动分析仪专用注射器吸取上清液 50 μL 于样品储存螺旋管中，上机分析。

五、结果与计算

氨基酸自动分析仪采用外标法，根据标准氨基酸校正液的浓度和保留时间确定样品液中各种相应氨基酸的浓度。主机随带的数据处理机和打印机，自动打印出各种氨基酸的含量，样品中各种氨基酸的含量可由下式计算：

$$\text{氨基酸含量}=S_1\times C_0/(S_0\times V_0\times 10^6)\times(M\times D)/m\times 100\%$$

式中，S_1 为样品中氨基酸峰面积；S_0 为标准氨基酸面积；C_0 为标准氨基酸浓度（μmol/mL）；V_0 为标准氨基酸上样体积（mL）；M 为氨基酸摩尔质量（g/mol）；D 为样品稀释倍数；m 为样品质量（g）。

［附注］

盐酸水解之前，通常用过甲酸试剂将蛋白质分子中 Cys 氧化成半胱磺酸，因 Cys 不能与茚三酮发生有色反应，无法对 Cys 比色测定，而半胱磺酸能与茚三酮发生有色反应，可以进行比色测定。

［思考题］

1. 氨基酸自动分析仪分析氨基酸组分及含量的原理是什么？
2. 是否可利用氨基酸自动分析仪进行蛋白质的测序工作？如果可以，试说明原理。

实验 13　谷物种子蛋白质组分的分离提取

蛋白质组分是种子蛋白质品质的一个重要指标，了解种子蛋白质组分，可以正确评定种子的营养品质，并为种子加工利用提供理论依据。

一、目的

掌握谷物种子蛋白质组分的分离提取方法。

二、原理

1907 年，T. B. Osborne 把植物种子中蛋白质，根据其溶解性划分为 4 种类型：清蛋白，溶于水和稀盐溶液；球蛋白，不溶于水，但溶于稀盐溶液；醇溶蛋白，不溶于水，但溶于70%～80%的乙醇中；谷蛋白，不溶于水、醇中，但溶于稀酸、稀碱中。根据蛋白质组分在不同溶剂中的溶解性，可按顺序用蒸馏水、稀盐、乙醇、稀碱分别提取清蛋白、球蛋白、醇溶蛋白和谷蛋白，分别收集提取液，用凯氏定氮法或其他方法测定各蛋白组分含量。

三、材料、用具和试剂

1. 材料　小麦面粉。

2. 用具　天平、离心机、250 mL 具塞磨口三角瓶、振荡器等。

3. 试剂　0.5 mol/L NaCl 溶液、0.1 mol/L KOH 溶液、70%乙醇溶液等。

四、操作步骤

1. 提取清蛋白　取 10 g 烘干的小麦面粉，放入 250 mL 具塞磨口三角瓶中，加 100 mL 蒸馏水放于振荡器上振荡提取 2 h 后，静止 0.5 h，取其上清液用离心机 4 000 r/min 离心 15 min，取其上清液，并将残渣合并于原三角瓶中，再分别用 50 mL 和 30 mL 蒸馏水重复振荡提取，离心，合并上清液，剩余残渣合并于原三角瓶中。

2. 提取球蛋白　往原三角瓶中加 100 mL 0.5 mol/L NaCl 溶液，放于振荡器上振荡提取 2 h 后静止 0.5 h，4 000 r/min 离心 15 min，取其上清液，并将残渣合并于原三角瓶中，再分别用 50 mL 和 30 mL 0.5 mol/L NaCl 重复振荡提取，离心，合并上清液，并将残渣合并于原三角瓶中。

3. 提取醇溶蛋白　往原三角瓶中加 100 mL 70%乙醇溶液，放于振荡器上振荡提取2 h 后静止 0.5 h，4 000 r/min 离心 15 min，取其上清液，将残渣合并于原三角瓶中，再分别用 50 mL 和 30 mL 70%乙醇重复振荡提取，离心，合并上清液，并将残渣合并于原三角瓶中。

4. 提取谷蛋白　往原三角瓶中加 100 mL 0.1 mol/L KOH 溶液，放于振荡器上振荡提取 2 h 后静止 0.5 h，4 000 r/min 离心 15 min，取其上清液，将残渣合并于原三角瓶中，再分别用 50 mL 和 30 mL 0.1 mol/L KOH 重复振荡提取，离心，合并上清液。

5. 测定　将上述提取液分别转移至容量瓶中，用蒸馏水定容到 200 mL，然后各取 2 mL 分别移入消化瓶中，按凯氏定氮法进行测定含氮量，测定值×5.7 即为蛋白质含量。也可按其他方法进行含量测定（参见实验 16）。

［附注］

1. 如种子中含脂肪较多，须先用乙醚或石油醚浸泡 2～3 次，进行脱脂，并以分液漏斗分离，多余的溶剂放在空气中挥发，在烘干后再提取蛋白质组分。

2. 70%乙醇与 95%甲醇、55%～60%异丙醇对醇溶蛋白提取效果相同。

［思考题］

分离蛋白质组分有何意义？

实验 14　蛋白质的两性解离性质和酪蛋白等电点的测定

一、目的

1. 加深理解蛋白质的两性解离性质。
2. 学习测定蛋白质等电点的方法。

二、原理

蛋白质是由氨基酸组成的高分子化合物。虽然大多数的 α-氨基和 α-羧基成肽键结合，但仍有 N 末端的氨基和 C 末端的羧基存在，同时侧链上还有一些可解离基团。因此，蛋白质和氨基酸一样是两性电解质。调节蛋白质溶液的 pH，可使蛋白质带上正电荷或负电荷，在某一 pH 时，其分子中所带的正电荷和负电荷相等，此时溶液中蛋白质以兼性离子形式存在。在外加电场中蛋白质分子既不向正极移动也不向负极移动，此时溶液的 pH 称为该蛋白质的等电点，蛋白质的溶解度最小。

不同的蛋白质，因氨基酸的组成不同，故有不同的等电点。在等电点时，蛋白质的理化性质都有变化，可利用此种性质的变化测定各种蛋白质的等电点。最常用的方法是测其溶解度最低时的溶液 pH。

本实验通过观察不同 pH 溶液中的溶解度以测定酪蛋白的等电点。用乙酸与乙酸钠（乙酸钠混合在酪蛋白溶液中）配制各种不同 pH 的缓冲液。向各缓冲液中加入酪蛋白后，沉淀出现最多的缓冲液的 pH 即为酪蛋白的等电点。

三、材料、用具和试剂

1. 材料　酪蛋白。

2. 用具　试管、滴管、移液管、精密 pH 试纸等。

3. 试剂

（1）0.5%酪蛋白溶液。称取 0.5 g 酪蛋白，先加入几滴 1 mol/L 的 NaOH 使其湿润，用玻璃棒搅拌研磨使成糊糊状，逐滴加入 0.01 mol/L 的 NaOH 使其完全溶解后定容到 100 mL。

（2）酪蛋白-乙酸钠溶液。将 0.25 g 酪蛋白加 5 mL 1 mol/L 的 NaOH 溶解，加 20 mL 水温热使其完全溶解后，再加入 5 mL 1 mol/L 的乙酸，混合后转入 50 mL 的容量瓶内，加水到刻度，混匀备用（pH 应为 8～8.5）。

（3）0.01%溴甲酚绿溶液。将 0.01 g 溴甲酚绿溶解于 100 mL 含有 0.57 mL 0.1 mol/L NaOH 的水中。该指示剂的变色范围是：酸性（pH 3.8）为黄色，pH 5.4 为蓝色。

（4）0.02 mol/L HCl 溶液。将 0.8 mL 浓盐酸用蒸馏水稀释到 480 mL 即可。

（5）0.02 mol/L NaOH 溶液。将 0.8 g NaOH 溶解于 100 mL 水中，最终定容至 1 000 mL。

（6）0.1 mol/L 乙酸溶液。将 1 mL 冰乙酸（17 mol/L）用水稀释到 170 mL。

（7）0.01 mol/L 乙酸溶液。将 0.1 mL 冰乙酸用水稀释到 170 mL。

（8）1 mol/L 乙酸溶液。将 1 mL 冰乙酸用水稀释到 17 mL 即可。

（9）NaOH、HCl、冰乙酸、溴甲酚绿等。

四、操作步骤

1. 蛋白质的两性反应

（1）取一支干净的试管，加入 20 滴 0.5%酪蛋白溶液，逐滴加入 0.01%溴甲酚绿溶液（5～7 滴），充分混合，观察溶液的颜色并解释（蓝色）。

（2）逐滴加入 0.02 mol/L HCl，随加随摇动试管，直到出现明显的沉淀为止，用精密 pH 试纸测溶液的 pH，观察溶液的颜色变化。

（3）继续加入 0.02 mol/L HCl，观察沉淀的变化和溶液颜色的变化。

（4）逐滴加入 0.02 mol/L NaOH 到上面的溶液中，使溶液的 pH 接近中性，观察沉淀是否形成。

（5）继续滴加 0.02 mol/L NaOH，观察沉淀的变化。

2. 酪蛋白等电点的测定

（1）取 9 支试管分别编号 1～9。

（2）按表 10-2 向每管中加入试剂。注意，每种试剂加完后，要振荡试管混匀。

表 10-2

试管号	水/mL	1 mol/L HAc/mL	0.1 mol/L HAc/mL	0.01 mol/L HAc/mL	酪蛋白-乙酸钠溶液/mL	溶液最终的 pH	沉淀多少
1	2.4	1.6	—	—	1	3.5	
2	3.2	0.8	—	—	1	3.8	
3	—	—	4.0	—	1	4.1	
4	2.0	—	2.0	—	1	4.4	
5	3.0	—	1.0	—	1	4.7	
6	3.5	—	0.5	—	1	5.0	
7	1.5	—	—	2.5	1	5.3	
8	2.75	—	—	1.25	1	5.6	
9	3.38	—	—	0.62	1	5.9	

（3）试剂全部加完后，静置 20 min。

（4）观察每管内溶液的混浊度，以一、＋、＋＋、＋＋＋、＋＋＋＋表示沉淀从无到越来越多。

（5）根据观察结果，判断酪蛋白的等电点是多少。

五、结果与计算

以表格形式总结实验结果，包括观察到的现象，分析评价实验结果。

［附注］

等电点测定的实验要求各种试剂的浓度和加入量必须相当准确。

［思考题］

1. 何谓蛋白质的等电点？为什么在等电点时蛋白质的溶解度最低？

2. 在本实验中，酪蛋白处于等电点时则从溶液中沉淀析出，所以说凡是蛋白质在等电点时必然沉淀出来。上面这种结论对吗？为什么？请举例说明。

实验 15　血红蛋白的两性解离

一、目的

证明蛋白质的两性解离。

二、原理

蛋白质为两性化合物，其解离状态受酸碱条件的影响，可以通过血红蛋白在电场中的行为证明。已知血红蛋白的等电点是 6。

三、材料、用具和试剂

1. 材料　刚采出的全血。

2. 用具　直流整流器、导线（2 红 2 黑）、铁架台、铁试管夹、双顶丝、白色挡板、U 形玻璃管（直径 1.5～2.0 cm，圆心距离 5 cm）、铂丝（直径 0.5 mm，长 12～13 cm，浸入溶液一端折成 8～10 个共约 1 cm 长的螺旋）等。

3. 试剂

（1）0.2 mol/L 盐酸溶液。吸取浓 HCl 17 mL，用蒸馏水定容至 1 000 mL。

（2）0.2 mol/L 氢氧化钠溶液。称 8.000 g NaOH 溶于 1 000 mL 蒸馏水中。

四、操作步骤

（1）将 0.8 mL 全血放在 100 mL 量筒中，用水稀释至 80 mL。混匀后，取其中 40 mL 转移至另一量筒中。向两个量筒中分别加入 0.75 mL 0.2 mol/L 盐酸溶液及 0.2 mol/L 氢氧化钠溶液并混匀。

（2）将两个 U 形管固定在铁架台上。把酸化的血液和碱化的血液分别转移至两个 U 形管中。在 U 形管的两端插入铂电极。铂电极的下端应浸入溶液。铂电极通过导线与整流器相接。连接方式如图 10－2 所示。

（3）当电压为 250 V、电流为 20 mA 时，约 10 mL 血稀释液在电场中有明显的流动。酸管阳（+）极端的血液逐渐明亮起来，另一极出现棕色沉淀；而碱管发亮的一端出现在阴（—）极。这说明血红蛋白在酸性条件下解离成阳离子，在电场中移向阴极；在碱性条件下解离成阴离子，在电场中移向阳极，从而证明血红蛋白因酸碱条件不同，可以解离成带有不同电荷的离子，因而是两性化合物。

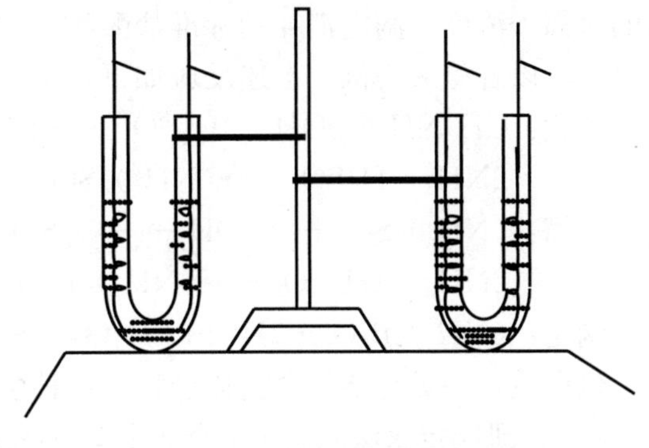

图 10－2　两性解离测试装置

［附注］

全血应直接从动物血管抽取并立即使用。

［思考题］

1. 酸管内的血红蛋白分子带什么电荷？为什么其阳（+）极端通电后会逐渐明亮起来，另一端却出现棕色沉淀？

2. 碱管内的血红蛋白分子带什么电荷？为什么其阴（—）极端通电后会亮起来？另一端会出现什么情况？

实验 16　蛋白质含量测定

蛋白质是细胞中最重要的含氮生物大分子之一，承担着各种生物功能。蛋白质的定量分析是农牧产品品质分析、食品营养价值比较、临床诊断等的重要手段。根据蛋白质的理化性质，已建立了多种蛋白质定量测定方法。下面选编了几种实验室常用的蛋白质含量测定方法，可根据实验室条件和测定要求选择使用。

方法一　凯氏定氮法

一、目的

了解凯氏定氮法的原理，初步掌握凯氏定氮法的操作流程。

二、原理

动植物总氮包括蛋白氮和非蛋白氮。非蛋白氮主要是氨基酸和酰胺，以及少量无机氮化物，都是可溶于三氯乙酸溶液的小分子化合物。生物体中的含氮化合物以有机氮为主，无机氮含量极少，通常只需测定总含氮量即可说明问题。凯氏定氮法首先将生物材料与浓硫酸共热，硫酸分解为 SO_2、H_2O 和氧原子，把有机物氧化成 CO_2、H_2O，而有机物中氮转变成 NH_3，并进一步生成 $(NH_4)_2SO_4$。为了加速有机物质的分解，在消化时通常加入多种催化剂，如硫酸铜、硫酸钾和硒粉等。消化完成后，加入过量的浓 NaOH，将 NH_4^+ 转变成 NH_3，通过蒸馏把 NH_3 导入过量的硼酸溶液中，再用标准盐酸滴定，直到硼酸溶液恢复原来的氢离子浓度。滴定消耗的标准盐酸物质的量即为 NH_3 的物质的量，通过计算即可得出总氮量。以甘氨酸为例，上述反应如下：

消化：$CH_2NH_2COOH + 3H_2SO_4 \longrightarrow 2CO_2 + 4H_2O + 3SO_2 + NH_3$

$2NH_3 + H_2SO_4 \longrightarrow (NH_4)_2SO_4$

蒸馏：$(NH_4)_2SO_4 + 2NaOH \longrightarrow Na_2SO_4 + 2H_2O + 2NH_3$

$2NH_3 + 4H_3BO_3 \longrightarrow (NH_4)_2B_4O_7 + 5H_2O$

滴定：$(NH_4)_2B_4O_7 + 2HCl + 5H_2O \longrightarrow 2NH_4Cl + 4H_3BO_3$

蛋白质是一类复杂的含氮化合物。每种蛋白质都有其恒定的含氮量（14%～18%，平均为 16%）。凯氏定氮法测定出的含氮量，再乘以系数 6.25，即为粗蛋白含量。

本法适用于测定 0.2～1.0 mg 氮。

三、材料、用具与试剂

1. 材料　面粉。

2. 用具　凯氏烧瓶、量筒（20 mL）、微量凯氏定氮蒸馏装置（图 10－3）、锥形瓶、电炉、容量瓶、移液管（2 mL、5 mL、20 mL）、烧杯、微量滴定管（可读准 0.01 mL）等。

3. 试剂

（1）浓 H_2SO_4(AR)。

（2）30%(质量体积分数)NaOH。

（3）0.010 0 mol/L 标准盐酸溶液。

（4）2%硼酸溶液。

（5）混合催化剂。$K_2SO_4 : CuSO_4 \cdot 5H_2O = 3 : 1$ 或 $Se : CuSO_4 \cdot 5H_2O : K_2SO_4 = 1 : 5 : 50$，充分研细备用。

（6）混合指示剂。取 50 mL 0.1%亚甲蓝乙醇溶液与 200 mL 0.1%甲基红乙醇溶液混合，储于棕色试剂瓶中备用。本指示剂在 pH 5.2 时为紫红色，pH 5.4 时为暗蓝色或灰色，pH 5.6 时为绿色，变色点 $pT=5.4$，变色范围为 pH 5.2～5.6，很灵敏。

（7）硼酸-指示剂混合液。取 20 mL 2%硼酸溶液，滴加 2～3 滴混合指示剂，摇匀后溶液呈紫色即可。

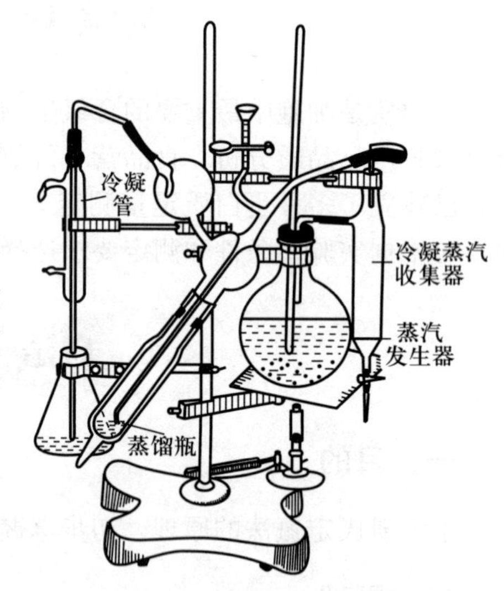

图 10－3　微量凯氏定氮蒸馏装置

（8）指示剂。2%甲基红-乙醇溶液

（9）标准 $(NH_4)_2SO_4$。准确称取 2.829 g $(NH_4)_2SO_4$ 加蒸馏水溶解，定容至 1 000 mL，1 mL 含 0.6 mg 氮。

四、操作步骤

1. 样品的消化　准备 4 个 50 mL 的凯氏烧瓶，标号。准确称取在 105 ℃烘干至恒重的面粉 0.1～0.5 g（视含氮量而定，以含氮 1～2 mg 为宜）两份，分别放入 1、2 号烧瓶中，注意样品要加到烧瓶底部，切勿沾在瓶口及瓶颈上。3、4 号烧瓶作为空白对照，用以测定试剂中可能含有的微量含氮物质，以便对样品测定进行校正。

以上各烧瓶中各加混合催化剂约 0.3 g，再用量筒加入 15 mL 浓 H_2SO_4。用小漏斗盖上烧瓶口，放在电炉上（先小火，后大火）小心加热煮沸。首先看到烧瓶内物质炭化变黑，并产生大量泡沫，此时应格外留意，切勿使黑色内容物上升到烧瓶颈部，否则将严重影响测定结果。当混合物停止冒泡，蒸汽和 SO_2 均匀放出时，调节电炉温度至瓶内液体微微沸腾。如果发现瓶颈上有黑色颗粒时，应小心地将烧瓶倾斜振摇，用消化液将它冲洗下来。在消化过程中要随时转动烧瓶，务必使全部样品浸没在硫酸中，以保证样品完全消化。待烧瓶中消化液褐色消失，而呈清澈蓝色时，消化即完成。为保证消化反应完全彻底，在消化液澄清后可继续加热 1 h。消化过程一般 5～6 h 即可，消化时间过长会造成氮的损失。若样品中赖氨酸和组氨酸含量较多时，消化时间应延长 1～2 倍，否则消化不易彻底，导致总氮量偏低。整个消化过程均应在通风橱中进行。

待烧瓶冷却后，在 100 mL 容量瓶中先加 10 mL 蒸馏水，再将消化液小心倒入。用蒸馏水少量多次冲洗凯氏烧瓶，洗涤液并入容量瓶，冷却后用蒸馏水定容至刻度，混匀备用。

2. 氨的蒸汽蒸馏　氨的蒸汽蒸馏在微量凯氏定氮蒸馏装置中进行。凯氏定氮蒸馏装置种类甚多，大体上都由蒸汽发生、氨的蒸馏和氨的吸收三部分组成。

（1）仪器的清洗。在蒸汽发生器中加约 2/3 体积蒸馏水，加几滴硫酸酸化，再滴几滴甲基红指示剂，并放入少许沸石（或毛细管等）。打开漏斗下夹子，加热至水沸腾，使蒸汽通入仪器的各个部分，以达到清洗的目的。在冷凝管下端放置一个锥形瓶接收冷凝水。然后关紧漏斗下夹子，继续用蒸汽洗涤 5 min。冲洗完毕，夹紧蒸汽发生器与收集器之间的连接橡胶管，蒸馏瓶中的废液由于减压而倒吸进入收集器，打开收集器下端的活塞排出废液。如此清洗 2～3 次，再在冷凝管下换一个盛有硼酸-指示剂混合液的锥形瓶使冷凝管下口完全浸没在溶液中，蒸馏 1～2 min，观察锥形瓶内的溶液是否变色。如不变色，表示蒸馏装置内部已洗干净。移去锥形瓶，再蒸馏 1～2 min，用蒸馏水冲洗冷凝器下口，关闭电炉，仪器即可供测样品使用。

（2）标准硫酸铵的蒸馏。为了熟悉蒸馏和滴定的操作技术，并检验实验的准确性，找出系统误差，常用已知浓度的标准硫酸铵测试 3 次。

在锥形瓶中加入 20 mL 硼酸-指示剂混合液（呈紫红色），将此锥形瓶承接在冷凝管下端，并使冷凝管的出口浸没在溶液中。注意：在此操作之前必须先打开收集器活塞，以免锥形瓶内液体倒吸。准确吸取 2 mL 硫酸铵标准液（1 mL 含 0.6 mg 氮）加到漏斗中，小心打开漏斗下夹子使硫酸铵溶液慢慢流入蒸馏瓶中，用少量蒸馏水冲洗漏斗 3 次，一并放入蒸馏瓶中。然后用量筒向漏斗中加入 10 mL 30%NaOH 溶液，使碱液慢慢流入蒸馏瓶中，在碱液尚未完全流入时，将漏斗下夹子夹紧，向漏斗中加约 5 mL 蒸馏水，再慢慢打开夹子，使一半水流入蒸馏瓶，一半留在漏斗中作水封。关闭收集器活塞，加热蒸汽发生器，进行蒸馏。锥形瓶中的硼酸-指示剂混合液由于吸收了氨，由紫红色变成绿色。自变色时起，再蒸馏 3～5 min，移动锥形瓶使瓶内液面离开冷凝管下口约 1 cm，并用少量蒸馏水冲洗冷凝管下口，再继续蒸馏 1 min，移开锥形瓶。

按以上方法用标准硫酸铵再做两次。另取 2 mL 蒸馏水代替标准硫酸铵进行空白测定。将各次蒸馏的锥形瓶一起滴定，取 3 次滴定的平均值计算含氮量，并将结果与标准值进行比较。在每次蒸馏完毕后，移去电炉，夹紧蒸汽发生器与收集器间的橡胶管，排出反应完毕的废液，用水冲洗漏斗几次，并将废液排出。如此反复冲洗干净后，即可进行下一个样品的蒸馏。

（3）样品及空白的蒸馏。准确吸取稀释的样品消化液 5 mL，通过漏斗加到蒸馏瓶中，再用少量蒸馏水洗涤漏斗 3 次，其余操作按标准硫酸铵的蒸馏进行。

样品和空白蒸馏完毕后，一起进行滴定。用酸式微量滴定管以 0.010 0 mol/L 的标准盐酸溶液进行滴定，直至锥形瓶中溶液由绿色变回淡紫红色即为滴定终点，记录盐酸用量。

五、结果与计算

$$样品总氮量=\frac{0.0100(A-B)\times 14}{m\times 1\,000}\times\frac{消化液总量}{测定用消化液量}\times 100\%$$

$$样品粗蛋白含量=样品总氮量\times 6.25$$

式中，A 为滴定样品用去的盐酸平均量（mL）；B 为滴定空白用去的盐酸平均量（mL）；m 为样品用量（g）；0.010 0 为标准盐酸溶液的浓度（mol/L）；14 为氮的摩尔质量（g/mol）；6.25 为含氮量换算为蛋白质含量的系数，这个系数来自蛋白质平均含氮量（16%），实际上各种蛋白质因氨基酸组成不同，含氮量不完全相同，可参看附注中的表 10-3。

[附注]

表 10-3　几种种子蛋白质含氮百分数和换算系数

谷物种子	蛋白质含氮量/%	换算系数
小麦、大麦	17.60	5.70
水稻	16.81	5.95
玉米、荞麦	16.66	6.00
高粱	17.15	5.83
大豆、豌豆	17.60	5.70
花生、向日葵	18.20	5.50

[思考题]

1. 指出本测定方法产生误差的原因。
2. 正式测定未知样品前为什么必须测定标准硫酸铵的含氮量及空白？

方法二　Folin-酚法

一、目的

掌握 Folin-酚法测定蛋白质含量的原理和方法，熟悉分光光度计的操作。

二、原理

用于蛋白质含量测定的 Folin-酚试剂反应是双缩脲方法的发展。Folin-酚法包括两步：第一步是双缩脲反应，即在碱性条件下，蛋白质中两个以上的肽键（—CO—NH—）与

Cu^{2+}反应产生紫红色络合物；第二步是此络合物将磷钼酸-磷钨酸试剂（Folin 试剂）还原，产生深蓝色物质，颜色深浅与蛋白质含量成正比。

此法操作简便，灵敏度比双缩脲法高 100 倍，适合于测定 0.02～0.5 mg/mL 的蛋白质溶液。Folin-酚试剂反应由酪氨酸、色氨酸引起，因此样品中若含有酚类、柠檬酸和巯基化合物均有干扰作用。此外，不同蛋白质因酪氨酸、色氨酸含量不同而使显色强度稍有不同。

三、材料、用具和试剂

1. 材料 绿豆芽下胚轴（也可用其他材料，如面粉等）。

2. 用具 分光光度计、恒温水浴锅、离心机（4 000 r/min）、分析天平等。

3. 试剂

（1）0.5 mol/L NaOH。

（2）试剂甲。50 份溶液 A 和 1 份溶液 B 混合。此混合液只能保持 1 d，过期失效。

溶液 A：10 g Na_2CO_3、2 g NaOH 和 0.25 g 酒石酸钾钠用蒸馏水溶解并定容至 500 mL。

溶液 B：0.5 g 硫酸铜（$CuSO_4 \cdot 5H_2O$）用蒸馏水溶解并定容至 100 mL。

（3）试剂乙。在 1.5 L 容积的磨口回流器中加入 100 g 钨酸钠（$Na_2WO_4 \cdot 2H_2O$）、25 g 钼酸钠（$Na_2MoO_4 \cdot 2H_2O$）及 700 mL 蒸馏水，再加 50 mL 85%磷酸和 100 mL 浓盐酸充分混合，接上回流冷凝管，以小火回流 10 h。回流结束后，加入 150 g 硫酸锂、50 mL 蒸馏水及数滴液体溴，开口继续沸腾 15 min，驱除过量的溴，冷却后溶液呈黄色（倘若仍呈绿色，需再重复滴加液体溴数滴，再继续沸腾 15 min）。稀释至 1 L，过滤，滤液置于棕色试剂瓶中保存，使用时大约加水 1 倍，使最终浓度相当于 1 mol/L 盐酸。

四、操作步骤

1. 标准曲线的制作

（1）标准原液的配制。在分析天平上精确称取 0.025 0 g 结晶牛血清白蛋白，于小烧杯内，加入少量蒸馏水溶解后转入 100 mL 容量瓶中，烧杯内的残液用少量蒸馏水冲洗数次，冲洗液一并倒入容量瓶内，最后用蒸馏水定容至刻度。配制成标准原液，其中牛血清白蛋白浓度为 250 μg/mL。

（2）系列标准牛血清白蛋白溶液的配制。取具塞试管 6 支，按表 10-4 加入牛血清白蛋白标准原液及蒸馏水。以后各加试剂甲 5.0 mL，混合后在室温下放置 10 min，再各加 0.5 mL 试剂乙，立即混合均匀（这一步速度要快，否则会使显色程度减弱）。室温放置 30 min 后，以不含蛋白质 1 号试管为对照，与其他 5 支试管内的溶液依次用分光光度计于 650 nm 波长下比色，记录其吸光值。

表 10-4

试剂	管号					
	1	2	3	4	5	6
250 μg/mL 牛血清白蛋白/mL	0	0.2	0.4	0.6	0.8	1.0
蒸馏水/mL	1.0	0.8	0.6	0.4	0.2	0
蛋白质含量/μg	0	50	100	150	200	250

(3) 标准曲线的绘制。以吸光值为纵坐标，以牛血清白蛋白含量（μg）为横坐标，绘制标准曲线。

2. 样品的提取及测定

(1) 称取绿豆芽下胚轴 1.0 g 于研钵中，加蒸馏水 2.0 mL，研磨成匀浆，转入离心管中，并用 6.0 mL 蒸馏水分次洗涤研钵，并入离心管中。于 4 000 r/min 离心 20 min。弃去沉淀，上清液转入50 mL容量瓶，用蒸馏水定容至刻度。

(2) 取具塞试管 2 支，一支加提取液 1.0 mL，另一支加蒸馏水 1.0 mL 作空白对照。分别加入试剂甲 5.0 mL，混匀后放置 10 min，然后加试剂乙 0.5 mL，迅速混匀，室温下放置 30 min，于 650 nm 波长下比色，记录吸光值。

五、结果计算

从标准曲线中查出样品液中蛋白质的含量 C(μg)，然后计算样品中蛋白质的含量。

$$\text{蛋白质含量}=\frac{C(\mu g)\times \text{提取液总体积（mL）}}{\text{测定用提取液体积（mL）}\times\text{样品质量（g）}\times 10^{6}}\times 100\%$$

[附注]

1. 因为 Folin 试剂仅在酸性条件下稳定，但此实验的反应是在 pH 10 的情况下发生的，所以当加试剂乙（Folin 试剂）后，必须立刻混匀，以便在磷钼酸-磷钨酸试剂被破坏之前即能发生还原反应，否则会使显色程度减弱。

2. 本法也可用于游离酪氨酸和色氨酸含量的测定。

[思考题]

1. Folin-酚法测定蛋白质含量的原理是什么？

2. 干扰 Folin-酚法测定蛋白质含量的因素有哪些？

方法三 考马斯亮蓝 G-250 法

一、目的

掌握考马斯亮蓝 G-250 法测定蛋白质含量的原理和方法。

二、原理

考马斯亮蓝 G-250 测定蛋白质含量属于染料结合法的一种。考马斯亮蓝 G-250(Coomassie brilliant blue G-250）在游离状态下呈红色，当它与蛋白质结合后变为蓝色，前者最大光吸收在 465 nm，后者在 595 nm。在一定蛋白质浓度范围内（0.01～1.0 mg/mL），蛋白质-色素结合物在 595 nm 波长下的吸光值与蛋白质含量成正比，故可用于蛋白质的定量分析。蛋白质与考马斯亮蓝 G-250 结合 2 min 左右达到平衡，完成反应十分迅速；其结合物在室温下 1 h 内保持稳定；该反应非常灵敏，可测微克级蛋白质含量，所以是一种常用的蛋白质快速微量测定法。

三、材料、用具和试剂

1. 材料 小麦叶片或绿豆芽下胚轴等。

2. 用具　分光光度计、离心机、分析天平等。

3. 试剂

（1）标准蛋白质溶液。精确称取 100 mg 牛血清白蛋白，溶于 100 mL 蒸馏水中，即为 1 000 μg/mL 的原液。吸取上述溶液 10 mL，用蒸馏水稀释至 100 mL，即为 100 μg/mL 的标准蛋白质溶液。

（2）考马斯亮蓝 G－250 试剂。称取 100 mg 考马斯亮蓝 G－250，溶于 50 mL 95%乙醇中，加入 85%（质量体积分数）的磷酸 100 mL，最后用蒸馏水定容到 1 000 mL。此试剂在常温下可放置一个月。

四、操作步骤

1. 标准曲线的制作

（1）0～100 μg/mL 标准曲线的制作。取 6 支试管，编号，按表 10－5 配制 0～100 μg/mL 牛血清白蛋白溶液各 1 mL。

表 10－5

试　剂	管　号					
	1	2	3	4	5	6
100 μg/mL 标准蛋白质溶液/mL	0	0.2	0.4	0.6	0.8	1.0
蒸馏水/mL	1.0	0.8	0.6	0.4	0.2	0
蛋白质含量/μg	0	20	40	60	80	100

准确吸取所配各管溶液 0.1 mL，分别放入 10 mL 具塞试管中，加入 5.0 mL 考马斯亮蓝 G－250 试剂，盖塞，将试管中溶液纵向倒转混合，放置 2 min 后，在 595 nm 波长下比色测定，记录吸光值。以牛血清白蛋白（μg）为横坐标，以吸光值为纵坐标，绘制标准曲线。

（2）0～1 000 μg/mL 标准曲线的制作。取 6 支试管，编号，按表 10－6 配制 0～1 000 μg/mL 牛血清白蛋白溶液各 1 mL。

表 10－6

试　剂	管　号					
	7	8	9	10	11	12
1 000 μg/mL 标准蛋白原液/mL	0	0.2	0.4	0.6	0.8	1.0
蒸馏水/mL	1.0	0.8	0.6	0.4	0.2	0
蛋白质含量/μg	0	200	400	600	800	1 000

后续操作步骤与（1）相同，绘制 0～1 000 μg/mL 的标准曲线。

2. 样品提取液中蛋白质浓度的测定　准确称取小麦叶片（或绿豆芽下胚轴）约 200 mg 放入研钵中，加入 5.0 mL 蒸馏水在冰浴中研成匀浆，转移到离心管中，于 4 000 r/min 离心 10 min，将上清液倒入 10 mL 容量瓶，再向残渣中加入 2.0 mL 蒸馏水，悬浮后以 4 000 r/min 再离心 10 min，合并上清液，用蒸馏水定容至刻度。

吸取待测液 0.1 mL（需做重复），放入具塞刻度试管中，加入 5.0 mL 考马斯亮蓝 G－250

试剂，充分混合，放置2 min后，以标准曲线1号管作为空白，在595 nm波长下比色，记录吸光值。

五、结果计算

$$蛋白质含量（\mu g/g，鲜重）=\frac{A(\mu g)\times 提取液总体积（mL）}{测定用提取液体积（mL）\times 样品鲜重（g）}$$

式中，A 为标准曲线上查得的蛋白质含量（μg）。

［附注］

比色应在显色2～60 min内完成。

［思考题］

1. 考马斯亮蓝G-250法测定蛋白质含量的原理是什么？
2. 如何正确使用分光光度计？

方法四　BCA法

一、目的

1. 学习和掌握BCA法测定蛋白质含量的原理。
2. 掌握721分光光度计的使用。

二、原理

BCA（二喹啉甲酸）法是十分常用的蛋白质比色定量方法，很多试剂供应商都提供BCA蛋白定量试剂盒。其原理是在碱性条件下，蛋白质分子中肽键结构与Cu^{2+}结合并将Cu^{2+}还原为Cu^{+}，Cu^{+}与BCA试剂形成稳定的紫色络合物，其吸光值与蛋白浓度成正比。测定在562 nm处的吸光值，并与标准曲线对比，即可计算待测蛋白的浓度。

$$蛋白质+Cu^{2+}\xrightarrow{OH^{-}}Cu^{+}$$

该方法具有以下特点：①经济实用，除试管外，测定可在微孔板中进行，大大节约样品和试剂用量；②结果准确灵敏，BCA试剂的蛋白质测定范围是20～2 000 μg/mL，有些公司产品的试剂测定范围可达0.5～20 μg/mL；③快速，45 min内完成测定，比经典的Lowry法快4倍而且更加方便；④抗干扰能力强；⑤测定蛋白浓度不受绝大部分样品中的去污剂、尿素等化学物质的影响，但对还原剂和螯合剂敏感。

三、材料、用具和试剂

1. 材料 猪血清。

2. 用具 721 分光光度计、恒温水浴锅、分析天平、试管等。

3. 试剂

(1) 试剂 A。分别称取 10 g BCA、20 g $Na_2CO_3 \cdot H_2O$、1.6 g $Na_2C_4H_4O_6 \cdot 2H_2O$(酒石酸钠)、4 g NaOH、9.5 g $NaHCO_3$,用蒸馏水溶解并定容至 1 L,用 NaOH 或固体 $NaHCO_3$ 调节 pH 至 11.25。

(2) 试剂 B。取 2 g $CuSO_4 \cdot 5H_2O$,加蒸馏水溶解并定容至 50 mL。

(3) BCA 工作液。取 50 份试剂 A 与 1 份试剂 B 混合均匀。此试剂可稳定一周。

(4) 蛋白质标准液(1.5 mg/mL)。准确称取 1.5 g 牛血清白蛋白,用蒸馏水溶解并定容至 100 mL,制成 15 mg/mL 的溶液。用时稀释 10 倍。

四、操作步骤

取 7 支试管,编号,按表 10-7 加入试剂。

表 10-7

试剂	管号						
	0	1	2	3	4	5	测定管
蛋白质标准液/mL	—	0.02	0.04	0.06	0.08	0.1	—
蒸馏水/mL	0.1	0.08	0.06	0.04	0.02	—	—
样品/mL	—	—	—	—	—	—	0.1
BCA 工作液/mL	2.0	2.0	2.0	2.0	2.0	2.0	2.0
蛋白质含量/μg	—	30	60	90	120	150	

将加入试剂的各管混匀后于 37 ℃保温 30 min,在 562 nm 波长处比色测定吸光值。

五、结果与计算

1. 以蛋白质含量为横坐标、吸光值为纵坐标绘制标准曲线。

2. 用测定管平均吸光值在标准曲线上查出相应的蛋白质含量,便计算出该待测血清蛋白质的含量(g/L)。

[附注]

1. 本方法受温度和时间影响较大,故需要准确定时和定温,以保证精确定量。

2. 本方法受样品中螯合剂和还原剂的影响,所以需确保 EDTA 浓度不高于 10 mmol/L,二硫苏糖醇不高于 1 mmol/L,β-巯基乙醇不高于 1 mmol/L,否则建议使用 Bradford 蛋白浓度测定试剂盒。

[思考题]

1. 试比较 BCA 法与 Folin-酚法、Lowry 法的异同。

2. BCA 法常用于科研中,其有哪些特点?

实验 17　蛋白质相对分子质量测定

方法一　凝胶过滤法

一、目的

学习和掌握凝胶过滤法测定蛋白质相对分子质量的原理和基本操作技术。

二、原理

交联葡聚糖（商品名 Sephadex）是由细菌葡聚糖（以右旋葡萄糖为残基的多糖）用交联剂环氧氯丙烷交联形成的有三维空间的网状结构物。控制葡聚糖和交联剂的配比及反应条件就可决定其交联度的大小（交联度越大，“网眼”就越小），从而得到各种规格的交联葡聚糖即不同型号的凝胶。“G”后的数字表示交联度，数字越小，交联度越大，吸水量也就越小（表 10－8）。

表 10－8　Sephadex 的技术数据

型号	肽与蛋白质的相对分子质量（M_r）	得水值/(g/g)	床体积/(mL/g)	最小溶胀时间/h	
				室温	沸水浴
G－10	<700	1.0±0.1	2～3	3	1
G－15	<1 500	1.5±0.2	2.5～3.5	3	1
G－25	700～5 000	2.5±0.2	4～6	6	2
G－50	500～10 000	5.0±0.3	9～11	6	2
G－75	1 000～50 000	7.5±0.5	12～15	24	3
G－100	1 000～100 000	10.0±1.0	15～20	28	5
G－150	1 000～150 000	15±1.5	20～30	72	5
G－200	1 000～200 000	20±2.0	30～40	72	5

把经过充分溶胀的凝胶装入层析柱中，加入样品后，由于交联葡聚糖的三维空间网状结构，小分子能够进入凝胶，较大的分子则被排阻在交联网状物之外，因此各组分在层析床中移动的速度因分子的大小而不同。相对分子质量（M_r）大的物质只是沿着凝胶颗粒间的孔隙随溶剂流动，其流程短，移动速度快，先流出层析柱；相对分子质量小的物质可以进入凝胶颗粒，流程长，移动速度慢，比相对分子质量大的物质迟流出层析柱。经过分步收集流出液，相对分子质量不同的物质便可相互分离。

交联葡聚糖分子含有大量的羟基，极性很强，易吸水，所以使用前必须用水充分溶胀。1 g 干重凝胶充分溶胀时所需的水量（mL）称为凝胶的得水值（W_r）。因为得水值不易测定，故常用溶胀度来表示凝胶的得水性，其定义是每克干重凝胶颗粒在水中充分溶胀后所具有的凝胶总体积。

凝胶总体积（总床体积）（V_t）是干胶体积（V_g）、凝胶颗粒内部的水的体积（V_i）及凝胶颗粒外部的水的体积（V_o）之和（图 10-4）。

$$V_t = V_g + V_i + V_o$$

V_t 也可从柱的直径及高度计算。V_o 为外水体积，可用洗脱一个已知完全被排阻的物质（如蓝葡聚糖 2 000）的方法来测定，此时其洗脱体积就等于 V_o。V_i 为内水体积，可以从凝胶干重（m）和得水值 W_r 计算：$V_i = m \cdot W_r$。

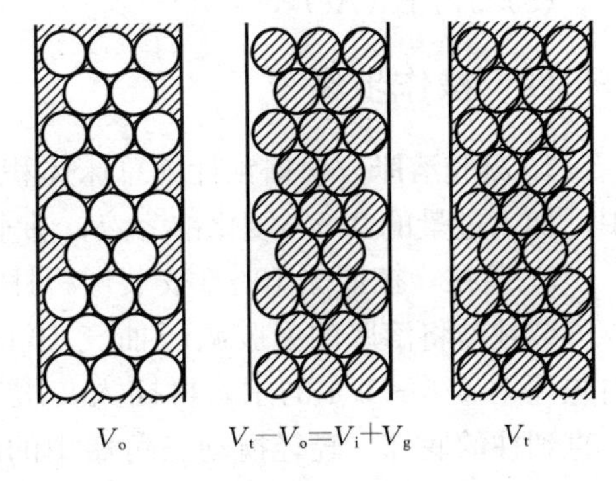

图 10-4　凝胶柱床中 V_t、V_o 等的关系

某物质的洗脱体积 V_e 为：$V_e = V_o + K_d V_i$

K_d 为溶质在流动相和固定相之间的分配比例（分配系数），每一溶质都有特定的 K_d 值，它与层析柱的几何形状无关。

根据上式，得：$K_d = \dfrac{V_e - V_o}{V_i} = \dfrac{V_e - V_o}{m \cdot W_r}$

如果分子完全被排阻，则 $K_d = 0$，$V_e = V_o$；如果分子可以完全进入凝胶，那么 $K_d = 1$，$V_e = V_o + V_i$。在通常的工作范围内 K_d 是一个常数（$0 < K_d < 1$），有时 K_d 可能大于 1，则说明发生了凝胶对溶质的吸附。

由于 V_i 不易正确测定，而 V_g 所造成的偏差不大，若把整个凝胶相都作为固定相，则分配系数以 K_{av} 表示：

$$K_{av} = \frac{V_e - V_o}{V_t - V_o}$$

溶质吸脱特征的有关参数（V_e/V_o，V_e/V_t，K_d，K_{av}）都与溶质的相对分子质量（M_r）成对数线性关系，先洗脱几个已知相对分子质量的球蛋白，以 V_e/V_o 为纵坐标，$\lg M_r$ 为横坐标作图，然后在同样条件下洗脱未知样品，据其 V_e/V_o 值在图中查出相对应的 $\lg M_r$，从而进一步算出其相对分子质量 M_r（图 10-5）。

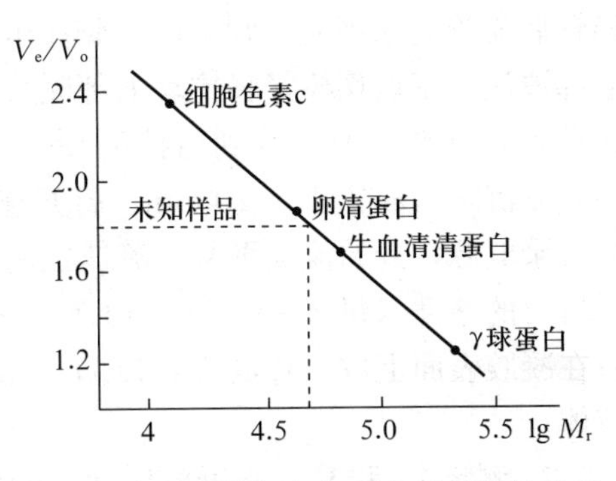

图 10-5　洗脱特征与相对分子质量的关系

三、材料、用具和试剂

1. 材料　蛋白质样品。

2. 用具　恒流泵、自动部分收集器、核酸蛋白检测仪或紫外分光光度计、层析柱（直径 1.0～1.3 cm，管长 90～100 cm）等。

3. 试剂

（1）标准样品。可以购买标准蛋白商品，也可以将不同分子质量的标准蛋白质混合而成。2～3 mg/mL 混合液用氯化钾-乙酸溶液配制，牛血清清蛋白（M_r 为 67 000）、鸡卵清蛋白（M_r 为 25 000）、胰凝乳蛋白酶原 A（M_r 为 25 000）和结晶牛胰岛素（pH 2 时为二聚体，M_r 为 12 000）等均需层析纯级。

（2）2 mg/mL 蓝色葡聚糖 2 000 -硫酸铵混合液。

（3）0.9%氯化钠溶液。

（4）Sephadex G - 200（或 G - 100）。

（5）5% $Ba(Ac)_2$。

四、操作步骤

1. 凝胶溶胀　根据预计的总床体积和所用干胶的床体积，称出所需干凝胶放入三角瓶中，加入过量的 0.9%氯化钠溶液，沸水浴中煮沸 5 h，冷却至室温。

2. 装柱　按照图 10 - 6 安装层析柱、恒流泵、紫外检测仪和部分收集器。

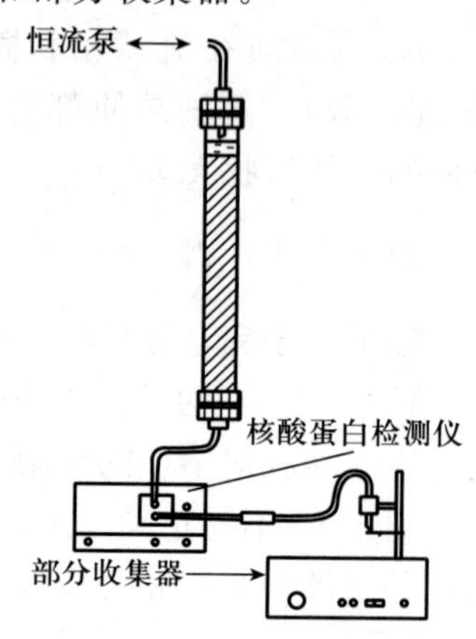

图 10 - 6　层析系统

装柱前将溶胀的凝胶减压抽气 10 min 以除去气泡。在柱内先注入 1/5～1/4 的水，再插入一根直径稍小的长玻璃管，一直到柱的底部。轻轻搅动三角瓶中的凝胶（切勿搅动太快，以免空气进入），使形成均一的凝胶浆，并立即沿玻璃棒倒入长玻璃管内。待凝胶开始沉降时打开出口，并缓缓提起长玻璃管。然后一边灌凝胶，一边提升玻璃管（长玻璃管的作用是可以减少“管壁效应”以使柱装得比较均匀），直至液体充满整个柱时再将玻璃管抽出。柱要一次装完，不能间歇。如抽出玻璃管后凝胶尚未倒完，则不待凝胶完全沉降形成胶面时就吸出上部清液，用玻璃棒轻轻搅动上部凝胶，再继续加入凝胶，如此重复，直至胶面上升到离柱的顶端约 5 cm 处时停止装柱。待凝胶沉降后放置 15～20 min，打开连接 0.9%氯化钠溶液的恒流泵电源，开始流动平衡。流速控制在每 2～3 min 低于 1 mL，在平衡过程中逐渐增加到层析时的速度（每 2～3 min 1 mL）。一般用 3～5 倍总床体积的洗脱液流过柱就可以了。然后在凝胶表面上放一片滤纸，以防将来在加样时凝胶被冲起，并始终保持凝胶上端有一段液体。

3. 测定 V_o 和 V_i　将凝胶床面上的液体吸掉，面上留下一些液体从柱的出口流出。等到凝胶床面上的液体正好流干时，用滴管将 0.5 mL 2 mg/mL 蓝色葡聚糖 2 000 -硫酸铵混合液加到凝胶床面上。待其正好流干时再加少量 0.9%氯化钠溶液，使床面上液体高度不小于 5 cm。这样滴入洗脱液时不会冲动凝胶床面。开启部分收集器和恒流泵电源进行洗脱。流速控制在每 2～3 min 1 mL，分别测出 V_e，蓝色葡聚糖的 V_e 即为该柱的 V_o，硫酸铵洗脱体积 V_e 减去 V_o 即为柱的 V_i。蓝色葡聚糖的洗脱峰可根据颜色判断，硫酸铵洗脱峰用 $Ba(Ac)_2$ 生成沉淀判断。洗脱过程中注意观察蓝色区带向下移动的情况，如前沿平齐，区带均匀，说明柱是均匀的，可以使用。如不均一，必须重新装柱。

4. 标准曲线的制作　按上述方法将 1 mL 标准蛋白质混合液上柱，然后用 0.9%氯化钠溶液洗脱。流速为每 10 min 3 mL，核酸蛋白质检测仪 280 nm 处检测，记录洗脱曲线，3 mL一管，用部分收集器收集。或收集后用紫外分光光度计于 280 nm 处测定每管吸光值。以管号（或洗脱体积）为横坐标、吸光值为纵坐标绘制洗脱曲线。

根据洗脱峰位置，量出每种蛋白质的洗脱体积。然后，以蛋白质相对分子质量的对数 $\lg M_r$ 为纵坐标、V_e/V_o 为横坐标，绘制标准曲线。同时根据已测出的 V_o 和 V_i 以及通过测量柱的直径和凝胶柱高度，计算出 V_t，再分别求出 K_d 和 K_{av}，也可以 K_d 和 K_{av} 为横坐标、$\lg M_r$ 为纵坐标绘制标准曲线。

5. 未知样品的相对分子质量的测定 完全按照标准曲线的条件操作。根据紫外检测的洗脱峰位置，量出洗脱体积（V_e），重复测定 1～2 次，取其平均值。也可以先计算出 K_{av}，分别由标准曲线查得样品的相对分子质量。

［附注］

1. 层析柱粗细必须均匀，柱管大小可根据实际需要选择，一般来说，细长的柱分离效果较好。若样品量多，最好选用内径较粗的柱，但此时分离效果稍差。柱管内径太小时，会发生"管壁效应"，即柱管中心部分的组分移动慢，而管壁周围的移动快。柱越长，分离效果越好，但柱过长，实验时间长，样品稀释度大，分离效果反而不好。

2. 各接头不能漏气，连接用的小乳胶管不要有破损，否则造成漏气、漏液。操作过程中，层析柱内液面不断下降，则表示整个系统有漏气之处，应仔细检查并加以纠正。

3. 始终保持柱内液面高于凝胶表面，否则水分挥发，凝胶变干。同时，也要防止液体流干，使凝胶混入大量气泡，影响液体在柱内的流动，导致分离效果变差，不得不重新装柱。

4. 洗脱用的液体应与凝胶溶胀所用液体相同，否则，由于更换溶剂引起凝胶容积变化，会影响分离效果。

［思考题］

1. 概述凝胶过滤法测定蛋白质相对分子质量的原理。

2. 做好本实验的注意事项有哪些？

方法二 SDS-聚丙烯酰胺凝胶电泳法

一、目的

学习 SDS-聚丙烯酰胺凝胶电泳法测定蛋白质分子质量的原理与方法。

二、原理

天然蛋白质在电场中泳动的迁移率主要取决于所带电荷的多少、分子质量的大小以及分子的形状等因素。1967 年 Shapiro 等人发现，在有阴离子去污剂十二烷基硫酸钠（sodium dodecyl sulfate，SDS）存在时，蛋白质的迁移率则主要取决于它的分子质量的大小，而与其所带电荷的多少以及形态无关。1969 年 Weber 和 Osborn 用此法测定出了约 40 种蛋白质的迁移率，结果证明，蛋白质的迁移率和其分子质量的对数成直线关系：

$$\lg M_W = -bm + k$$

式中，M_W 为分子质量；m 为迁移率；b 为斜率；k 为常数。

实验证明，分子质量为 12 000～200 000 u 的蛋白质，用此法测得的分子质量，与用其他方法测得的相比，误差一般在±10%以内，重复性高。此方法还具有设备简单、样品用量甚微、操作方便等优点，现已成为测定某些蛋白质分子质量的常用方法。

应用此法测分子质量，是将几种已知分子质量的标准蛋白混合物与待测样品同时进行 SDS-聚丙烯酰胺凝胶电泳，获得各样品的相对迁移率。以标准蛋白质的分子质量为纵坐标、相对迁移率为横坐标，在半对数坐标纸上绘出标准曲线（图 10－7）（若以普通坐标纸作图，则纵坐标应取蛋白分子质量的对数值），然后根据待测样品的相对迁移率，即可从标准曲线上求得其分子质量。

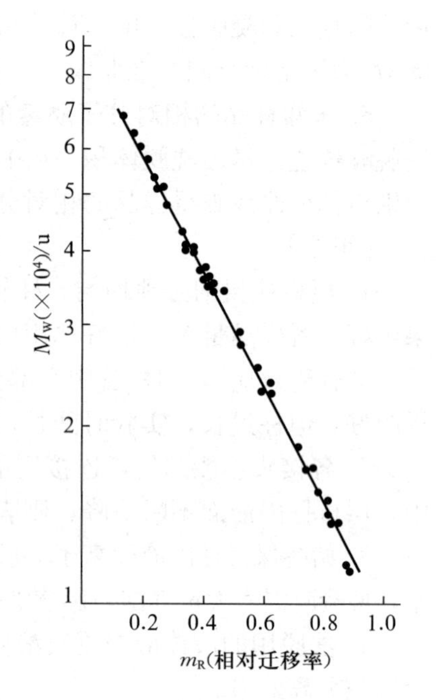

图 10－7 37 种蛋白质的分子质量对相对迁移率直线
（分子质量为 11 000～70 000 u，10% 凝胶，pH 7.2 SDS－磷酸盐缓冲系统）

加入含有巯基乙醇的 SDS 后，巯基乙醇打开蛋白质分子中的二硫键，而 SDS 能打开蛋白质分子的氢键和疏水键，使蛋白质变性为松散的线状。同时大多数蛋白质都能按每个氨基酸与固定量的 SDS 结合［溶液中的 SDS 总量，至少要比蛋白质的量高 3 倍，一般是高达 10 倍以上时，大多数蛋白质与 SDS 按 1∶1.4（质量比）的比例结合］，形成 SDS－蛋白质复合物，其结果：①由于 SDS 带有很强的负电荷，所以使 SDS－蛋白质复合物都带上了相同密度的负电荷，其电量大大超过了蛋白质分子原有的电荷量，基本掩盖了不同种类蛋白质间原有的电荷差别；②SDS 与蛋白质结合后，改变了蛋白质原有的构象，使所有蛋白质水溶液中 SDS－蛋白质复合物的形状都近似长椭圆柱形。不同 SDS－蛋白质复合物的短轴直径都一样，约为 1.8 nm，而长轴则与蛋白质分子的大小成正比。这样 SDS－蛋白质复合物在凝胶电泳中的迁移率就不再受蛋白质原有电荷及其形状的影响，而只取决于椭圆柱的长度，也就是蛋白质分子质量的大小。

不同浓度的聚丙烯酰胺凝胶适用于不同范围的蛋白质分子质量大小的测定。实验中应选择使用分子质量与待测样品分子质量大小相近似的标准蛋白质样品，从而使待测样品的分子质量恰好处在标准蛋白质的范围之内。

此法虽然适用于大多数蛋白质分子质量的测定，但对于一些蛋白质，如带有较大辅基的蛋白质（如某些糖蛋白）、结构蛋白（如胶原蛋白）等，由于不能定量地与 SDS 相结合，因而测定结果偏差较大。另外，由亚基（如血红蛋白）或由两条以上肽链（如 α 胰凝乳蛋白酶）组成的蛋白质，在 SDS 的作用下将解离成亚基或单条肽链，其电泳后测得的只是这些蛋白质的亚基或单条肽链的分子质量，而不是整个蛋白质的分子质量。

三、材料、用具和试剂

1. 材料

（1）标准蛋白质样品的制备。本实验使用低分子质量标准蛋白样品（表 10－9），按商品说明配制。

表 10－9 各种蛋白质的分子质量

蛋白质名称	分子质量/u
磷酸化酶 B	94 000
牛血清清蛋白	67 000

（续）

蛋白质名称	分子质量/u
肌动蛋白	43 000
碳酸酐酶	30 000
烟草花叶病毒外壳蛋白	17 500

（2）待测蛋白质样品的制备。固体蛋白质样品的制法是称取各种蛋白质 0.5 mg 放入一个小试管或 1.5 mL 的塑料管中，按 0.5 mg/mL 的比例，加入稀释 1 倍的 2×样品稀释液，使之溶解，在沸水浴中加热 2 min，储存于－20 ℃冰箱中备用。

液体蛋白质样品的制备，如血清，则取一定量（5μL）加入等体积的 2×样品稀释液混匀，然后置沸水浴中 2 min，冷却备用。若待测蛋白质样品太稀可经浓缩后再制备。制备好的标准、待测样品每次用完后，放入－20 ℃冰箱保存。若存放时间较长，则使用前应在沸水浴中加热 1 min，但同一样品重复处理的次数不宜过多。

2. 用具　垂直板电泳槽、电泳仪、烧杯、移液管、滴管、微量进样注射器等。

3. 试剂

（1）30%Acr－0.8%Bis（质量体积分数）。将 30 g Acr、0.8 g Bis 溶于 100 mL 蒸馏水中，过滤，于 4 ℃暗处储存，1 个月内可使用。

（2）1 mol/L Tris-HCl 缓冲液（pH8.8）。取 Tris 121 g 溶于蒸馏水中，用浓 HCl 调 pH 至 8.8，用蒸馏水定容至 1 000 mL。

（3）1 mol/L Tris-HCl 缓冲液（pH6.8）。取 Tris 121 g 溶于蒸馏水中，用浓 HCl 调 pH 至 6.8，用蒸馏水定容至 1 000 mL。

（4）10%（质量体积分数）SDS。

（5）10%（质量体积分数）过硫酸铵（新配制）。

（6）TEMED。直接用原液，避免挥发。

（7）电极缓冲液（pH 8.3）。取 Tris 30.3 g、甘氨酸 144.2 g、SDS 10 g，用蒸馏水溶解并定容至 1 000 mL。使用时 10 倍稀释。

（8）2×样品稀释液。取 SDS 500 mg、巯基乙醇 1 mL、甘油 3 mL、溴酚蓝 4 mg、1 mol/L pH 6.8 Tris－HCl 2 mL，用蒸馏水溶解并定容至 10 mL。－20 ℃储存，以此液制备样品时，样品若为固体，应稀释 1 倍使用；样品若为液体，则加入与样品等体积的原液混合即可。

（9）染色液。取考马斯亮蓝 R－250 0.5 g、甲醇 450 mL、冰醋酸 100 mL，加水 450 mL，溶解后过滤使用。

（10）脱色液。取醋酸 70 mL、甲醇 200 mL，加水 1 730 mL，混匀使用。使用后的脱色液用活性炭吸附后过滤，可以重复使用。

（11）1.5%琼脂。将 1.5 g 琼脂加在 100 mL 蒸馏水中，在水浴锅或电热套上加热熔化。

四、操作步骤

1. 制板　SDS－聚丙烯酰胺凝胶配制成后，可以注入玻璃管中铸成柱状，进行圆盘电泳。也可以进行垂直板状电泳，两种方法均可得到满意的结果。

本实验选用垂直板状电泳，玻璃板需要洁净干燥。在无凹槽的玻璃板两边各加入一条封条（其厚度根据需要而定）。然后放上带有凹槽的玻璃板，用夹子将两块玻璃板垂直放在一个高 2 cm、宽 2 cm 比玻璃板面长的一个小槽内，固定在制胶架上（商品电泳槽有配套装置），沿封条外缘滴下熔化的 1.5%琼脂，同时在玻璃板下面的小槽内灌入同样的琼脂溶液将其封严，防止凝胶液渗漏。

2. 制备分离胶　按表 10－10 相对比例配制所需浓度的分离胶。本实验中分离胶浓度为 10%，凝胶总用量根据玻璃板的间隙体积而定。

表 10－10　分离胶的制备

试　剂	凝胶浓度				
	5%	7.5%	10%	12.5%	15%
30%Acr－0.8%Bis/mL	5.0	7.5	10	12.5	15
1 mol/L pH 8.8 Tris－HCl 缓冲液/mL	11.2	11.2	11.2	11.2	11.2
H_2O/mL	13.7	11.2	8.7	6.2	3.7
10% SDS/mL			0.3		
10%过硫酸铵/mL			0.1～0.2		
TEMED/μL			20		

将上述胶液配好，混匀后，迅速注入两块玻璃板的间隙中，至胶液面离玻璃板凹槽 3.5 cm左右。然后在胶面上轻轻铺 1 cm 高的水，加水时通常顺玻璃板慢慢加入，勿扰乱胶面。垂直放置胶板于室温 20～30 min 使之凝聚。此时，在凝胶和水之间可以看到很清晰的一条界面，然后吸出胶面上的水。

3. 制备浓缩胶　无论使用何种浓度的分离胶，都使用同一种浓缩胶，其用量根据实际情况而定，制备方法按表 10－11 相对比例混合所需溶液，用少量灌入玻璃板间隙中，冲洗分离胶胶面，而后倒出。然后把余下的胶液注入玻璃板间隙，使液面与玻璃板凹槽处平齐，而后插入样品梳子，在室温放置 20～30 min，浓缩胶即可凝聚。凝聚后，慢慢取出梳子，取时应防止把胶孔弄破。取出梳子后，在形成的胶孔中加入蒸馏水，冲洗出未凝聚的丙烯酰胺等，倒出孔中水，再加入电极缓冲液。

表 10－11　浓缩胶的制备

试　剂	用　量
30%Acr－0.8%Bis	1.67 mL
1 mol/L Tris－HCl 缓冲液(pH 6.8)	1.25 mL
H_2O	7.03 mL
10%SDS	0.1 mL
10%过硫酸铵	0.1 mL
TEMED	10.0 μL

将灌好胶的玻璃板垂直固定在电泳槽上，带凹槽的玻璃板与电泳槽紧贴在一起，形成一个储液槽，向其中加入电极缓冲液，使其与胶孔中的缓冲液相接触。在电泳槽下端的储液槽中也加入电极缓冲液。

4. 加样　加样的量应适中，样品中至少含有 0.25 μg 的蛋白质，染色后才能检测得出，

1.0 μg 的蛋白质则十分明显。样品的点样体积根据样品溶液的浓度及胶孔的大小，可为 10～100 μL。

加样时用微量进样器（50～100 μL 体积）吸取已处理好的标准蛋白质样品 20 μL（或根据商品说明加样）。将进样器针头穿过胶孔上的缓冲液，使样品落在凝胶面上，推时要慢，用力过猛会使样品扩散于缓冲液中。以同样方法加入 20 μL 待测蛋白质样品。为了获得准确结果，每个样品应做两个平行。

5. 电泳及结果测量　将电泳槽及电泳仪相连接，上槽为负极，下槽为正极。打开电源开关，将电压调至最大，调节电流旋钮，使每板电流为 25 mA 进行电泳，直至样品中染料迁移至离下端 1 cm 时，停止电泳。取下玻璃板，小心地把其中一块玻璃板从凝胶上取下来。在溴酚蓝带的中线插入一段细铜丝（电线内的铜芯）以标出染料的位置。

6. 染色和脱色　将分离胶部分取下，放在盛有染色液的染色槽中浸泡 20～30 min。倒去染色液，用蒸馏水漂洗一次，然后加入脱色液，室温浸泡凝胶或放在摇床上振荡使其脱色，更换几次洗脱液，直至蛋白质区带清晰为止。

将凝胶小心放在一块玻璃板上，测量分离胶上沿至溴酚蓝带的距离和蛋白质移动的距离（分离胶上沿至各蛋白质区带中线的距离）。

五、结果与计算

$$\text{相对迁移率}=\frac{\text{蛋白质移动的距离}}{\text{染料移动距离}}$$

以各标准蛋白质样品相对迁移率作横坐标、蛋白质分子质量作纵坐标，在半对数坐标纸上作图，即可得一条标准曲线（也可取蛋白质分子质量的对数值用一般坐标纸作图）。测得待测蛋白质的相对迁移率后，从标准曲线上即可查出其分子质量。

［附注］

过硫酸铵的量根据室温的不同用量适当的增减，室温低时用量适当增加，反之减少，以分离胶 30～50 min 凝聚为好。

［思考题］

1. SDS-聚丙烯酰胺凝胶电泳测定蛋白质分子质量的原理是什么？
2. 本实验中应注意哪些事项？

实验 18　血清蛋白醋酸纤维素薄膜电泳

一、目的

掌握醋酸纤维素薄膜电泳操作技术，了解血清中各种蛋白质成分。

二、原理

有关醋酸纤维素薄膜电泳的原理见“第二章电泳技术”。

本实验以醋酸纤维素薄膜电泳鉴定清蛋白、α_1 球蛋白、α_2 球蛋白、β 球蛋白、γ 球蛋白。这几种血清蛋白质能与染料氨基黑 10B 结合而显色。由于它们的分子质量、等电点不同，在电场中的泳动速度不同。在 pH 8.6 的缓冲体系中，其泳动顺序为清蛋白＞α_1 球蛋白＞α_2 球蛋白＞β 球蛋白＞γ 球蛋白。

三、材料、用具和试剂

1. 材料　新鲜家兔（或其他动物）的血清（无溶血现象）。

2. 用具　稳压电泳仪、水平电泳槽、醋酸纤维素薄膜（2 cm×8 cm）、培养皿、点样器（盖玻片或曲别针）、直尺、玻璃板、镊子等。

3. 试剂

（1）电极缓冲液（硼酸缓冲液 pH 8.6，0.075 mol/L）。取硼酸 5.60 g、四硼酸钠 5.61 g、氯化钠 1.32 g，加蒸馏水溶解并定容至 1 000 mL。

（2）染色液。称取氨基黑 10B 0.25 g，加入甲醇（AR）50 mL、冰乙酸（AR）10 mL 和蒸馏水 40 mL 配制而成。

（3）漂洗液。将 95%乙醇 45 mL、冰乙酸 5 mL 和蒸馏水 50 mL 混匀而成。

（4）透明液（临用前配制）。将 30 mL 冰乙酸和无水乙醇 70 mL 混匀而成。

（5）浸出液（0.04 mol/L NaOH 溶液）。

四、操作步骤

1. 薄膜预处理及点样

（1）醋酸纤维素薄膜的预处理。据分离样品多少选择尺寸大小合适的醋酸纤维素薄膜，在膜片的无光泽面上用铅笔轻轻画一条加样线。加样线一般在距膜片一端 1.5～3 cm 处或膜片中间，可先做预试性电泳实验来确定加样线的位置。

在膜片的无光泽面朝下的情况下轻轻将膜片放入盛有电极缓冲液的培养皿的液体表面，让膜片吸收电极缓冲液自然下沉，直至膜片完全沉没于电极缓冲液中。如果一开始就将膜片完全浸没，膜片上会聚集许多小气泡从而形成许多不透明的斑点，这样就很难将膜片浸透，而且影响分离效果。浸透后用钝头镊子取出，加在两层滤纸之间以吸去多余的电极缓冲液，但不可吸得过干（膜片上不得出现白色不透明区域，否则重新浸泡）。太干，不利于电泳；太湿，会影响加样，使样品线条扩散变宽，从而影响分离效果。

（2）加样。在膜片无光泽面的加样线上进行加样，一般做线形加样。可用毛细管或玻璃片（如宽度 1 cm，厚度为 1.0～1.5 mm）蘸取样品加在加样线上。定量分析的加样一般用微量注射器。用毛细管或微量注射器加样时应平稳地沿着加样线来回移动，直至预定体积的样品加完为止。样品加样量或加样体积随样品的浓度、染色和检定方法不同而有较大的变化，一般加样体积为每厘米加样线 0.1～5 μL，相当于 5～1 000 μg 蛋白质样品。

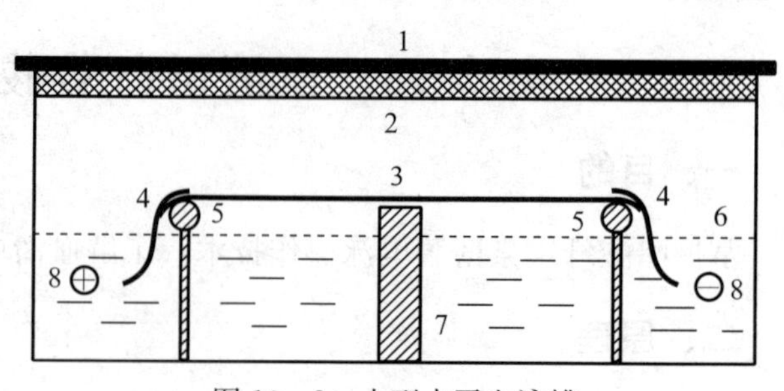

图 10-8　小型水平电泳槽

1. 槽盖板　2. 泡沫塑料　3. 醋酸纤维素薄膜　4. 滤纸盐桥　5. 膜支架　6. 电极缓冲液　7. 电极室中央隔板　8. 电极

2. 电泳　用钝头镊子将加过样的膜片安放在水平电泳槽（图 10-8）的支架上，点样端与电源负极相连，尽可能手指不要接触膜面，以免污染。将电泳槽的两个电极室注入电极缓冲液，用滤纸（或医用纱布）做盐桥。膜片的两端分别用滤纸（或医用纱布）盐桥盖住，以此将膜片拉平固定并使电流通过。

盖上电泳槽的盖子，避免膜片干燥，接通电源进行电泳。室温下，每厘米膜片宽的电流强度应控制在0.4～0.8 mA，调节电压为90～120 V，相当于每厘米长的膜片电压为15～25 V。电泳时间应根据膜片长度、分析目的和检测方法等方面综合考虑。一般采用在样品中加入指示剂染料的方法，如分离蛋白质样品可加入溴酚蓝指示剂。当指示剂移动到距膜片一端1 cm左右时停止电泳。电泳时应避免温度升高或电压太高，否则会使水分的热蒸发作用加剧，使膜片出现干枯现象。

3. 染色　电泳完毕，切断电源。用镊子夹出醋酸纤维素薄膜放入盛有染色液的培养皿中浸泡5 min。取出后用漂洗液浸洗脱色至背景颜色褪去，取出薄膜放在滤纸上，用吹风机的冷风将薄膜吹干。

五、结果处理

1. 定性分析　将漂洗好的薄膜用水洗净，平铺在干净的玻璃板上，判断电泳图谱中蛋白质的区带位置并说明原因。还可将洗净的薄膜浸入透明液中2 min，取出后贴在玻璃板上，两者之间不能有气泡，垂直放置待其自然干燥，或用吹风机冷风吹干且至无酸味。可用小刀片刮下以长期保存，也可进行石蜡封存，将薄膜置液体石蜡中浸泡3 min，用滤纸吸干液体石蜡，压平，长期保存不褪色。

2. 定量分析

（1）直接扫描法。浸于折射率为1.474的油中或其他透明液中使之透明，然后直接用光密度计测定。也可将透明后的薄膜用扫描仪直接扫描测定。

（2）洗脱比色法。将显色后的电泳区带依次剪下，并剪取同样大小无蛋白区带的薄膜作空白对照。将剪下的膜条分别浸泡在4 mL浸出液中，37 ℃水浴保温，每隔5 min振摇一次，使各色带的色泽完全洗脱下来，用722分光光度计在590 nm波长下比色，测定各组分吸光值。按下列公式求出各种蛋白质的相对百分含量：

$$A_{总}=A_{清}+A_{\alpha_1}+A_{\alpha_2}+A_{\beta}+A_{\gamma}$$

$$清蛋白含量=\frac{A_{清}}{A_{总}}\times 100\%$$

$$\alpha_1球蛋白含量=\frac{A_{\alpha_1}}{A_{总}}\times 100\%$$

$$\alpha_2球蛋白含量=\frac{A_{\alpha_2}}{A_{总}}\times 100\%$$

$$\beta球蛋白含量=\frac{A_{\beta}}{A_{总}}\times 100\%$$

$$\gamma球蛋白含量=\frac{A_{\gamma}}{A_{总}}\times 100\%$$

［附注］

正常人血清蛋白质的等电点、分子质量和相对含量见表10-12。

表10-12　正常人血清蛋白质的等电点、分子质量和相对含量

蛋白质	等电点（p*I*）	分子质量/u	相对含量/%
清蛋白	4.88	69 000	54～73
α_1 球蛋白	5.06	200 000	2.78～5.1

（续）

蛋白质	等电点（pI）	分子质量/u	相对含量/%
α_2 球蛋白	5.06	300 000	6.3～10.6
β球蛋白	5.12	9 000～150 000	5.2～11
γ球蛋白	6.85～7.65	156 000～300 000	12.5～20

［思考题］

1. 醋酸纤维素薄膜电泳的原理及优点是什么？

2. 根据人血清蛋白中各组分等电点，估计它们在 pH 8.6 的硼酸电极缓冲液中电泳移动的相对位置。

实验 19　蛋白质印迹

——Western blotting

一、目的

了解蛋白质印迹法的基本原理及其操作和应用。

二、原理

蛋白质印迹法又称为免疫印迹法，这是一种可以检测固定在固相载体上蛋白质的免疫化学方法。待测蛋白既可以是粗提物也可以是经过一定的分离和纯化的蛋白质，另外这项技术的应用需要利用待测蛋白的单克隆或多克隆抗体进行识别。

可溶性抗原，也就是待测蛋白首先要根据其性质，如分子质量、分子大小、电荷以及其等电点等采用不同的电泳方法进行分离；通过电流将凝胶中的蛋白质转移到聚偏二氟乙烯膜上；利用抗体（一抗）与抗原发生特异性结合的原理，以抗体作为探针钓取目的蛋白。值得注意的是在加入一抗前应首先加入非特异性蛋白，如牛血清白蛋白（BSA）对膜进行“封阻”，而防止抗体与膜的非特异性结合。

经电泳分离后的蛋白往往需再利用电泳方法将蛋白质转移到固相载体上，这个过程称为电泳印迹。常用的两种电转移方法有半干法和湿法。

1. 半干法　凝胶和固相载体被夹在用缓冲溶液浸湿的滤纸之间，通电时间为 10～30 min。

2. 湿法　凝胶和固相载体夹心浸放在转移缓冲溶液中，转移时间可从 45 min 延长到过夜进行。

由于湿法的使用弹性更大并且没有明显浪费更多的时间和原料，因此在这里只描述湿法的基本操作过程。

对于目的蛋白的识别需要采用能够识别一抗的第二抗体。该抗体往往是购买的成品，已经被结合或标记了特定的成分，如辣根过氧化物酶。利用辣根过氧化物酶催化反应产物的颜色或发光，可以确定标记二抗所免疫结合的一抗，进而判断出目标蛋白所在的位置。其他的识别系统包括碱性磷酸酶系统和 ^{125}I 标记系统（图 10－9）。

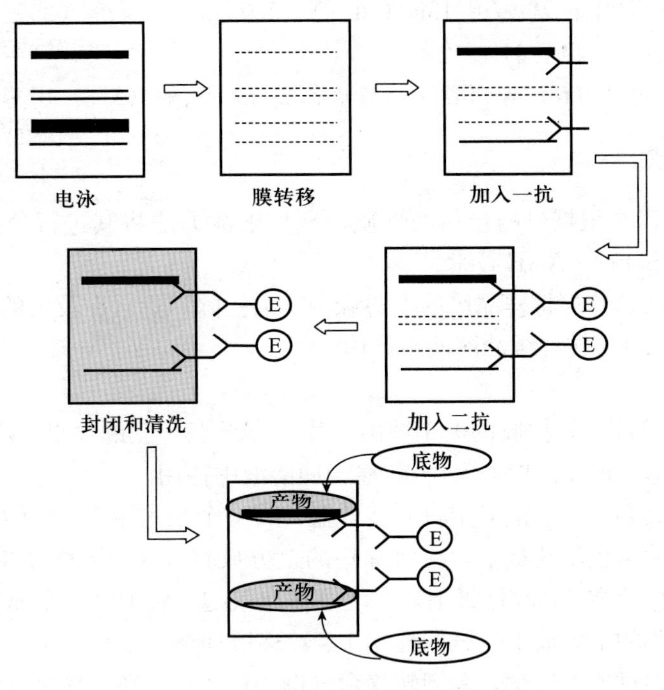

图 10-9 蛋白质印迹法基本操作过程

三、用具和试剂

1. 用具 SDS-PAGE 实验相关装置、电转移装置、供电设备、Whatman 3 mm 滤纸、PVDF 膜（millipore lmmobion-P #IPVH 000 10）、镊子、海绵垫、剪子、手套、小塑料或玻璃容器、浅盘等。

2. 试剂

（1）10×转移缓冲溶液（1 L）。取 30.3 g Trizma base(0.25 mol/L)、144 g 甘氨酸(1.92 mol/L)，加蒸馏水至 1 L，此时 pH 约为 8.3，不必调整。

（2）1×转移缓冲溶液（2 L）。在 1.4 L 蒸馏水中加入 400 mL 甲醇及 200 mL 10×转移缓冲溶液。

（3）TBS 缓冲溶液。将 1.22 g Tris(10 mmol/L) 和 8.78 g NaCl(150 mmol/L) 加入 1 L 蒸馏水中，用 HCl 调节 pH 至 7.5。

（4）TTBS 缓冲溶液。在 1 L TBS 缓冲溶液中加入 0.5 mL Tween 20(0.05%)。

（5）一抗。兔抗待测蛋白抗体（多克隆抗体）。

（6）二抗。辣根过氧化物酶标记羊抗兔。

（7）3%封闭缓冲溶液（0.5 L）。将 15 mg 牛血清白蛋白加入 TBS 缓冲溶液并定容至 0.5 L，过滤，4 ℃保存以防止细菌污染。

（8）0.5%封闭缓冲溶液（0.5 L）。将 2.5 mg 牛血清白蛋白加入 TTBS 缓冲溶液并定容至 0.5 L，过滤，4 ℃保存以防止细菌污染。

（9）显影试剂。取 1 mL 氯萘溶液（30 mg/mL，用甲醇配制）、10 mL 甲醇，加入 TBS 缓冲溶液至 50 mL，然后加入 30 μL 30% H_2O_2。

（10）染色液。取 1 g 氨基黑 18B（0.1%）、250 mL 异丙醇（25%）及 100 mL 乙酸（10%），用蒸馏水溶解定容至 1L。

（11）脱色液。将 350 mL 异丙醇（35%）和 20 mL 乙酸（2%）用蒸馏水定容至 1L。

四、操作步骤

1. 蛋白质的分离 根据目的蛋白的性质，利用电泳方法将其进行分离。为提高电转移的效率，通常采用 SDS-PAGE 技术。

分离实验结束后，首先将样品墙的上边缘用小刀去除，然后在胶板的右上角切一个小口以便定位，小心放入 1×转移缓冲溶液中待用。

2. 电转移

（1）准备 PVDF 膜。根据胶的大小剪出一片 PVDF 膜，膜的大小应略微小于胶的大小。将膜置于甲醇中浸泡 1 min，再移至 1×转移缓冲溶液中待用。

（2）制作胶膜夹心。在一浅盘中打开转移盒，将一个预先用 1×转移缓冲溶液浸泡过的海绵垫放在转移盒的黑色筛孔板上，在海绵垫的上方放置经 1×转移缓冲溶液浸湿的 3 mm 滤纸，小心地将胶板放在 3 mm 滤纸上，并注意排出气泡。将 PVDF 膜放在胶的上方同时注意排出气泡，再在膜的上方放上一张同样用 1×转移缓冲溶液浸湿过的 3 mm 滤纸并赶出气泡，放置另一张浸泡过的海绵垫，关闭转移盒（图 10-10）。将转移盒按照正确的方向放入转移槽中，转移盒的黑色筛孔板贴近转移槽的黑色端，转移盒的白色筛孔板贴近转移槽的白色端，填满 1×转移缓冲溶液同时防止出现气泡。

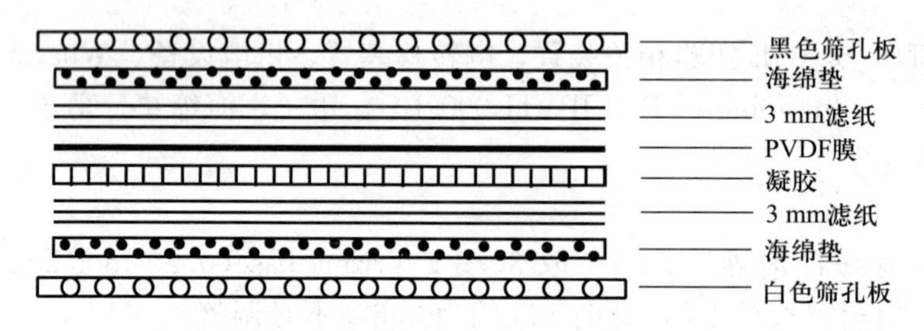

图 10-10 夹心放置顺序

（3）电转移。连接电源，在 4 ℃条件下维持恒压 100 V 1 h。

3. 免疫检测

（1）膜染色。断开电源，将转移盒从转移槽中移出，将转移盒的各个部分分开。用镊子将 PVDF 膜小心放入一个干净的容器中，用 TBS 缓冲溶液进行短暂清洗，从膜上剪下一条宽约 5 mm 的膜放入另一个干净的容器中。将这条膜在染色液中浸泡 1 min，然后在脱色液中脱色 30 min，确定蛋白质已经转移到 PVDF 膜上。

（2）膜的封闭和清洗。对于没有进行染色的膜，首先倒出 TBS 缓冲溶液，加入 3%封闭缓冲溶液，轻轻摇动至少 1 h。倒掉 3%封闭缓冲溶液，并用 TBS 缓冲溶液清洗 3 次，每次 5 min。

（3）一抗。倒掉 TBS 缓冲溶液，加入 10 mL 0.5%封闭缓冲溶液及适量的一抗，轻轻摇动 1 h 以上。从容器中倒出一抗及封闭缓冲溶液，用 TTBS 缓冲溶液清洗 2 次，每次 10 min。

（4）二抗。倒出 TTBS 缓冲溶液，加入 5 mL 0.5%封闭缓冲溶液及适量的二抗。轻轻摇动 30 min，倒出二抗及封闭缓冲溶液，用 TTBS 缓冲溶液清洗 2 次，每次 10 min。

（5）检测。倒掉 TTBS 缓冲溶液，并加入显影剂，轻轻摇动 PVDF 膜，观察显影情况，当能够清晰地看到显色带时，用蒸馏水在 30 min 内分 3 次清洗 PVDF 膜以终止显色反应。

五、实验结果

检查膜上显色结果，蓝紫色带所对应的即是目标蛋白的位置。

[思考题]

1. 蛋白质印迹法的特点是什么？
2. 什么是 BSA？说明它在本实验中的作用。
3. 请说明二抗在蛋白质印迹法中的生物学功能。

第十一章

核　酸　化　学

实验 20　核酸含量的测定

方法一　定磷法

一、目的

学习和掌握定磷法测定核酸含量的原理与方法。

二、原理

磷是核酸分子的重要成分之一，RNA 的平均含磷量为 9.5%，DNA 的平均含磷量为 9.2%。因此，只要测得了总磷量，就可知样品中核酸的含量，即每测得有 1 mg 有机磷，就表示有 10.5 mg 的核酸。

首先用浓硫酸对样品进行消化处理，使核酸中的有机磷变为无机磷。而无机磷与定磷试剂中的钼酸铵在酸性条件下反应生成磷钼酸，其在还原剂作用下被还原成深蓝色的钼蓝。钼蓝在 660 nm 处有最大光吸收，在一定的磷浓度范围内（1～25 μg/mL），光吸收与磷含量成正比。

$$(NH_4)_2MoO_4 + H_2SO_4 \longrightarrow H_2MoO_4 + (NH_4)_2SO_4$$

$$H_3PO_4 + 12H_2MoO_4 \longrightarrow H_3P(Mo_3O_{10})_4 + 12H_2O$$

$$H_3P(Mo_3O_{10})_4 \xrightarrow{\text{还原剂}} \text{钼蓝}$$

生物材料中含有无机磷，为了消除无机磷的影响，应同时测定样品中的总磷量和样品中的无机磷含量（样品未经消化而直接测定的含磷量）。从总磷量中减去无机磷量，才是核酸含磷量。

三、材料、用具和试剂

1. 材料　核酸样品。

2. 用具　电子天平、试管、移液管、凯氏烧瓶、容量瓶、烘箱或远红外消煮炉、离心机、恒温水浴锅、分光光度计等。

3. 试剂

（1）标准磷溶液（10 μg/mL）。精确称取恒重（105 ℃烘干）的磷酸二氢钾 0.219 58 g（含磷 50 mg），用重蒸水溶解并定容至 50 mL，作为储存液置冰箱中保存（可加几滴氯仿作防腐剂）。使用时，取此溶液用重蒸水稀释 100 倍，则含磷量为 10 μg/mL。

(2) 定磷试剂。3 mol/L 硫酸：水：2.5%钼酸铵：10%抗坏血酸=1：2：1：1（体积比）。配制时按上述顺序加试剂。应用重蒸水配制，试剂正常颜色呈浅黄绿色，如呈棕黄色或深绿色则不能使用。抗坏血酸溶液（还原剂）在冰箱中放置可用1个月。

(3) 沉淀剂。称取1 g 钼酸铵溶于14 mL 70%过氯酸中，加386 mL 重蒸水。

(4) 5 mol/L 硫酸。

(5) 30%过氧化氢。

四、操作步骤

1. 标准曲线的制作

(1) 取6支洁净干燥的试管，编号，按表11-1依次加入各种试剂。

表11-1

试剂	管号					
	1	2	3	4	5	6
标准磷溶液/mL	0	0.2	0.4	0.6	0.8	1.0
重蒸水/mL	3.0	2.8	2.6	2.4	2.2	2.0
定磷试剂/mL	3.0	3.0	3.0	3.0	3.0	3.0
相当于无机磷量/μg	0	2	4	6	8	10

(2) 将试管内溶液立即摇匀，于45 ℃恒温水浴锅内保温25 min。取出冷却至室温后分别测定其在660 nm 的吸光值。

(3) 以磷含量（μg）为横坐标、吸光值为纵坐标，绘制标准曲线。

2. 样品总磷量测定

(1) 取4个凯氏烧瓶，1、2号瓶内各加0.5 mL 蒸馏水作为空白对照，3、4号各加0.5 mL 制备的核酸样品液（约3 mg 核酸），然后各加1.5 mL 5 mol/L 硫酸。

(2) 将凯氏烧瓶置烘箱或远红外消煮炉内，于140～160 ℃消化2～4 h。待溶液呈黄褐色后，取出稍冷，加入1～2滴30%过氧化氢（勿滴于瓶壁），继续消化，直至溶液透明为止。取出，冷却后加0.5 mL 蒸馏水，于沸水浴中加热10 min，以分解消化过程中形成的焦磷酸。然后将凯氏烧瓶中的溶液转移到50 mL 容量瓶内，用蒸馏水定容至刻度。

(3) 取4支试管，分成2组，分别加入1 mL 上述定容后的空白和样品溶液，然后再依次加入2 mL 蒸馏水和3 mL 定磷试剂，按照绘制标准曲线的操作步骤进行定磷比色。根据标准曲线查出磷的质量。

3. 样品无机磷含量测定 取4个离心管，两个管中各加水0.5 mL，另两个管中各加0.5 mL 制备的核酸样品液，然后向4个离心管中各加0.5 mL 沉淀剂，摇匀，以3 500 r/min 离心15 min，取0.1 mL 上清液，加2.9 mL 水及3 mL 定磷试剂，同上法比色，由标准曲线查出无机磷的质量。

五、结果与计算

$$样品的有机磷含量=\frac{P_{总}-P_{无}}{m}\times100\%$$

式中，$P_{总}$ 为样品的总磷量（μg）；$P_{无}$ 为样品的无机磷量（μg）；m 为样品质量（μg）。

核酸的平均含磷量约为 9.5%，可根据上述结果计算出样品中核酸的含量。

[附注]

1. 钼蓝是钼以混合价态所形成的一系列氧化物及氢氧化物混合型化合物的总称，呈深蓝色。钼的平均化合价为 5~6，用不同的还原方式可获得不同状态的钼蓝。

2. 钼蓝反应极为灵敏，实验器皿需特别清洁，所有试剂需用重蒸水或无离子水配制。

[思考题]

1. 除了无机磷外，生物体中还有哪些含磷物质会影响定磷法测定核酸含量的准确性?

2. 如何分别检测出核酸样品中 RNA 和 DNA 的含量?

3. 测定无机磷含量时，加入沉淀剂的目的是什么?

方法二　紫外吸收法

一、目的

学习和掌握紫外吸收法测定核酸含量的原理与方法。

二、原理

核酸含有嘌呤和嘧啶两种碱基，二者都具有共轭双键（—C=C—C=C—），能强烈吸收 250~290 nm 波段的紫外光，最大吸收值在 260 nm 左右。遵照 Lambert - Beer 定律，可以从紫外吸光值的变化来测定核酸物质的含量。紫外吸收法测定核酸含量简便、快速、灵敏度高，可检测出低至 3 μg/mL 的核酸含量。

由于核酸的含氮碱基数目与磷酸的磷原子数目相等，而且核酸经消化后，水解下的无机磷可直接测定，因此可以根据磷的含量来测定核酸的含量。本实验采用常用的摩尔消光系数法测定核酸的含量。核酸的摩尔消光系数用 ε 表示：

$$\varepsilon=\frac{A}{CL}$$

式中，A 为吸光值；C 为每升溶液中磷的物质的量；L 为比色皿光径。

由于

$$C=\frac{\text{每升中磷的质量（g）}}{\text{磷的摩尔质量（30.98 g/mol）}}$$

所以

$$\varepsilon=\frac{30.98A}{L}$$

ε 为每升溶液中含有 1 g 核酸磷的溶液在 260 nm 的吸光值。

一般 DNA 的 ε 为 6 000~8 000，RNA 为 7 000~10 000。小牛胸腺 DNA 钠盐溶液（pH 7.0）的 ε 为 6 600，DNA 的含磷量为 9.2%，则含 1 μg/mL DNA 钠盐的溶液吸光值为 0.020。RNA 溶液（pH 7.0）的 ε 为 7 700~7 800，RNA 的含磷量为 9.5%，含 1 μg/mL RNA 溶液的吸光值为 0.022~0.024。采用紫外吸收法测定核酸含量时，通常规定：在 260 nm波长下，浓度为 1 μg/mL 的 DNA 溶液其吸光值为 0.020，而浓度为 1 μg/mL 的 RNA 溶液其吸光值为 0.024。因此，测定未知浓度的 DNA（RNA）溶液的吸光值 A_{260}，即可计算测出其中核酸的含量。另外，蛋白也具有紫外吸收，其吸收高峰在 280 nm 波长处，在 260 nm 处吸收值仅为核酸的 1/10 甚至更低。因此对于含有微量蛋白质的核酸样品，测定误差小。根据核酸在 260 nm 和 280 nm 吸收比值可判定核酸的纯度，纯 RNA 在 260 nm 波长吸光值与 280 nm 处的吸光值比值（A_{260}/A_{280}）为 2.0 以上。天然双链 DNA 的 A_{260}/A_{280} 在 1.80 左右，若比值小于 1.8，样品中可能含有蛋白质，大于 1.8 则可能含有 RNA。若样品中混有大量的蛋白质和核苷酸等具有紫外吸收能力的物质时，应设法去除。

三、材料、用具和试剂

1. 材料　RNA 或 DNA 干粉。

2. 用具　紫外分光光度计、电子天平、离心机、烧杯、容量瓶、pH 计等。

3. 试剂

（1）钼酸铵-过氯酸沉淀剂。取 3.6 mL 70%过氯酸和 0.25 g 钼酸铵溶于 96.4 mL 蒸馏水中，即得 0.25%钼酸铵- 2.5%过氯酸溶液。

（2）5%～6%氨水。浓氨水（25%～30%）稀释 5 倍。

（3）0.01 mol/L NaOH。称取 0.1 g NaOH，加适量蒸馏水溶解并定容至 250 mL。

四、操作步骤

1. 高纯度核酸样品的测定

（1）准确称取适量样品，加入适量 0.01 mol/L NaOH 调成糊状。

（2）再加适量蒸馏水，用 5%～6%氨水调 pH 至 7.0，最后配成每毫升含 5～50 μg 核酸的溶液。

（3）在紫外分光光度计上测定 A_{260} 值。

（4）计算核酸浓度。

$$\text{RNA 浓度（}\mu\text{g/mL）}=\frac{A_{260}}{0.024\times L}\times N$$

$$\text{DNA 浓度（}\mu\text{g/mL）}=\frac{A_{260}}{0.020\times L}\times N$$

式中，A_{260} 为 260 nm 波长处吸光值；L 为比色皿厚度，即光径，1 cm；N 为稀释倍数；0.024 为每毫升溶液含 1 μg RNA 的 A_{260} 值；0.020 为每毫升溶液含 1 μg DNA 的 A_{260} 值。

2. 低纯度核酸样品的测定　若核酸样品中含有核苷酸或低聚多核苷酸，则在测定时需先向待测溶液中加钼酸铵-过氯酸沉淀剂，去除大分子核酸。然后以除去沉淀的上清液的 A_{260} 值作为空白对照。

（1）准确称取待测核酸样品 0.50 g，加少量 0.01 mol/L NaOH 调成糊状。

（2）再加适量水，用 5%～6%氨水调 pH 至 7.0，用蒸馏水定容至 50 mL。

（3）取两支离心管，甲管加入 2 mL 样品和 2 mL 蒸馏水，乙管加入 2 mL 样品和 2 mL 沉淀剂，混匀，在冰浴上放置 30 min。

（4）以 3 000 r/min 离心 10 min。

（5）分别从甲、乙两管中吸取 0.5 mL 上清液，用蒸馏水定容至 50 mL。

（6）选光径为 1 cm 的比色皿，在紫外分光光度计上测定 A_{260}。

（7）计算核酸浓度。

$$\text{RNA 浓度（}\mu\text{g/mL）}=\frac{\Delta A_{260}}{0.024\times L}\times N$$

$$\text{DNA 浓度}\ (\mu g/mL) = \frac{\Delta A_{260}}{0.020 \times L} \times N$$

式中，ΔA_{260} 为甲管溶液的 A_{260} 值减去乙管溶液的 A_{260} 值。

$$\text{核酸含量} = \frac{\text{1 mL 待测液中测得的核酸质量}}{\text{1 mL 待测液中样品的质量}} \times 100\%$$

在本实验中，1 mL 待测液中样品量为 50 μg。

［附注］

1. 在不同 pH 溶液中嘌呤、嘧啶碱基互变异构的情况不同，紫外吸收光也随之表现出明显的差异，它们的摩尔消光系数也随之不同。所以，在测定核酸物质时均应在固定的 pH 溶液中进行。

2. 由于常规的紫外吸收法测定核酸含量需较大体积的样品（数毫升），为了减少测定时核酸样品的使用量（特别是一些 RNA 样品），目前，已经研发出只需数微升核酸样品即可实现核酸含量测定的紫外分光光度计，如 NanoDrop 分光光度计。

［思考题］

1. 分光光度计、离心机的使用注意事项分别有哪些？

2. 若 DNA 溶液的 A_{260}/A_{280} 为 1.6，为提高利用紫外吸收法测定其 DNA 含量的准确度，你有何建议？

实验 21　核酸的电泳分离鉴定

方法一　DNA 的琼脂糖凝胶电泳

一、目的

掌握用琼脂糖凝胶电泳技术分析和检测不同组织材料中 DNA 的技术和方法。

二、原理

琼脂糖凝胶电泳是分离和纯化 DNA 片段的标准方法。该技术操作简便快速，可以分辨用其他方法（如密度梯度离心法）所无法分离的 DNA 片段。当用低浓度的荧光染料溴化乙锭（EB）染色，在紫外光下可以检测出 1～10 ng 的 DNA 条带，从而可以确定 DNA 片段在凝胶中的位置。此外，还可从电泳后的凝胶中回收特定的 DNA 条带，用于以后的克隆操作。目前，一般实验室多用琼脂糖水平平板凝胶电泳装置进行 DNA 电泳。

三、材料、用具和试剂

1. 材料　植物组织中提取的 DNA 溶液。

2. 用具　水平式电泳装置、电泳仪、台式离心机、恒温水浴锅、微波炉或电炉、照相机或凝胶成像系统、紫外投射仪等。

3. 试剂

（1）5×TBE 电泳缓冲液。称取 Tris 54 g、硼酸 27.5 g，并加入 0.5 mol/L EDTA(pH

8.0)20 mL，用蒸馏水溶解并定容至 1 000 mL。

(2) 0.5×TBE 电泳缓冲液。取 5×TBE 缓冲液 20 mL，加水至 200 mL，配制成 0.5×TBE 电泳缓冲液。

(3) 6×电泳上样缓冲液。0.25%溴酚蓝、40%(质量体积分数) 蔗糖水溶液，储存于 4 ℃。

(4) 溴化乙锭 (EB) 溶液母液。将 EB 配制成 10 mg/mL 水溶液，用铝箔或黑纸包裹容器，室温保存。

(5) DNA Marker。TaKaRa 公司的 DL2000 共有长度分别为 2 000 bp、1 000 bp、750 bp、500 bp、250 bp、100 bp 6 条 DNA 片段，其中 750 bp 条带浓度约为 30 ng/μL，其他条带为 10 ng/μL。DL15000 共有长度分别为 15 000 bp、10 000 bp、7 500 bp、5 000 bp、2 500 bp、1 000 bp、250 bp 7 条 DNA 片段，浓度为 80 ng/μL。

四、操作步骤

1. 制胶板的准备　将有机玻璃胶槽两端分别用橡皮膏 (宽约 1 cm) 紧密封住。将封好的胶槽置于水平支持物上，插上样品梳子，注意观察梳子齿下缘应与胶槽底面保持 1 mm 左右的间隙。或直接购买专用制胶槽。

2. 0.8%琼脂糖凝胶的制备　称取 0.2 g 琼脂糖，置于 100 mL 锥形瓶中，加入 25 mL 0.5×TBE 电泳缓冲液，放入微波炉 (或电炉) 加热至琼脂糖全部熔化，取出摇匀。加热过程中要不时摇动，使附于瓶壁上的琼脂糖颗粒进入溶液。加热时应盖上封口膜，以减少水分蒸发。

向冷却至 50～60 ℃的琼脂糖凝胶液中加入溴化乙锭 (EB) 溶液母液使其终浓度为 0.5 μg/mL (也可不把 EB 加入凝胶中，而是电泳后将凝胶用 0.5 μg/mL EB 溶液浸泡染色)。用移液器吸取少量溶化的琼脂糖凝胶封橡皮膏内侧，待琼脂糖溶液凝固后将剩余的琼脂糖小心地倒入胶槽内，使胶液形成均匀的胶层。室温放置，自然冷却。

3. 加电泳液　待凝胶完全凝固后拔出梳子，注意不要损伤梳齿底部的凝胶，将凝胶放入电泳槽，加样孔端在负极，然后向槽内加入 0.5×TBE 电泳缓冲液至液面恰好没过胶板上表面。

4. 加样　取 10 μL DNA 样品液与 2 μL 6×电泳上样缓冲液混匀，用微量移液枪小心加入凝胶加样孔中。若 DNA 含量偏低，则可依上述比例增加上样量，但总体积不可超过加样孔容量。根据样品 DNA 大小选择适宜 DNA Marker，每孔加入 5～10 μL。每加完一个样品要更换枪头，以防止相互污染，注意上样时要小心操作，避免损坏凝胶或将样品槽底部凝胶刺穿。

5. 电泳　加完样后，合上电泳槽盖，立即接通电源。控制电压保持在 60～80 V，电流在 40 mA 以上。当溴酚蓝条带移动到距凝胶前沿约 2 cm 时，停止电泳。

6. 染色　未加 EB 的胶板在电泳后移入浓度为 0.5 μg/mL 的 EB 溶液中，室温下染色 20～25 min。

7. 观察和拍照　在波长为 254 nm 的长波紫外灯下观察染色后的或已加有 EB 的电泳凝胶。DNA 存在处显示肉眼可辨的橘红色荧光条带。紫外灯下观察时应戴上防护眼镜或有机玻璃面罩，以免损伤眼睛。用相机拍下照片或摄入凝胶成像系统中。

8. DNA 片段大小的测定　在放大的电泳照片上，用卡尺量出 DNA 样品各片段的迁移距离，根据 DNA Marker 计算样品 DNA 片段的大小。或用凝胶成像系统自带分析软件进行计算。

［附注］

1. EB 是强诱变剂，具有中等毒性，配制和使用时都应戴手套，并且不要把 EB 洒到桌面或地面上。凡是沾污了 EB 的容器或物品必须经专门处理后才能清洗或丢弃。

2. 当 EB 太多、胶染色过深、DNA 带看不清楚时，可将胶用蒸馏水冲泡 30 min 后再观察。

［思考题］

琼脂糖凝胶电泳中 DNA 分子迁移率受哪些因素的影响？

方法二　RNA 的甲醛变性琼脂糖凝胶电泳

一、目的

掌握用变性琼脂糖凝胶电泳技术分析和检测 RNA 的方法。

二、原理

RNA 是单链分子，但仍然能够借助链内或链间的碱基配对形成螺旋等高级结构。甲醛变性琼脂糖凝胶电泳是根据 RNA 大小进行分离和质量鉴定的常用方法。甲醛和 RNA 分子结合后可以阻止链内碱基配对形成高级结构，使其保持松散的伸展状态，避免 RNA 高级结构对电泳速率产生影响。RNA 电泳一般采用琼脂糖凝胶电泳，电泳时要防止 RNA 被 RNase 降解。焦碳酸二乙酯（DEPC）是一种高活性烷化剂，可以用来抑制缓冲液中和器皿表面的外源 RNase 的活性，DEPC 处理后的试剂或器皿可以通过高温灭菌使 DEPC 降解，高温降解 DEPC 会产生少量的乙醇和 CO_2，可导致离子强度的增加和缓冲液的 pH 降低。

未降解的真核细胞总 RNA 制品电泳后能够观察到的主要是含量最高的 rRNA，可清晰地看到 18S rRNA、28S rRNA、5S rRNA 3 条带，且 28S rRNA 的亮度应为 18S rRNA 的 2 倍。某些方法提取的总 RNA 中还会有一系列大小不同的转录后加工中间产物，电泳结果呈现多条谱带。

三、材料、用具和试剂

1. 材料　来自各种生物组织中提取的 RNA 溶液。

2. 用具　水平式电泳装置、电泳仪、台式离心机、恒温水浴锅、微波炉或电炉、照相机或凝胶成像系统、紫外投射仪等。

3. 试剂

（1）DEPC 处理水。取 1 mL 焦碳酸二乙酯（DEPC）加入 1 000 mL 去离子水中，搅拌直至 DEPC 完全溶解在水中，37 ℃放置 4 h 以上，随后 121 ℃高温灭菌 20 min。（Tris、胺类和 SDS 等蛋白变性剂溶液用灭菌后的 DEPC 水配制，EDTA 等溶液可以在配制过程中直接加入 0.1% DEPC 处理，然后高温灭菌。)

(2) 1 mol/L 醋酸钠。称取 8.2 g 无水醋酸钠，加入 80 mL 去离子水，搅拌至完全溶解，定容至 100 mL，加入 0.1 mL DEPC，搅拌至完全溶解，37 ℃放置过夜，121 ℃高温灭菌 20 min。

(3) 0.5 mol/L EDTA(pH 8.0)。称取 18.86 g 乙二胺四乙酸二钠（EDTA - $Na_2 \cdot 2H_2O$），加入 80 mL 去离子水，搅拌至完全溶解，调节 pH 至 8.0，定容至 100 mL。加入 0.1 mL DEPC，搅拌至完全溶解，37 ℃放置过夜，121 ℃高温灭菌 20 min。

(4) 10×MOPS 电泳缓冲液（1 000 mL)。称取 41.8 g 吗啉代丙磺酸（MOPS）溶解于 700 mL灭菌的 DEPC 处理水中，用 2 mol/L NaOH 调整 pH 至 7.0，加入 20 mL 1 mol/L 醋酸钠和 20 mL 0.5 mol/L EDTA(pH 8.0)，用 DEPC 处理水定容 1 000 mL，用 0.2 μm 微孔滤膜过滤灭菌，避光保存（变黄后不能再用)。电泳时用 DEPC 处理水稀释 10 倍。

(5) 5 μg/mL 溴化乙锭。称取 5 mg 溴化乙锭，加入 1 000 mL DEPC 处理水充分溶解。

(6) 10×甲醛凝胶加样缓冲液（1 mL)。称取 2.5 mg 溴酚蓝，加入 20 μL 0.5 mol/L EDTA(pH 8.0）和 500 μL 甘油，用 DEPC 处理水溶解并定容至 1 mL，4 ℃低温储存。

(7) TE 缓冲液（100 mL)。量取 1 mL 1 mol/L Tris - HCl(pH 8.0）和 0.5 mL EDTA (pH 8.0)，用 DEPC 处理水定容至 100 mL。

(8) 标准 RNA（TaKaRa 公司的 RNA Marker)。

(9) 去离子甲酰胺、37%甲醛溶液等。

四、操作步骤

(1) 电泳槽处理。电泳前把电泳所用的制胶板、电泳槽和梳子用去污剂洗涤，用 DEPC 处理水冲洗干净，然后用无水乙醇干燥，再用 3%的双氧水处理 10 min 以上，最后用灭菌的 DEPC 处理水冲洗后密封烘干。

(2) 1%甲醛变性凝胶的配制。将 0.5 g 琼脂糖加入 36 mL 水，在微波炉或电炉上加热熔化，冷却至 60 ℃左右，加入 5.0 mL 10×MOPS 电泳缓冲液和 9.0 mL 37%甲醛溶液，混匀后倒胶，15～20 min胶即可凝固。电泳时将凝胶放入电泳槽（加样孔端在负极)，注入 1×MOPS 电泳缓冲液，液面高出凝胶 1～2 mm。

(3) 预电泳。加样前，凝胶在 1×MOPS 电泳缓冲液中 150 V 电压预电泳 5 min。

(4) 上样。在一个洁净的小离心管中混合以下试剂：2.0 μL 10×MOPS 电泳缓冲液、3.5 μL 37%甲醛、10 μL 去离子甲酰胺、3.5 μL RNA 样品。混匀，置 60 ℃保温 10 min，冰上速冷。加入 2.0 μL 的 10×甲醛凝胶加样缓冲液混匀，取适量加样于凝胶加样孔内。

(5) 电泳。将电泳槽连接电泳仪，调节电压 40～80 V，电泳 1～1.5 h（溴酚蓝迁移至凝胶 3/4 处)。

(6) 电泳完毕后，将凝胶在 DEPC 处理水中浸泡 15 min 除去甲醛，转入 5 μg/mL EB 溶液中浸泡 2～3 min，用 DEPC 处理水漂洗 30 min。

(7) 在紫外灯下观察结果，拍照记录。

[附注]

甲醛具有很强的腐蚀性，且高温加热后易挥发，所以配制凝胶时应在通风橱中戴一次性手套操作。

[思考题]

电泳分析 RNA 时为什么凝胶中要加甲醛？

方法三　尿素变性聚丙烯酰胺凝胶电泳

一、目的

掌握用变性聚丙烯酰胺凝胶电泳技术分析和检测 DNA 或 RNA 的方法。

二、原理

琼脂糖凝胶电泳分离核酸的适宜范围为 0.2～5 kb，更小的核酸片段的分离需要用变性聚丙烯酰胺凝胶电泳，其分离范围为 1～1 000 bp。该技术操作简便快速，可以分辨用其他方法（如密度梯度离心法）所无法分离的 DNA 片段。一般实验室多用垂直板凝胶进行电泳，电泳后用溴化乙锭染色观察，也可用硝酸银染色（银染）。此法可用于核酸测序、小片段（如 DNA 分子标记）的分离鉴定。

三、材料、用具和试剂

1. 材料　来自各种生物组织中提取的小分子 DNA 或 RNA 溶液。

2. 用具　垂直式电泳槽、电泳仪、台式离心机、恒温水浴锅、微波炉或电炉、照相机或凝胶成像系统、紫外投射仪等。

3. 试剂

（1）2%剥离硅烷和 0.5%亲和硅烷。

（2）40%Acr - Bis。称取 39 g Acr 和 1 g Bis，用 DEPC 处理水溶解并定容至 100 mL。

（3）5×TBE 电泳缓冲液。称取 54 g Tris、27.5 g 硼酸，并加入 20 mL 0.5 mol/L EDTA(pH 8.0)，用蒸馏水溶解并定容至 1 000 mL。

（4）10%过硫酸铵。称取过硫酸铵（APS)10 g，用去离子水溶解并定容到 100 mL。

（5）5×上样缓冲液。

（6）1 mg/L EB。称取 1 mg 溴化乙锭，加入 100 mL DEPC 处理过的无菌水充分溶解。

（7）无水乙醇、尿素、TEMED、去离子甲酰胺、RNA Marker 等。

四、操作步骤

（1）玻璃板的硅烷化处理。用自来水、洗涤剂、海绵充分擦洗玻璃板，用大量自来水冲净玻璃板，再用蒸馏水冲洗以去除自来水中的离子。玻璃板斜靠晾干后，取无水乙醇擦洗两遍，之后同样用擦镜纸在玻璃耳板上涂 1 mL 2%剥离硅烷（repelsilane），大玻璃板上涂 1 mL 0.5%亲和硅烷（bindingsilane）。操作过程中防止两块玻璃板互相污染。硅烷涂抹均匀后放置 5～10 min，待其充分干燥。

（2）电泳前准备。把电泳所用的板、电泳槽和梳子用去污剂洗涤，然后用水冲洗干净，再用 3%的双氧水处理至少 1 h（或过夜处理），用灭菌的 DEPC 处理水冲洗，然后用无水乙醇干燥。

(3) 配制变性聚丙烯酰胺凝胶。在 50 mL 的烧杯中依次加入 5.6 mL 40%Acr - Bis、3.0 mL 5×TBE 电泳缓冲液、7.2 g 尿素，用 DEPC 处理水补齐到 15 mL，混匀。在倒入垂直板（涤硅烷面向内相对）前加入 75 μL 10%APS 和 15 μL TEMED，混匀后立即倒胶，静置至完全聚合。

(4) 取适量 RNA 样品溶液（约 20 μg），加入等体积去离子甲酰胺和 1/4 体积的 5×上样缓冲液，沸水加热 5 min，并立即在冰上冷却 5 min。

(5) 将处理好的样品溶液和 RNA Marker 加入凝胶加样孔内（空出两外侧的第一个加样孔）。加入足量的 0.5×TBE 电泳缓冲液，10 mA 电流电泳 3～4 h。

(6) 当溴酚蓝迁移至接近凝胶底部，停止电泳。

(7) 将凝胶小心剥离玻璃耳板，大玻璃板连同凝胶置于含 1 mg/L EB 的 0.5×TBE 缓冲液中浸泡 20 min，进行染色。

(8) 凝胶用 0.5×TBE 缓冲液冲洗 2～5 min 后，在紫外灯下观察结果，拍照记录。

[附注]

丙烯酰胺在未聚合前具有神经毒性，制胶时应注意操作安全。

[思考题]

聚丙烯酰胺凝胶电泳分离核酸和分离蛋白有何不同?

实验 22 酵母 RNA 的分离及组分鉴定

一、目的

学习和了解从酵母中提取 RNA 的原理与方法，掌握核酸各组分的鉴定方法。

二、原理

核酸是由核苷酸或脱氧核苷酸通过 3′,5′-磷酸二酯键连接而成的一类生物大分子，具有重要的生物功能，主要是储存和传递遗传信息，包括核糖核酸（RNA）和脱氧核糖核酸（DNA）两类。核酸经水解可以获得碱基、磷酸、核糖或脱氧核糖等产物。磷酸可与定磷试剂在还原剂作用下生成钼蓝，核糖可与苔黑- $FeCl_3$ 作用后显示鲜绿色，脱氧核糖与二苯胺作用后显示蓝色，这些显色反应可分别用来对磷酸、核糖和脱氧核糖进行定性定量检测。另外，嘌呤碱可与 $AgNO_3$ 生成嘌呤银化合物白色絮状沉淀，可用此反应来定性测定嘌呤碱是否存在。

核酸的水解可分为化学水解和酶促水解，化学水解又可分为酸水解和碱水解。DNA 对碱稳定，所以一般用酸水解 DNA，可得到碱基、脱氧核糖和磷酸。由于 RNA 存在 2′- OH，磷酸二酯键对碱不稳定，碱水解可获得单核苷酸；酸水解可获得嘌呤碱基、嘧啶碱基、核糖和磷酸。

酵母中的核酸主要是 RNA（2.67%～10.0%），DNA 含量低（0.03%～0.52%），且菌体易收集，RNA 易分离。从酵母中提取 RNA 的方法很多，常用的有稀碱法和浓盐法。前者是利用稀碱使细胞膜溶解，这种方法提取时间短，但是 RNA 在此条件下不稳定，易分解；后者是在加热条件（90～100 ℃）下，利用高浓度盐（如 10% NaCl）改变细胞膜的通透性，使 RNA 释放出来，产品色泽、纯度较好。本实验的主要目的是对核酸组分进行鉴定，对 RNA 稳定性要求不严格，故采用稀碱法。

三、材料、用具和试剂

1. 材料　酵母粉。

2. 用具　离心机、恒温水浴锅、电炉、紫外分光光度计、酸度计或 pH 试纸、三角瓶、烧杯、试管、移液管等。

3. 试剂

(1) 苔黑-$FeCl_3$。

A 液：10 mg $FeCl_3 \cdot 6H_2O$ 溶于 6 mL 水中，加 94 mL 浓盐酸。

B 液：6%苔黑（5-甲基间苯二酚）溶液（用无水乙醇配制）。

用前取 100 mL A 液+3.5 mL B 液，混匀。

(2) 定磷试剂。3 mol/L 硫酸∶蒸馏水∶21.5%钼酸铵∶10%抗坏血酸=1∶2∶1∶1。定磷试剂应使用分析纯试剂，用重蒸水配制。当天使用当天配制，溶液正常颜色为浅黄色。由于抗坏血酸容易氧化变质，本实验中用 2.5% $SnCl_2$ 代替抗坏血酸，效果较好，且易保存。即：

C 液：3 mol/L 硫酸∶蒸馏水∶21.5%钼酸铵=1∶2∶1。

D 液：2.5% $SnCl_2$。

用时向滴加 C 液的待测溶液中滴加 1～2 滴 D 液即可。

(3) 95%乙醇、5% $AgNO_3$、6 mol/L HAc、0.2% NaOH、10% H_2SO_4、6%氨水等。

四、操作步骤

1. 提取　称取 0.4 g 干酵母粉于 5 mL 离心管中，加入 0.2% NaOH 3 mL，用玻璃棒搅拌均匀后放入沸水浴中提取 15 min，水浴期间搅拌数次。

2. 分离　取出离心管，冷却至室温，滴加 2～5 滴醋酸，调 pH 至 6.0，配平后以 3 500 r/min离心 10 min，去除粗蛋白与菌体残渣等沉淀。若要提取接近天然状态的 RNA，可采用苯酚法或氯仿-异戊醇法去除蛋白质。

3. 沉淀 RNA　将离心得到的上清液平均转入 2 支 5 mL 离心管中，分别加入 2 倍体积的 95%乙醇，静置 10 min。然后以 3 500 r/min 离心 10 min，弃去上清液，得到 RNA 沉淀，用 70%乙醇漂洗 2 次（每次 3 mL）。待乙醇挥发完全后，一管 RNA 沉淀用 5 mL 蒸馏水溶解，分别测定其在 260 nm 和 280 nm 的吸光值，并根据吸光值的比（A_{260}/A_{280}）判定 RNA 的纯度及酵母 RNA 的提取率（当吸光值超过 1 时需进行适当倍数的稀释）；另一管 RNA 沉淀用 5 mL 10% H_2SO_4 溶解，然后转入50 mL三角瓶中，用于组分鉴定。

$$\text{RNA 浓度} (\mu g/mL) = A_{260} \times 40 \times \text{稀释倍数}$$

$$\text{RNA 提取率} = \text{RNA 浓度} \times V/m \times 100\%$$

式中，V 为 RNA 溶液体积（mL）；m 为酵母质量（μg）。

4. RNA 的组分鉴定

(1) RNA 的酸解。装有待测 RNA 溶液的三角瓶在电炉上加热沸腾 1～2 min，至溶液透明为止，得到 RNA 的水解液。

(2) 组分鉴定。按表 11-2 中检验项目所需的量将水解液加到 3 支试管中，进行组分鉴定。

表 11-2　RNA 的组分鉴定

检验项目	嘌　呤	核　糖	磷　酸
水解液	2 mL	0.5 mL	1 mL
试剂	$NH_3 \cdot H_2O$　2 mL $AgNO_3$　1 mL	苔黑-$FeCl_3$　1 mL	定磷试剂　1 mL $SnCl_2$　1～2 滴
反应条件	室温	沸水浴 1 min	沸水浴 2～5 min
现　象	白色絮状沉淀	鲜绿色	蓝色

［附注］

1. RNA 加热酸解时，一定要注意观察，避免加热过度，使透明溶液变成黑褐色而导致实验失败。

2. 稀碱法提取的 RNA 为变性并发生部分降解的 RNA，可用于 RNA 组分鉴定及单核苷酸制备，不能作为检测 RNA 生物活性等实验的材料。

3. $A_{260}=1$ 的 RNA 水溶液中 RNA 的浓度约为 40 μg/mL；一般情况下，质量较好的 RNA 溶液 A_{260}/A_{280} 为 1.8～2.0。

4. 离心前务必配平，且离心管应对称放置。

［思考题］

1. 稀碱法提取的 RNA 中含有 DNA 分子，如何去除 DNA 分子？

2. 如何设计实验来检测 DNA 的各组分？

3. 浓盐法从酵母细胞中提取 RNA 的原理是什么？

4. 分别含有蛋白质、糖、RNA 的 3 瓶溶液标签丢失，如何设计实验以区分各溶液？

实验 23　质粒 DNA 的提取与检测

一、目的

学习和掌握利用碱裂解法从大肠杆菌中提取质粒 DNA 的原理与方法以及琼脂糖凝胶电泳检测质粒 DNA 的技术。

二、原理

质粒（plasmid）是独立于染色体外并能自主复制的遗传因子，广泛存在于原核生物中，大多是双链环状 DNA 分子，长度可以从 1～1 000 kb 不等，在细胞分裂时能传递给子代细胞。根据质粒在细胞中拷贝数的多少，分为松弛型质粒和严谨型质粒，在分子生物学研究中，为了迅速扩增和提取大量的质粒 DNA，通常使用松弛型质粒（其复制受宿主的控制不严格，在宿主细胞中拷贝数较多）。

从大肠杆菌中分离质粒的方法有多种，常见的有碱裂解法和煮沸法。碱裂解法是基于染色体 DNA 与质粒 DNA 在变性与复性中的差异而达到分离的目的。在强碱性条件下，染色体 DNA 的氢键断裂，双螺旋解开而发生变性；质粒 DNA 的大部分氢键也断裂，但共价闭合环状结构的两条互补链不会完全分开。当用 pH 4.8 的醋酸钾高盐缓冲液调节 pH 至 7 左右时，线状染色体DNA片段难以复性，并与变性的蛋白质和细胞碎片缠绕在一起沉淀，而质粒DNA又恢复原状，重新形成双链超螺旋分子，并以溶解状态存在于液相中，通过离心即可实现质粒DNA与染色体DNA的分离。

在质粒提取过程中，由于各种因素的影响，同一质粒DNA可能呈现以下不同的构型：①超螺旋形，即共价闭合环状DNA（covalently closed circular DNA，cccDNA）；②开环DNA（open circular DNA，ocDNA），即质粒DNA两条链中有一条链发生一处或多处断裂，分子就能旋转而消除链的张力，形成的松弛型环状分子；③线状DNA（linear DNA），即质粒DNA的两条链在同一处断裂。提取的质粒DNA进行电泳分离，3种构型中的cccDNA由于扭曲折叠，体积小，在具有分子筛效应的琼脂糖凝胶电泳中受到阻力较小，迁移速度最快；ocDNA因扭曲状态被破坏而呈松弛的环状，在凝胶中受阻力最大，迁移速度最慢；线状DNA受到的阻力居中，迁移速度介于cccDNA和ocDNA之间。

DNA分子在琼脂糖凝胶中泳动时，除受分子构型的影响，还受所带净电荷多少的影响。因此在鉴定质粒DNA纯度时，应尽量减少电荷效应。增大凝胶浓度可以在一定程度上降低电荷效应。分子的迁移速度主要取决于受凝胶阻滞程度的差异，由此将不同构型的质粒DNA分开。cccDNA含量越高，表明制备的质粒DNA质量越好。电泳后的凝胶用溴化乙锭染色，可以在紫外光照射下观察和照相记录电泳结果。

三、材料、用具和试剂

1. 材料 大肠杆菌（含有质粒）。

2. 用具 超净工作台、恒温振荡培养箱、离心机、稳压电泳仪、水平式电泳槽、紫外凝胶成像系统、移液器、微波炉等。

3. 试剂

（1）LB（Lysogeny Broth）培养液。称取10 g胰蛋白胨、10 g NaCl、5 g酵母提取物溶于1 000 mL蒸馏水（搅拌溶解）中，分装成每瓶100 mL，高温高压灭菌（121 ℃，20 min）后使用。

（2）溶液Ⅰ。称取0.93 g葡萄糖，溶于适量蒸馏水中，加入2 mL 0.5 mol/L EDTA（pH 8.0）和2.5 mL 1 mol/L Tris-HCl（pH 8.0），定容至100 mL，高温高压灭菌后4 ℃保存。

（3）溶液Ⅱ。称取0.8 g NaOH和1 g SDS用水溶解并定容至100 mL，现用现配。

（4）溶液Ⅲ。称取147 g醋酸钾，溶于适量去离子水中，加入57.5 mL冰乙酸，加去离子水定容至500 mL，高温高压灭菌后4 ℃保存。

（5）TE缓冲液。量取10 mL 1 mol/L Tris-HCl（pH 8.0）、2 mL 0.5 mol/L EDTA（pH 8.0），定容至100 mL，高温高压灭菌后室温保存。

（6）50×TAE电泳缓冲液。称取242 g Tris、37.2 g EDTA-Na_2·$2H_2O$溶于800 mL去离子水中，加入57.1 mL冰醋酸，充分搅拌，加去离子水定容至1 L，用时稀释50倍。

（7）10×上样缓冲液。称取0.9 g SDS、0.05 g溴酚蓝溶于50 mL去离子水，然后加入50 mL甘油，充分混匀，定容至100 mL。

（8）3 mol/L NaAc溶液、氯仿、无水乙醇、琼脂糖、溴化乙锭（EB）溶液（1 mg/mL）等。

四、操作步骤

1. 大肠杆菌的培养　挑取大肠杆菌菌落或吸取保存于50%甘油中的菌液100 μL，接种于小锥形瓶内含适量抗生素的5 mL LB培养液中，于37 ℃振荡培养12～16 h。

2. 质粒DNA的提取

(1) 取1 mL细菌培养液分装于1.5 mL离心管中，5 000 r/min离心2 min。弃去上清液，收集沉淀。

(2) 将沉淀悬浮于100 μL溶液Ⅰ中，充分混匀。加入200 μL溶液Ⅱ，轻轻颠倒混匀，溶液变澄清后，静置2 min。再加入150 μL溶液Ⅲ，轻轻颠倒混匀，出现白色絮状沉淀。

(3) 以10 000 r/min离心5 min，收集上清液，加等体积氯仿，剧烈混匀，静置2 min后，10 000 r/min离心5 min。

(4) 取上层水相，加入1/10体积的3 mol/L NaAc溶液，再加入2倍体积无水乙醇，轻轻颠倒混匀，在−20 ℃放置30 min后，10 000 r/min离心5 min。

(5) 弃上清液，待乙醇挥发后，沉淀加入50 μL TE缓冲液溶解。

3. 质粒DNA的琼脂糖凝胶电泳

(1) 制胶。根据被分离DNA分子的大小，选择合适的浓度，本实验采用1%琼脂糖凝胶。称取1.0 g琼脂糖放入三角瓶，加入100 mL 50×TAE电泳缓冲液，置微波炉使琼脂糖充分熔化，在室温下放置，待温度降至60 ℃左右时，加入EB使其终浓度为0.5 μg/mL，混匀，将其倒入事先装配好的制胶板中。

(2) 点样。待凝胶充分凝固后，两手握住样品梳子，轻轻向上拔起，将凝胶放入电泳槽中，加注50×TAE电泳缓冲液直至淹没凝胶面。取5 μL质粒，加入1 μL 10×上样缓冲液，吸打混匀，用移液器加到凝胶的加样孔中。

(3) 电泳。接好电源（靠近样品端接负极），打开电源开关，调整电压（一般不超过5 V/cm）。待溴酚蓝迁移至距加样孔约5 cm处停止电泳。

(4) 检测。停止电泳后，取出凝胶，利用凝胶成像系统在紫外灯下观察或拍照记录。

[附注]

1. 若条件允许，使用冷冻离心机效果更佳。

2. 在溶液Ⅰ中可加入适量溶菌酶，以提高裂解效果。

3. 加入溶液Ⅱ与溶液Ⅲ后，操作要温和，避免因机械剪切造成大肠杆菌基因组DNA被打断，而与质粒DNA共沉淀。

4. 单独用乙醇沉淀质粒DNA，应加入2.0～2.5倍体积，需低温，盐不易共沉淀；异丙醇则加入0.6～1.0倍体积，不需低温，但易引起盐共沉淀，需用70%乙醇漂洗。

5. 对于拷贝数低的质粒，可以通过向培养基中加入氯霉素（终浓度170 μg/mL）提高质粒的含量；或者在沉淀质粒DNA时加入核酸助沉剂，以提高质粒DNA得率。

6. 溴化乙锭是一种强诱变剂，并有中度毒性，接触含有该染料的物品应戴手套。

[思考题]

1. 质粒的基本性质有哪些？真核生物中是否存在质粒？

2. 溶液Ⅰ、Ⅱ、Ⅲ的作用分别是什么？

3. 如何去除与质粒DNA共沉淀的RNA？

4. 如何从碱裂解法提取的质粒 DNA 中分离获得 cccDNA？

实验 24 总 DNA 的提取

方法一 植物总 DNA 的提取——CTAB 法

一、目的

学习和掌握利用 CTAB 法从植物材料中提取总 DNA 的原理与方法。

二、原理

细胞中的 DNA 绝大多数以 DNA 核蛋白（DNP）的形式存在于细胞核内。CTAB（十六烷基三甲基溴化铵）是一种阳离子去垢剂，它可以溶解各种膜系统，使细胞中的 DNA 核蛋白（DNP）释放出来，并使蛋白质变性，从而使 DNA 与蛋白质分离。然后用氯仿去除蛋白质，最后用异丙醇把 DNA 从抽提液中沉淀出来。该方法广泛应用于植物总 DNA 的提取。

三、材料、用具和试剂

1. 材料 菠菜叶片。

2. 用具 离心机、金属浴、研钵、移液器等。

3. 试剂

（1）2×CTAB 提取液（括号内为终浓度）。2 mol/L Tris - HCl（pH 8.0）5 mL（100 mmol/L）、0.5 mol/L EDTA（pH 8.0）4 mL（20 mmol/L）、NaCl 8.182 g（1.4 mol/L）、CTAB 2 g（2%）、PVP - 40（聚乙烯吡咯烷酮）1 g（1%）。

用蒸馏水定容至 100 mL，高温高压灭菌后室温保存。使用前加入终浓度为 2%（体积比）的 β-巯基乙醇。

（2）氯仿-异戊醇（24∶1，体积比）。

（3）TE 缓冲液（pH 8.0）、异丙醇、75%乙醇等。

四、操作步骤

（1）吸取 600 μL 2×CTAB 提取液于 1.5 mL 离心管中，置金属浴中 65 ℃预热。

（2）称取约 0.2 g 菠菜叶片，置于研钵中，倒入液氮，迅速研磨成粉末。

（3）将研磨好的材料转入含有预热的 600 μL 2×CTAB 提取液的 1.5 mL 离心管中，振荡混匀。

（4）置于 65 ℃水浴中温育 30 min，每隔 10 min 颠倒离心管，混匀。

（5）温育结束后，取出离心管，加入 500 μL 的氯仿-异戊醇，颠倒混匀，放置 5 min。

（6）离心管配平后，10 000 r/min 离心 5 min。

（7）取出离心管，用移液器吸取 500 μL 上清液转到另一离心管中。

（8）加 500 μL 异丙醇，颠倒混匀，室温静置 10 min。

(9) 10 000 r/min 离心 5 min，离心结束后，取出离心管，倒掉上清液，将离心管倒置于滤纸上干燥。

(10) 加入 800 μL 75%乙醇，颠倒离心管，将沉淀于管底的 DNA 悬起，室温放置 2 min。

(11) 10 000 r/min 离心 1 min，然后倒掉上清液，将离心管倒置于滤纸上干燥。

(12) 待乙醇挥发完全后加入 100 μL TE 缓冲液（pH 8.0）溶解 DNA，4 ℃保存。

[附注]

1. 植物材料应新鲜，避免失水萎蔫。若表面有污物，应清洗干净，用吸水纸吸干表面水分后再使用，不能及时使用的材料采集后可以超低温保存。

2. 在倾倒液氮或研磨材料时，应小心操作，避免液氮冻伤皮肤。

3. 线性 DNA 是生物大分子，黏度大，很容易引起机械损伤，因此在分离提取 DNA 时，为尽量保持 DNA 的完整性，应避免或减少对 DNA 分子有过多的剪切力，如过度搅拌或用吸头吸打。

4. DNA 溶液可暂时存放于 4 ℃下，一般不超过一个月，长期保存应置于−20 ℃冰箱中。

5. DNA 样品的纯度和浓度可以通过紫外吸收法对其进行检测。

6. CTAB 法不能使 DNA 与 RNA 分离，因此提取的 DNA 样品含有 RNA。

[思考题]

1. CTAB 提取液中各组分的作用分别是什么?

2. DNA 提取过程中的注意事项有哪些?

3. 移液器使用过程中的注意事项有哪些?

4. 如何去除 DNA 样品中的 RNA?

方法二　动物肝脏中总 DNA 的提取

一、目的

学习掌握利用盐溶法从动物肝脏中提取 DNA 的原理与方法。

二、原理

细胞内的核酸多以核蛋白的形式存在，其中 DNA 核蛋白（DNP）主要存在于细胞核中，RNA 核蛋白（RNP）主要存在于细胞质中。这两类核蛋白在 0.14 mol/L NaCl 溶液中的溶解度相差很大，RNA 核蛋白在 0.14 mol/L NaCl 溶液中具有很高的溶解度，而 DNA 核蛋白的溶解度却相当低，利用这一性质可以实现两种核蛋白的分离。DNA 核蛋白能溶于 1 mol/L NaCl 溶液，然后用十二烷基硫酸钠（SDS）使蛋白质变性，DNA 与蛋白质分离，再用含有异戊醇的氯仿除去变性蛋白，最后加入两倍体积的 95%冷乙醇将 DNA 沉淀出来。

制备过程中，DNA 会遭受 DNase 降解，为此在提取液中加入柠檬酸盐、EDTA 作抑制剂，并要求整个提取操作在 4 ℃低温条件下进行，以减少 DNase 对 DNA 的水解作用。

动物肝脏、小牛胸腺和鱼类精子中含有较丰富的 DNA，是 DNA 提取的良好材料来源。

三、材料、用具和试剂

1. 材料　大鼠或兔的肝脏。

2. 用具　剪刀、天平、移液管、试管、三角瓶、烧杯、组织捣碎机、玻璃匀浆器、离心机等。

3. 试剂

（1）0.15 mol/L NaCl－0.015 mol/L 柠檬酸钠溶液（pH 7.0）。称取 8.77 g NaCl 和 4.41 g 柠檬酸钠（$Na_3C_6H_5O_7 \cdot 2H_2O$），用蒸馏水溶解，调节 pH 至 7.0，最后定容至 1 L。

（2）0.15 mol/L NaCl－0.1 mol/L EDTA－Na_2 溶液（pH 8.0）。称取 8.77 g NaCl、37.2 g EDTA－$Na_2 \cdot 2H_2O$ 溶于 800 mL 蒸馏水中，用 0.1 mol/L NaOH 调 pH 至 8.0，最后定容至 1 L。

（3）5%(质量体积分数)SDS 溶液。称取 5 g SDS，溶于 100 mL 45%乙醇中。

（4）氯仿-异戊醇溶液。按氯仿：异戊醇＝24：1(体积比）配制。

（5）TE 缓冲液（pH 8.0）、95%乙醇、75%乙醇、NaCl 等。

四、操作步骤

（1）实验前使大鼠或兔饥饿 12 h 以上，使肝糖原耗尽。击昏后及时放血，迅速取出肝脏。

（2）取新鲜肝脏，除去血水和结缔组织，在冰浴上切成小块，称取 10 g，加入 20 mL 0.15 mol/L NaCl－0.015 mol/L 柠檬酸钠溶液，于组织捣碎机中迅速捣成匀浆，再用玻璃匀浆器匀浆 2～3 次使细胞破碎，最后加 0.15 mol/L NaCl－0.15 mol/L 柠檬酸钠溶液至 50 mL。

（3）组织匀浆移入离心管内，在 4 ℃下以 6 000 r/min 离心 15 min。弃上清（可用于制备 RNA）。沉淀用 2 倍体积的冷的 0.15 mol/L NaCl－0.15 mol/L 柠檬酸钠溶液洗涤 2 次，洗涤时用匀浆器研磨洗涤，每次洗后如前离心。

（4）将离心后所得沉淀物重悬于 5 倍体积（50 mL）的 0.15 mol/L NaCl－0.1 mol/L EDTA－Na_2(pH 8.0）溶液中，而后边搅拌边慢慢滴加 5% SDS 溶液，直至 SDS 的最终浓度达 1%为止。然后加入固体 NaCl，使其最终浓度达 1 mol/L。继续不断搅拌 10 min，以确保 NaCl 全部溶解，此时可见溶液由黏稠变稀薄。

（5）将上述混合溶液倒入一个 300 mL 磨口三角瓶里，加入等体积的氯仿-异戊醇，剧烈振荡 20 min。溶液转入离心管，在 4 ℃下以 6 000 r/min 离心 10 min。此时可见离心管中分为 3 层，上层水溶液，中层变性蛋白，下层氯仿-异戊醇。重复此步骤直至中间蛋白质层消失。

（6）最后一次离心后小心吸取上层水相 20 mL，加入 2 倍体积预冷的 95%乙醇，颠倒混匀，室温静置 10 min，6 000 r/min 离心 5 min，弃去上清。

（7）将所得 DNA 沉淀用 75%乙醇洗 2 次，乙醇挥发后加入 100 μL TE(pH 8.0）缓冲液溶解 DNA，4 ℃保存。

（8）所得 DNA 样品可用紫外吸收法、定磷法、二苯胺显色法等测定 DNA 含量和纯度。

［附注］

1. 含水量低的少量动物材料也可以使用液氮研磨。

2. DNA 溶液样品可于 4 ℃下存放 1 周，一般不超过一个月，长期保存应置于－20 ℃冰箱中。

［思考题］

1. 动物材料和植物材料提取总 DNA 有哪些不同？

2. 动物总 DNA 提取过程中的注意事项有哪些？

实验 25　RNA 的提取

方法一　总 RNA 的小量提取——TRIzol 法

一、目的

掌握利用 TRIzol 试剂快速提取 RNA 的基本方法。

二、原理

TRIzol 是一种用于从各种细胞或组织中提取总 RNA 的即用型试剂，能迅速破碎细胞并抑制细胞释放出核酸酶。TRIzol 的主要成分是苯酚。苯酚的主要作用是裂解细胞，使细胞中的蛋白、核酸物质解聚得到释放。苯酚虽可有效地变性蛋白质，但不能完全抑制 RNase 活性，因此 TRIzol 中还加入了 8－羟基喹啉、异硫氰酸胍、β－巯基乙醇等来抑制内源和外源 RNase 活性。0.1% 8－羟基喹啉可以抑制 RNase 活性，与氯仿联合使用可增强抑制作用。异硫氰酸胍属于解偶剂，是一类强力的蛋白质变性剂，可溶解蛋白质并使蛋白质二级结构消失，导致细胞结构降解，核蛋白迅速与核酸分离。β－巯基乙醇的主要作用是破坏 RNase 中的二硫键。目前很多生物工程公司都有商品化的 TRIzol 试剂。

三、材料、用具和试剂

1. 材料　动物肝脏或植物叶片等组织。

2. 用具　液氮罐、高速冷冻离心机、紫外投射仪或凝胶成像系统、微波炉或电炉、水平电泳槽、电泳仪、恒温水浴锅等。

3. 试剂

（1）DEPC 处理水。取 1 mL 焦碳酸二乙酯（DEPC）加入 1 000 mL 去离子水中，搅拌直至 DEPC 完全溶解在水中，37 ℃放置 4 h 以上，随后 121 ℃高温灭菌 20 min。

（2）TRIzol。购自 Invitrogen 公司，100 mL，红色。

（3）高盐溶液（100 mL）。称取 23.53 g 柠檬酸钠、7.01 g 氯化钠，用蒸馏水溶解并定容至 100 mL，加入 0.1 mL DEPC 处理水，搅拌至完全溶解，37 ℃放置 4 h 以上，随后 121 ℃高温灭菌 20 min。

（4）75%乙醇。取无水乙醇 75 mL，加入 25 mL DEPC 处理水，混匀。

四、操作步骤

（1）于 1.5 mL 离心管中加入 1 mL TRIzol 提取液。

（2）称取0.1 g经液氮研磨后的肝脏粉末，转移到提取液中，涡旋振荡混匀，室温静置5 min。

（3）4 ℃、12 000*g* 离心 10 min，取上清。

（4）加 0.2 mL 氯仿，剧烈摇动 15 s，室温放置 5 min，4 ℃、12 000*g* 离心 15 min。

（5）取上层水相转入新 1.5 mL 离心管中，加入 0.25 mL 异丙醇和 0.25 mL 高盐溶液，颠倒混匀，室温放置 10 min。

（6）于 4 ℃、12 000*g* 离心 10 min，去上清。

（7）沉淀用 1 mL 预冷的 75%乙醇洗涤 2 次，吸除乙醇，晾干。

（8）用 20～50 μL DEPC 处理水溶解 RNA 沉淀，－20 ℃短时间保存或－80 ℃长期保存。

[附注]

1. DEPC 有致癌作用，含 DEPC 的溶液在高温灭菌前戴手套于通风橱中操作。

2. RNA 样品一般在－20 ℃冰箱短期保存，长期保存应置于超低温冰箱中。

[思考题]

TRIzol 法提取总 RNA 中的 DNA 等杂质应如何去除？

方法二 总 RNA 的大量提取——异硫氰酸胍法

一、目的

掌握总 RNA 大量提取的基本方法。

二、原理

异硫氰酸根及胍离子都是很强的蛋白质变性剂。异硫氰酸胍与十二烷基肌氨酸钠合用可使核蛋白体迅速解体，与还原剂 β-巯基乙醇合用能强烈抑制 RNase 活性，因而是制备 RNA 的一种常用试剂。用酸性酚进行抽提，既可保证 RNA 稳定，又可抑制 DNA 解离，使 DNA 与蛋白质一起沉淀，RNA 被抽提进入水相，用异丙醇沉淀 RNA 后，经酚-氯仿再次抽提进行纯化。氯化锂主要沉淀大分子 RNA，通过多级沉淀可提高 RNA 的纯度。为防止锂离子的污染，一般沉淀得到的 RNA 还要回溶后再用有机醇二次沉淀。

三、材料、用具和试剂

1. 材料 植物幼嫩组织器官、种子萌发的幼苗或动物组织。

2. 用具 液氮罐、高速冷冻离心机、紫外投射仪或凝胶成像系统、恒温水浴锅、水平电泳槽、电泳仪、微波炉或电炉等。

3. 试剂

（1）DEPC 处理水。取 1 mL 焦碳酸二乙酯（DEPC）加入 1 000 mL 去离子水中，搅拌直至 DEPC 完全溶解在水中，37 ℃放置 4 h 以上，121 ℃高温灭菌 20 min。

（2）异硫氰酸胍提取液。4 mol/L 异硫氰酸胍、25 mmol/L 柠檬酸钠（pH 7.0）、0.5%十二烷基肌氨酸钠、0.1 mol/L β-巯基乙醇。

(3) 酸性酚溶液。水饱和酸性酚(pH<5.0)、氯仿和异戊醇按体积比25∶24∶1混匀。

(4) 氯仿-异戊醇。氯仿和异戊醇按体积比24∶1混匀。

(5) 3 mol/L NaAc(pH 5.2)。用DEPC处理水配制,调节pH至5.2,灭菌。

(6) 4 mol/L LiCl。用去离子水配制4 mol/L的LiCl,然后加DEPC至其终浓度为0.1%(体积分数),灭菌。

(7) 异丙醇、75%乙醇等。

四、操作步骤

(1) 取50 mL离心管,加入6 mL提取液,冰浴冷却备用。

(2) 称取2.0 g新鲜的植物叶片,在液氮中充分研磨成粉末,把研磨好的样品转入50 mL离心管中,迅速振荡混匀至无成团结块。

(3) 加入6 mL酸性酚溶液,混匀,冰上放置5 min。

(4) 4 ℃、12 000 r/min离心10 min。上层水相转入新离心管中,加入等体积的氯仿-异戊醇,振荡混匀30 s,冰上放置10 min。

(5) 4 ℃、10 000 r/min离心10 min。上层水相转移到一个新离心管中,加入0.1倍体积冷的3 mol/L NaAc(pH 5.2)和2倍体积的无水乙醇,混匀,−70 ℃放置30 min或更长时间。

(6) 4 ℃、12 000 r/min离心20 min。沉淀用2 mL 4 mol/L LiCl悬浮后转入1.5 mL离心管,冰上放置20 min。

(7) 4 ℃、12 000 r/min离心10 min。沉淀用0.4 mL DEPC处理水溶解。

(8) 加入1/10体积冷的3 mol/L NaAc(pH 5.2)和2倍体积的无水乙醇,−70 ℃放置1 h。

(9) 4 ℃、12 000 r/min离心20 min。沉淀用预冷的75%乙醇洗涤2次,吸除乙醇,晾干。

(10) 用100~200 μL DEPC处理水溶解RNA沉淀,−20 ℃短时间保存或−80 ℃保存长期。

[附注]

1. DEPC有致癌作用,含DEPC的溶液在高温灭菌前戴手套于通风橱中操作。

2. RNA样品一般在−20 ℃冰箱短期保存,长期保存应置于超低温冰箱中。

[思考题]

1. 在RNA提取过程中,如何避免RNase的降解?

2. 在提取RNA过程中有哪些步骤可以去除DNA?

实验26 聚合酶链式反应(PCR)

一、目的

学习聚合酶链式反应的原理与技术。

二、原理

Mullis等人(1985)首先提出的聚合酶链式反应(polymerase chain reaction,PCR)的

实质就是一种简化条件下的体外DNA复制。反应体系包括模板DNA、引物（对）、热稳定DNA聚合酶、dNTP和反应缓冲液。一个PCR反应包括了3个步骤：高温变性（denature）、低温退火（annealing）和中温延伸（extention）。在94 ℃下模板DNA因热变性而解开双链，继而降低温度使DNA复性，则引物链可以和互补的模板链特定区域碱基配对形成杂交分子，在72 ℃保温一定时间，在此期间由DNA聚合酶催化从引物3′端不断合成模板链的互补链。新合成的产物可以作为下一个反应的模板。经过连续地重复反应，就可以对模板DNA上与双引物结合的序列之间的片段进行指数式扩增。

PCR反应是在PCR仪中进行。PCR仪由控温系统、加热槽、制冷装置（如风扇）和热盖组成。荧光定量时还要有荧光检测装置。

三、材料、用具和试剂

1. 材料　基因组DNA或质粒DNA。

2. 用具　台式高速离心机、移液枪、枪头、0.2 mL硅烷化PCR管、PCR仪、琼脂糖凝胶电泳设备等。

3. 试剂

（1）10×PCR反应缓冲液。500 mmol/L KCl、100 mmol/L Tris－HCl（pH 9.0）、1.0%Triton X－100。

（2）dNTP混合物（每种2.5 mmol/L）。

（3）25 mmol/L $MgCl_2$。

（4）*Taq* DNA聚合酶（5 U/μL）。

（5）引物。根据模板设计特异引物，上游引物和下游引物用无菌水或TE溶液溶解，浓度为10 μmol/L。

（6）5×TBE。烧杯中加入700 mL去离子水，加入54 g Tris和27.5 g硼酸，溶解后加入20 mL 0.5 mol/L EDTA(pH 8.0)，用去离子水定容至1 000 mL。使用时稀释10倍。

（7）琼脂糖。

四、操作步骤

（1）依次向PCR管加入并混匀下列试剂：H_2O 35.5 μL、10×PCR反应缓冲液5.0 μL、25 mmol/L $MgCl_2$ 4.0 μL、2.5 mmol/L dNTP 4.0 μL、10 μmol/L上游引物0.5 μL、10 μmol/L下游引物0.5 μL。

（2）快速离心5 s，加入*Taq* DNA聚合酶（0.2～0.5 μL），混匀。

（3）将PCR管按顺序放入PCR仪中，关上并旋紧热盖，设置好反应参数。反应参数包括：预变性5～10 min；94 ℃变性30～60 s，50 ℃退火30～60 s，72 ℃延伸1 min/kb，循环30次。最后一轮循环结束后，于72 ℃后延伸10 min，使反应产物扩增充分。

（4）电泳检测，反应完后，取10 μL扩增产物，配制1%琼脂糖凝胶，0.5×TBE电泳分析，检查反应产物及长度。

[附注]

1. PCR操作应尽可能在无菌条件下进行。

2. 枪头、离心管应高压灭菌，每次枪头用毕应更换，不要互相污染试剂。

3. 实验应设无模板以外的其他所有成分为对照。

[思考题]

1. 改变试剂用量、退火温度、变性时间和循环次数可能对反应有何影响？

2. 如果出现非特异带，可能有哪些原因？

实验 27　核酸的分子杂交

核酸具有可以变性与复性的特点，变性的单链 DNA 或 RNA 能够在一定条件下与具有互补性的核酸单链退火形成双链结构，称为核酸杂交。将已知核苷酸序列的单链 DNA 或 RNA 进行标记，制成核酸探针，就可以用来检测核酸样品中是否存在与探针互补的核酸分子。核酸的分子杂交技术已经成为分子生物学研究中重要的检测方法之一。

方法一　Southern 印迹杂交

一、目的

学习和掌握 Southern 印迹杂交（简称 Southern 杂交）的原理、操作和应用。

二、原理

Southern 杂交技术包括两个主要过程：一是将待检测 DNA 分子通过一定的方法转移并结合到一定的固相支持物（硝酸纤维素膜或尼龙膜）上，即印迹（blotting）；二是固定于膜上的核酸与标记的探针在一定的温度和离子强度下退火，即分子杂交过程。该技术是 1975 年由英国爱丁堡大学的 E. M. Southern 首创的，Southern 印迹杂交因此而得名。Southern 杂交技术在科学研究和实践中具有十分广泛的用途，利用 Southern 杂交可进行克隆基因的酶切图谱分析、基因组中某一基因拷贝数测定、转基因动植物及转基因食品检测、基因突变分析及限制性片段长度多态性（RFLP）分析等。

三、材料、用具和试剂

1. 材料　质粒 DNA。

2. 用具　电泳仪、凝胶成像系统、杂交管、移液器、杂交炉、放射性检测仪、烘箱、电磁炉、电子天平、微波炉等。

3. 试剂

（1）50×TAE 电泳缓冲液。称取 242 g Tris、37.2 g EDTA - $Na_2 \cdot 2H_2O$，溶于 800 mL 去离子水中，加入 57.1 mL 冰醋酸，充分搅拌，加去离子水定容至 1 L。

（2）10×上样缓冲液。称取 0.9 g SDS、0.05 g 溴酚蓝，溶于 50 mL 去离子水中，然后加入 50 mL 甘油，充分混匀，加去离子水定容至 100 mL。

（3）变性液。称取 87.75 g NaCl、20 g NaOH，溶于去离子水中，并定容至 1 L。

（4）中和液。称取 87.75 g NaCl、60.57 g Tris，溶于 800 mL 去离子水，加入 70 mL 左右的浓盐酸，冷却至室温后调 pH 为 7.0，加去离子水定容至 1 L，室温保存。

（5）转膜液（20×SSC）。称取 175.3 g NaCl、88.2 g 柠檬酸钠（$Na_3C_6H_5O_7 \cdot 2H_2O$），溶于 800 mL 去离子水中，用 HCl 调 pH 为 7.0 后，加去离子水定容至 1 L，用滤纸过滤后，高温高压灭菌。其他浓度的 SSC 溶液由 20×SSC 稀释获得。

（6）100×Denhardt's。称取 2 g Ficoll 400、2 g 聚乙烯吡咯烷酮、2 g BSA，用 80 mL 去离子水溶解并定容至 100 mL，用 0.45 μm 滤膜滤去杂质后分装，−20 ℃保存。

（7）10 mg/mL 鲑精 DNA。称取 100 mg 鲑精 DNA，溶于 10 mL 的 TE 中，溶解后加入 0.2 mL 的 5 mol/L NaCl。使用氯仿抽提蛋白 2 次，回收水相溶液后，使用 17 号皮下注射针头快速吸打溶液约 20 次（或用超声波），以切断 DNA。加入 2 倍体积的无水乙醇进行沉淀。离心回收 DNA 后，溶解于 8 mL 的去离子水中，测定溶液的 A_{260} 值，根据浓度稀释至 10 mg/mL。煮沸 10 min 后，分装，−20 ℃保存。

（8）预杂交液。吸取 20×SSC 30 mL、100×Denhardt's 1 mL、10% SDS 2 mL、10 mg/mL 鲑精 DNA 1 mL，混匀，用去离子水定容至 100 mL，用 0.45 μm 滤膜滤去杂质后使用。

（9）探针合成使用 Promega 公司 Prime－a－Gene Labeling System 试剂盒。

（10）洗膜液Ⅰ。吸取 20×SSC 10 mL、10% SDS 1 mL，混匀，用去离子水定容至 100 mL。

（11）洗膜液Ⅱ。吸取 20×SSC 2.5 mL、10% SDS 1 mL，混匀，用去离子水定容至 100 mL。

（12）[$\alpha-{}^{32}P$] dCTP(3 000 Ci/nmol)。

四、操作步骤

1. 基因组 DNA 酶切　取 30～50 μg 基因组 DNA 用一种或几种限制性内切酶消化。

2. 消化 DNA 的电泳　待 DNA 消化完全后，加入 1/10 体积的 10×上样缓冲液，用 0.8%琼脂糖凝胶电泳分离 DNA 片段（应采用 1～2 V/cm 缓慢电泳）。待溴酚蓝电泳到距离凝胶边缘约 1 cm 处时（约需电泳 12 h），停止电泳，用凝胶成像系统对凝胶进行拍照。

3. 转膜

（1）将无 DNA 样品的凝胶用锋利的刀片切去，并切去左上角作为标记（上样顺序）。然后将凝胶置于 10 倍凝胶体积的变性液中浸泡 45 min，使 DNA 变性。

（2）弃变性液，用蒸馏水漂洗凝胶后，加入 10 倍凝胶体积的中和液浸泡 20 min，重复一次。

（3）如图 11－1 安装转移装置进行 DNA 印迹（毛细管虹吸转移法）。其各层组成依次为（从下往上）：固体支持物、两张 Whatman 3 mm 滤纸桥、凝胶、1 张用蒸馏水浸湿的尼龙膜、两张 Whatman 3 mm 滤纸、一叠吸水纸。将一块玻璃板平放于吸水纸上面，其上加 0.4 kg 左右的重物。转膜过程一般需要 8～24 h，每隔数小时需要更换吸水纸，并保证有足够的转膜液。

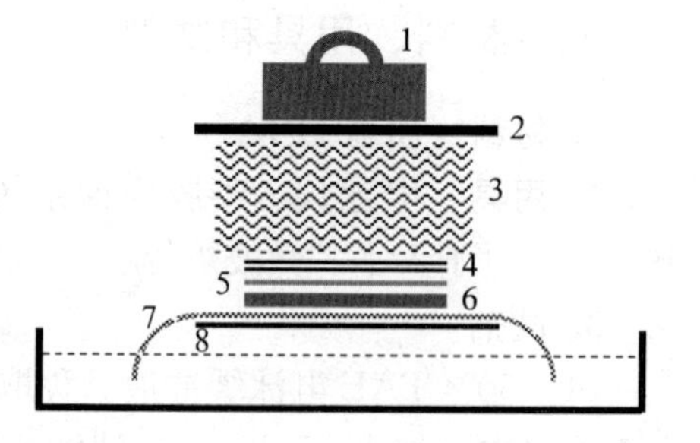

图 11－1　转膜装置

1. 重物　2. 玻璃板　3. 吸水纸　4. 滤纸　5. 尼龙膜　6. 凝胶　7. 滤纸桥　8. 玻璃板

4. 固定　转膜结束后取出尼龙膜，用铅笔在膜上标记样品孔的位置，并减去一角以标示样品顺序，将膜置于两张 Whatman 3 mm 滤纸之间，在烘箱中80 ℃下烘 2 h（膜干燥后在室温下可放置数月）。

5. 预杂交　先用 6×SSC 润湿结合有 DNA 的膜，将膜放到杂交管中（结合有 DNA 的面朝上）。按照每 100 cm^2（膜面积）10 mL 的比例加入预杂交液，在杂交炉中 68 ℃条件下预杂交 3 h。

6. 探针合成　取 25～50 ng 模板 DNA（纯化的 PCR 产物或质粒 DNA）于 0.5 mL 离心管中，电磁炉上沸水浴变性 5 min，立即置冰浴中。在另一个 0.5 mL 离心管中如表 11－3 依次加入各成分。

表 11－3

成　分	用量/μL	终浓度
5×标记缓冲液	10	1×
非标记 dNTP	2	20 μmol/L
无 DNase 的 BSA	2	400 μg/mL
[α－^{32}P]dCTP(3 000 Ci/nmol)	5	333 nmol/L
Klenow 酶（5 U/μL）	1	100 U/mL

然后将变性的 DNA 模板加入，加入适量 ddH_2O，使终体积为 50 μL。混匀后 37 ℃条件下反应 1 h。

7. 杂交　探针于沸水浴中加热 5 min，迅速置于冰水中。将变性 DNA 加到杂交管中，68 ℃杂交过夜。

8. 洗膜　将杂交液倒出，按照 1 mL/cm^2 的比例加入洗膜液。用洗膜液 Ⅰ 在 42 ℃条件下洗膜 10 min，重复一次，然后用洗膜液 Ⅱ 在 42 ℃条件下洗膜 10 min。

9. 压片　用保鲜膜将膜包好后，在暗室中压 X 光片，放射自显影。

10. 显影与定影　在暗室中依次用显影液和定影液冲洗 X 光片，最后观察实验结果。

[附注]

1. Southern 杂交对 DNA 酶切的质量要求较高，酶切不完全会影响实验结果。

2. 如果酶切后的靶序列>5 kb，则在转膜之前需要进行脱嘌呤处理：用 10 倍凝胶体积的 0.2 mol/L HCl 进行处理（人类基因组≤10 min，植物基因组≤20 min）。用蒸馏水冲洗后，再进行变性液处理。

3. 安装转膜装置时应排出固相支持物与 Whatman 3 mm 滤纸之间、Whatman 3 mm 滤纸与凝胶之间、凝胶与尼龙膜之间、尼龙膜与 Whatman 滤纸之间的气泡，否则会影响转膜效果。一旦建立转膜系统后，要防止膜与凝胶间发生错位，防止吸水纸倒塌和完全湿透，要及时更换吸水纸。

4. 转膜必须充分，要保证 DNA 已转到膜上。洗膜不充分会导致背景太深，洗膜过度又可能导致假阴性。

5. α－^{32}P 的半衰期只有 14 d，所以标记好的探针应尽快使用，同时需注意放射性同位素的安全使用。另外，可以通过磷屏仪来直接扫描信号，而无须压 X 光片及显影、定影等操作。

6. 由于该技术的操作比较烦琐、费时，所以现在有一些其他的方法可以代替 Southern 杂交。例如，对于基因拷贝数的检测可以通过 real - time PCR 来实现。但 Southern 杂交技术也有其独特之处，是目前其他方法所不能替代的，如限制性酶切片段多态性（RFLP）的检测等。

［思考题］

1. Southern 杂交主要应用在哪些方面？
2. 实验过程中针对放射性同位素的防护措施及注意事项有哪些？
3. 尼龙膜与硝酸纤维素膜各自的优缺点有哪些？

方法二　Northern 印迹杂交

一、目的

学习和掌握 Northern 印迹杂交（简称 Northern 杂交）的原理、操作及应用。

二、原理

Northern 印迹杂交（Northern blotting）是利用 DNA 或者 RNA 探针可以与靶 RNA 进行杂交来检测特异性 RNA 的技术。首先将 RNA 通过琼脂糖变性凝胶电泳按片段大小进行分离，分开的 RNA 转移至尼龙膜或硝酸纤维素膜上，再与标记的探针杂交，通过杂交结果可以对特定的 RNA 进行定性或定量检测。1977 年，斯坦福大学的 J. C. Alwine 等提出将电泳凝胶中的 RNA 转移到叠氮化的或其他化学修饰的活性滤纸上，通过共价交联作用使它们结合并利用标记的探针进行检测。因其方法同 Southern 杂交十分相似，故称为 Northern 杂交。

Northern 杂交是用来测量 RNA 的大小并估计其丰度的实验方法，其检测对象为 RNA，可以从大量的 RNA 样本中同时获得这些信息。Northern 杂交信号的检测方法取决于探针的标记方式，若探针被 ^{32}P 标记则通过放射自显影检测，若用非放射性物质标记，则可通过化学显色或化学发光检测。常用的非放射性标记有地高辛和生物素，前者的特异性更强。地高辛（digoxigenin，DIG）是一种类固醇半抗原分子，采用人工方法可以将地高辛的线性间隔臂与 dUTP 连接起来，形成 DIG - 11 - dUTP，并通过随机引物法或 PCR 法等将其掺入到探针中。洗膜后，加入一种结合有碱性磷酸酶的地高辛特异性抗体，加入化学显色底物或化学发光底物，经过反应一段时间即可检测到杂交信号。

Northern 杂交技术广泛应用于特定性状基因在 mRNA 水平上的动态表达研究，如组织表达差异、受各种理化因素的调控表达，还可用于检测 mRNA 的可变剪切及筛选新基因等。

三、材料、用具和试剂

1. 材料　植物总 RNA 样品。

2. 用具　电泳仪、凝胶成像系统、杂交管、移液器、杂交炉、电子天平、烘箱、电磁炉、微波炉、磁力搅拌器等。

3. 试剂

（1）DEPC处理水。吸取1 mL DEPC于1 L去离子水中，充分溶解、混匀，处理5～6 h，高温高压灭菌后使用。

（2）10×MOPS电泳缓冲液。称取41.8 g MOPS，溶于800 mL DEPC处理水中，再加入1 mol/L NaAc（用DEPC处理水配制）20 mL、0.5 mol/L EDTA－Na_2（pH 8.0，用DEPC处理水配制）20 mL，调节pH为7.0，用DEPC处理水定容至1 L。0.45 μm滤膜过滤后，室温避光保存。

（3）5×上样缓冲液。称取5 mg溴酚蓝，溶于4 mL 10×MOPS电泳缓冲液中，加入80 μL 0.5 mol/L EDTA－Na_2（pH 8.0）、720 μL甲醛（37%）、3.1 mL甲酰胺、100 μL EB(10 mg/mL)，最后加甘油定容到10 mL。

（4）转膜液（20×SSC）。称取175.3 g NaCl、88.2 g $Na_3C_6H_5O_7 \cdot 2H_2O$，溶于800 mL DEPC处理水中，用HCl调pH为7.0后，用DEPC处理水定容至1 L。用滤纸过滤后，高温高压灭菌。其他浓度的SSC溶液由20×SSC稀释获得。

（5）探针合成、预杂交及杂交使用Roche公司DIG High Prime DNA Labeling and Detection Starter Kit Ⅱ试剂盒。

（6）洗膜液Ⅰ。吸取20×SSC 10 mL、10% SDS 1 mL，用DEPC处理水定容至100 mL。

（7）洗膜液Ⅱ。吸取20×SSC 2.5 mL、10% SDS 1 mL，用DEPC处理水定容至100 mL。

四、操作步骤

1. 制备变性凝胶　称取1.2 g琼脂糖，加85 mL ddH_2O，在微波炉中充分熔化，待凝胶冷却至65 ℃左右，加入10 mL 10×MOPS电泳缓冲液和5 mL甲醛（37%，在通风橱中加入），混匀后倒胶。

2. 电泳　胶凝固后，拔去梳子，将凝胶放入电泳槽，加入足够的1×MOPS电泳缓冲液，使其没过凝胶面1 mm左右。20 μL RNA样品（约20 μg）加入5 μL 5×上样缓冲液，于65 ℃水浴变性5 min，冰浴冷却，短暂离心后，上样电泳。3～4 V/cm电泳，直至溴酚蓝移动至距离凝胶边缘1 cm左右，停止电泳。

3. 转膜　拍照观察电泳结果后，构筑转移平台，进行转膜。

（1）凝胶在数倍凝胶体积的DEPC处理水中浸泡10 min，更换DEPC处理水，重复一次，以去除甲醛。

（2）将无RNA样品的凝胶用锋利的刀片切去，并切去左上角作为标记（上样顺序）。

（3）安装转移装置进行RNA印迹（毛细管虹吸转移法）。其各层组成依次为（从下往上）：固体支持物、两张Whatman 3 mm滤纸桥、凝胶、1张用蒸馏水浸湿的尼龙膜、两张Whatman 3 mm滤纸、一叠吸水纸。将一块玻璃板平放于吸水纸上面，其上加0.4 kg左右的重物（图11－1）。转膜过程一般需要8～24 h，每隔数小时需要更换吸水纸，并保证有足够的转膜液。

4. 固定　转膜结束后取出尼龙膜，用铅笔在膜上标记样品孔的位置，并减去一角以标示样品顺序，将膜置于两张Whatman 3 mm滤纸之间，在烘箱中80 ℃下烘2 h（膜干燥后在室温下可放置数月)。

5. 预杂交　将膜放到杂交管中(结合有 RNA 的面朝上)。按照每 100 cm^2(膜面积)10 mL的比例加入 DIG Easy Hyb buffer(预杂交液),在杂交炉中 42 ℃条件下预杂交 3 h。

6. 探针合成　按照 DIG High Prime DNA Labeling and Detection Starter Kit Ⅱ(该方法利用随机引物法合成地高辛标记的 DNA 探针)说明书:1 μg 模板 DNA(如 PCR 回收产物)加 ddH_2O 至 16 μL,沸水浴 10 min 后,置冰浴中,使模板充分变性,加入 4 μL DIG-High Prime(含 Klenow 酶、随机引物及地高辛标记的 dUTP 等),混匀 25 ℃条件下反应 1～2 h,65 ℃加热 10 min 终止反应。

7. 杂交　倒出预杂交液,加入新的预杂交液(每 100 cm^2 膜面积加 3.5 mL)。将变性的地高辛标记探针(沸水浴 5 min 后置冰浴中)加入杂交管中,42 ℃杂交 4～12 h。

8. 洗膜　将杂交液倒出,按照 1 mL/cm^2 的比例加入洗膜液。洗膜液Ⅰ在 42 ℃条件下洗膜 10 min,重复一次,然后用洗膜液Ⅱ在 42 ℃条件下洗膜 10 min。

9. 利用化学发光法检测信号

(1)洗膜后将膜置于洗液(1 mL/cm^2)中平衡 1～5 min。

(2)在封闭液(1 mL/cm^2)中封闭 30 min。

(3)弃去封闭液,吸取 2 μL Anti-Digoxigenin-AP 加入 20 mL 洗液中制备抗体溶液,混匀,与膜孵育 30 min。

(4)弃去抗体溶液,用洗液(1 mL/cm^2)洗两次,每次 15 min。

(5)弃去洗液,在 Detection buffer(1 mL/cm^2)中平衡 2～5 min。

(6)将膜置于干净的保鲜膜之间(结合有 RNA 的一面朝上),用镊子抬起一角,加入 1 mL CSPD ready-to-use(化学发光底物),使底物溶液均匀扩散到膜的表面,排出气泡,使膜四周被底物液封闭,室温放置 5 min。

(7)排去多余的底物液,将膜用保鲜膜包裹,置暗盒中对 X 光片曝光 15～25 min,冲洗 X 光片观察结果。

[附注]

1. 在进行 Northern 杂交之前,务必检测 RNA 各样品的质量,因为 Northern 杂交的成败很大程度上取决于 RNA 质量的好坏。若 RNA 样品不纯或者被降解,则需纯化或重提 RNA。此外,电泳时尽量使各样品的上样量一致,便于对杂交结果进行分析。

2. RNA 电泳在变性条件下进行,以去除 RNA 中的二级结构,保证 RNA 按分子大小分离。由于 RNA 容易降解,Northern 杂交对实验条件要求严格,前期制备和转膜过程易受 RNase 污染,需在整个操作过程中减少 RNA 的降解。所用金属、玻璃器皿需在 180 ℃烘 6 h,各溶液应用 DEPC 处理过的水配制。制胶及电泳装置需用去污剂溶液洗净,用水冲洗,然后灌满 3% H_2O_2,于室温放置 10 min 后,用经 DEPC 处理的水彻底冲洗。

3. 制胶时甲醛应在通风橱中加入,胶在通风橱中凝固。

4. 在 Northern 杂交中既可以使用 DNA 探针,也可以使用 RNA 探针。通常,RNA 探针的特异性和灵敏度更高一些,如果对灵敏度和特异性没有严格的要求,DNA 探针会更方便操作。在杂交这一环节中,为了避免探针浓度过高而产生干扰背景,有必要在正式杂交前先进行一次模拟杂交,以筛选最适的浓度。

5. 化学发光法检测在尼龙膜上的效果优于在纤维素膜上的效果,在检测过程中应避免膜干燥，否则会导致背景较深。结合在尼龙膜上的探针可以洗掉，然后可用相同的膜去检测其他基因的表达情况。

[思考题]

1. Northern 杂交与 Southern 杂交有哪些异同点？
2. 比较放射性标记与非放射性标记的探针的优缺点。
3. 如何检测提取的 RNA 的质量是否合格？
4. Northern 杂交的注意事项有哪些？

第十二章

酶　化　学

实验 28　质粒 DNA 的限制性酶切鉴定

一、目的

1. 掌握限制性内切酶的作用原理和方法。
2. 了解质粒 DNA 酶切结果的分析方法。

二、原理

限制性核酸内切酶（简称限制性内切酶）是来自细菌的一种能够降解外源 DNA 的磷酸二酯键的核酸内切酶。根据酶识别和切割靶 DNA 的序列特异性，可将其分为Ⅰ、Ⅱ和Ⅲ型限制性内切酶。其中，只有Ⅱ型限制性内切酶的切割位点在识别位点序列内，广泛用于 DNA 重组。Ⅱ型限制内切酶的识别位点一般为长度为 4～8 bp 的回文序列，最常见的是 6 bp 的序列。按照酶的切割方式不同，可以将切割后的末端分为两条单链长度不同的黏性末端（如 *Hind* Ⅲ、*Bam*H Ⅰ、*Eco*R Ⅰ）和长度相同的平齐末端（如 *Sma* Ⅰ）。目前已有数百种商品化的限制性内切酶可供选择，而且一般提供相应的缓冲液。限制性内切酶的一个活性单位一般是指 50 μL 反应体系在适宜温度（一般为 37 ℃）下反应 1 h 将 1 μg DNA 完全分解所需酶的量。不同限制性内切酶要求的离子条件各不相同，而且其活性还受 DNA 的甲基化修饰、温度和抑制剂等因素的影响。

质粒 DNA 是基因工程中常用的工具载体，一般包含多种限制性内切酶的酶切位点（多克隆位点）。载体与目的 DNA 片段的体外重组方法很多，酶切后再连接是常用的传统方法，就是利用一种或多种限制性内切酶将载体和目的 DNA 片段切出相同的末端，然后利用连接酶将目的 DNA 片段连接到载体的多克隆位点上。利用单个单酶切位点的水解，可以将环状双链 DNA 分子转变为线性 DNA；利用两个不同位置的相同的酶切位点，可以将质粒 DNA 切成两个末端相同的 DNA 片段；而利用两个不同位置的不同的单酶切位点，可以将质粒 DNA 切成两个末端不同的 DNA 片段。

三、材料、用具和试剂

1. 材料　pBI 121 质粒 DNA，包含长度为 834 bp 的 CaMV 35S 启动子和 1 811 bp 的 GUS 基因，主要酶切位点图谱如图 12 - 1 所示。

2. 用具　恒温水浴锅、电泳装置、离心管、凝胶检测仪等。

3. 试剂

(1) 5×TBE 电泳缓冲液。称取 Tris 54 g、硼酸 27.5 g，并加入 0.5 mol/L EDTA(pH

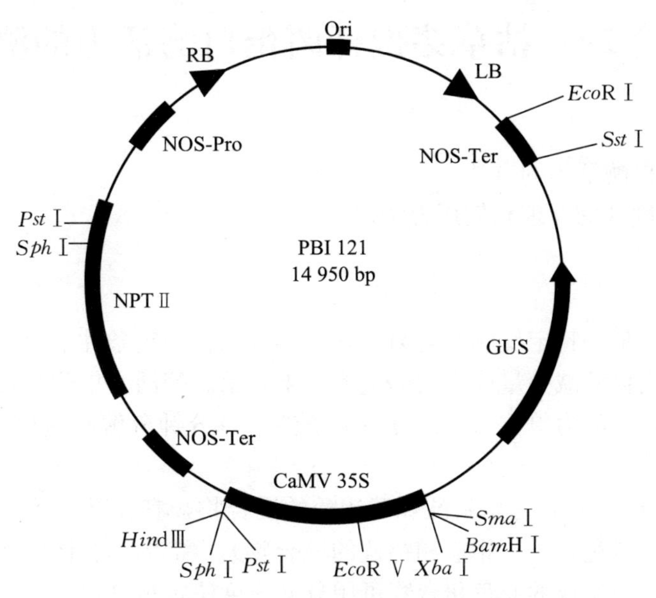

图 12-1　pBI 121 质粒 DNA 的主要酶切位点

8.0)20 mL，用蒸馏水溶解并定容至 1 000 mL。

（2）0.5×TBE 电泳缓冲液。取 5×TBE 电泳缓冲液 20 mL，加水至 200 mL，配制成 0.5×TBE 电泳缓冲液。

（3）6×电泳上样缓冲液。0.25%溴酚蓝、40%（质量体积分数）蔗糖水溶液，储存于 4 ℃。

（4）溴化乙锭（EB）溶液母液。将 EB 配制成 10 mg/mL 水溶液，用铝箔或黑纸包裹容器，室温保存。

（5）限制性内切酶 *Hind* Ⅲ、*Bam*H Ⅰ，10×K buffer 和 DL5000 DNA Marker 购自宝生物工程公司。

四、操作步骤

（1）依次加入以下试剂，配制酶切反应体系：10×K Buffer 5.0 μL、*Hind* Ⅲ 1.0 μL、*Bam*H Ⅰ 1.0 μL、质粒 DNA 1.0 μg，ddH_2O 补足至 50 μL。

混匀，将反应体系置于 37 ℃条件下反应 1 h，加入 10×上样缓冲液终止酶切反应。

（2）配制 0.8%琼脂糖凝胶。

（3）将酶切产物、DNA Marker 和未酶切质粒 DNA 加入琼脂糖凝胶，进行稳压电泳。

（4）电泳结束后，取出凝胶在紫外检测仪上观察电泳图谱，分析酶切结果。

［附注］

1. 酶切反应体系中所加酶的体积不能超过总反应体系的 1/10。

2. 准确控制反应条件和质粒 DNA 的用量。

［思考题］

如何保证 DNA 的酶切效率和特异性？

实验 29　枯草芽孢杆菌蛋白酶活力的测定

一、目的

1. 学习测定蛋白酶活力的方法。
2. 掌握分光光度计的原理和使用方法。

二、原理

酶活力指酶催化某一特定反应的能力。其大小可用在一定条件下酶催化反应进行一定时间后，反应体系中底物的减少量或产物的生成量来表示。酶活力单位是表示酶活力大小的重要指标。本实验规定酶活力单位（U）为一定条件下每分钟分解酪蛋白产生 1 μg 酪氨酸所需的酶量。

酚试剂又名 Folin 试剂，是磷钨酸和磷钼酸的混合物，它在碱性条件下极不稳定，可被酚类化合物还原产生蓝色物质（钼蓝和钨蓝的混合物）。酪蛋白经蛋白酶作用后产生的酪氨酸可与酚试剂反应，所生成的蓝色化合物可用分光光度法定量测定。

实验选用枯草芽孢杆菌蛋白酶水解酪蛋白产生酪氨酸的反应体系。产物酪氨酸在碱性条件下与酚试剂反应生成蓝色化合物，该蓝色化合物在 680 nm 处有最大光吸收，其吸光值与酪氨酸含量成正比。因此通过测定一定条件下产物酪氨酸的含量变化，可计算出蛋白酶的活力。

三、材料、用具和试剂

1. 材料　枯草芽孢杆菌蛋白酶粉。称取 1 g 枯草芽孢杆菌蛋白酶粉，用少量 0.02 mol/L pH 7.5 的磷酸缓冲液溶解，然后用同一缓冲液定容至 100 mL。振摇约 15 min，使其充分溶解，然后用干纱布过滤。吸取滤液 5 mL，稀释适当倍数（如 20 倍、30 倍、40 倍）供测定用。此酶液可在冰箱中保存一周。

2. 用具　试管、试管架、吸管、漏斗、恒温水浴锅、722（或 721）分光光度计等。

3. 试剂

（1）酚试剂。于 2 000 mL 磨口回流装置内加入钨酸钠（$Na_2WO_4 \cdot 2H_2O$）100 g、钼酸钠（$Na_2MoO_4 \cdot 2H_2O$）25 g、蒸馏水 700 mL、85%磷酸 50 mL、浓盐酸 100 mL。微火回流 10 h 后加入硫酸锂 150 g、蒸馏水 50 mL 和溴数滴，摇匀。煮沸约 15 min，以驱逐残溴，溶液呈黄色。冷却后定容到 1 000 mL。过滤，置于棕色瓶中保存。使用前以酚酞为指示剂，用氢氧化钠（1 mol/L）进行标定，当溶液颜色由红→紫红→紫灰→墨绿时即为滴定终点（此时酸度为 2 mol/L），然后用蒸馏水稀释 1 倍，即为酚试剂。

（2）0.55 mol/L 碳酸钠溶液。称取 58.30 g 碳酸钠，加蒸馏水溶解并定容至 1 000 mL。

（3）10%三氯乙酸溶液。称取 100.00 g 固体三氯乙酸，加蒸馏水溶解并定容至1 000 mL。

（4）0.5%酪蛋白溶液。称取酪蛋白 2.50 g，用 0.5 mol/L 的氢氧化钠溶液 4 mL 润湿，加 0.02 mol/L pH 7.5 磷酸缓冲液 50 mL，在水浴中加热溶解。冷却后，用 pH 7.5 磷酸缓冲液定容至 500 mL。此试剂临用时配制。

（5）0.02 mol/L pH 7.5 磷酸缓冲液。称取磷酸氢二钠（$Na_2HPO_4 \cdot 12H_2O$）71.64 g，

用蒸馏水溶解并定容至 1 000 mL，为 A 液。称取磷酸二氢钠（$NaH_2PO_4 \cdot 2H_2O$）31.21 g，用蒸馏水溶解并定容至 1 000 mL，为 B 液。取 A 液 840 mL、B 液 160 mL，混合后即成 0.2 mol/L（pH 7.5）磷酸缓冲液。临用时用蒸馏水稀释 10 倍。

（6）100 μg/mL 酪氨酸溶液。精确称取烘干的酪氨酸 100 mg，用 0.2 mol/L 盐酸溶液溶解，用蒸馏水定容至 100 mL，临用时用蒸馏水稀释 10 倍，再分别配制成几种 10～60 μg/mL 的酪氨酸溶液。

四、操作步骤

1. 绘制标准曲线 取不同浓度（10～60 μg/mL）酪氨酸溶液各 1 mL，分别加入 0.55 mol/L 碳酸钠溶液 5 mL、酚试剂 1 mL。置 30 ℃恒温水浴中显色 15 min，用分光光度计在 680 nm 处测吸光值，用空白管（只加入蒸馏水、碳酸钠溶液和酚试剂）作对照，以吸光值为纵坐标，以酪氨酸的质量（μg）为横坐标，绘制标准曲线。

2. 酶活力的测定 吸取 0.5%酪蛋白溶液 2 mL 置于试管中，在 30 ℃水浴中预热 5 min 后，加入 30 ℃预热 5 min 的酶液 1 mL，立即计时。反应 10 min，由水浴取出，并立即加入 10%三氯乙酸溶液 3 mL，放置 15 min 后，用滤纸过滤。

同时另做一对照管，即取酶液 1 mL，先加入 3 mL 10%的三氯乙酸溶液，然后再加入 0.5%酪蛋白溶液 2 mL，30 ℃保温 10 min，放置 15 min，过滤。

3. 吸光值的测定 取 3 支试管，编号。分别加入样品滤液、对照滤液和蒸馏水各 1 mL。然后各加入 0.55 mol/L 的碳酸钠溶液 5 mL，混匀后再各加入酚试剂 1 mL。立即混匀，在 30 ℃显色 15 min。以加蒸馏水的一管作空白对照，在 680 nm 处测对照及样品的吸光值。

五、结果与计算

规定在 30 ℃、pH 7.5 的条件下，水解酪蛋白每分钟产生酪氨酸 1 μg 为一个酶活力单位。则 1 g 枯草芽孢杆菌蛋白酶在 30 ℃、pH 7.5 的条件下所具有的活力单位数为：

$$(A_{样}-A_{对}) \cdot K \cdot \frac{V}{t} \cdot N$$

式中，$A_{样}$ 为样品液吸光值；$A_{对}$ 为对照液吸光值；K 为标准曲线上吸光值为 1 时酪氨酸质量（μg）；t 为酶促反应的时间（min），本实验 $t=10$；V 为酶促反应管的总体积（mL），本实验 $V=6$；N 为酶液的稀释倍数，本实验 $N=2\,000$。

[附注]

酶液浓度一般将 1 g 酶粉稀释至 2 000 mL，若酶活力很高，可酌情再稀释。

[思考题]

1. 稀释的酶溶液是否可长期使用？说明原因。
2. 终止反应的三氯乙酸加入后，为何要放置 15 min 再过滤？

实验 30 淀粉酶活性的测定

一、目的

学习和掌握测定 α 淀粉酶和 β 淀粉酶活性的原理与方法。

二、原理

淀粉酶（amylase）包括几种催化特点不同的成员，其中α淀粉酶随机地作用于淀粉的非还原端，生成麦芽糖、麦芽三糖、糊精等还原糖，同时使淀粉浆的黏度下降，因此又称为液化酶；β淀粉酶每次从淀粉的非还原端切下一分子麦芽糖，又称为糖化酶；葡萄糖淀粉酶则从淀粉的非还原端每次切下一个葡萄糖。淀粉酶产生的这些还原糖能使3,5-二硝基水杨酸还原，生成棕红色的3-氨基-5-硝基水杨酸，其反应如下：

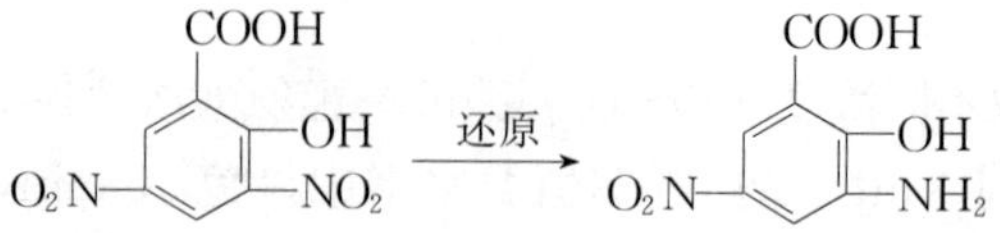

COOH
OH
O_2N — — NO_2
还原
COOH
OH
O_2N — — NH_2

在一定范围内其显色基团的颜色深浅与糖浓度成正比，淀粉酶活性的大小与产生的还原糖的量成正比。可以用麦芽糖制作标准曲线，用比色法测定淀粉生成还原糖的量，以单位质量样品在一定时间内生成的还原糖的量表示酶活性。

几乎所有植物中都存在淀粉酶，特别是萌发后的禾谷类种子中淀粉酶活性最强，主要是α淀粉酶和β淀粉酶。α淀粉酶耐热不耐酸，在pH 3.6以下迅速钝化；而β淀粉酶耐酸不耐热，在70℃处理15 min则被钝化。根据它们的这种特性，在测定时钝化其中一种酶，就可测出另一种酶的活性。本实验采用加热钝化β淀粉酶测出α淀粉酶的活性，再与非钝化条件下测定的总活性（α+β）比较，求出β淀粉酶的活性。

三、材料、用具和试剂

1. 材料 萌发的小麦（芽长1 cm左右）。

2. 用具 天平、具塞刻度试管、恒温水浴锅、比色管、722分光光度计、容量瓶、离心机、离心管、研钵、移液管等。

3. 试剂

（1）1%淀粉溶液。称取1 g可溶性淀粉，加入少量冷水调成糊状，徐徐倒入约90 mL沸蒸馏水，同时不断搅拌，再加蒸馏水定容为100 mL。

（2）0.4 mol/L NaOH溶液。称取NaOH 16 g，用蒸馏水溶解并定容至1 000 mL。

（3）0.1 mol/L pH 5.6柠檬酸缓冲液。

A液：称取柠檬酸（$C_6H_8O_7 \cdot H_2O$）21.01 g，用蒸馏水溶解并定容至1 000 mL。

B液：称取柠檬酸钠（$Na_3C_6H_5O_7 \cdot 2H_2O$）29.41 g，用蒸馏水溶解并定容到1 000 mL。

取A液55 mL与B液145 mL混匀，即为0.1 mol/L pH 5.6的缓冲液。

（4）3,5-二硝基水杨酸溶液。准确称取3,5-二硝基水杨酸1.00 g，溶于20 mL 1 mol/L NaOH溶液中，加入50 mL蒸馏水，再加入30.00 g酒石酸钾钠，放于温热水中溶解，溶解后用蒸馏水稀释至100 mL。注意盖紧瓶塞，勿使CO_2进入。

（5）麦芽糖标准液（1 mg/mL）。称取麦芽糖0.10 g溶于少量蒸馏水中，移入100 mL容量瓶中，用蒸馏水定容至刻度。

四、操作步骤

1. 酶液的提取 称取4 g萌发的小麦种子（芽长1 cm左右），置研钵中加少量石英砂，磨成匀浆，倒入 50 mL 具塞刻度试管中，用蒸馏水稀释至刻度，混匀后在室温（20 ℃）下放置 15～20 min（每隔数分钟振荡一次），离心，取上清液备用。

吸取上述淀粉酶原液 4 mL，放入 100 mL 容量瓶中，用蒸馏水定容至刻度，摇匀，即为淀粉酶稀释液（稀释程度视酶活性大小而定）。

2. α 淀粉酶活性的测定 取试管 4 支，编号，两支为对照管，两支为测定管。于每管中各加酶稀释液 1.0 mL，在 70 ℃恒温水浴中准确加热 15 min。在此期间 β 淀粉酶受热而失活。取出迅速冷却，在试管中各加入 1.0 mL pH 5.6 的柠檬酸缓冲液。于对照管中先加入 4.0 mL 0.4 mol/L NaOH 溶液，以终止酶的活性。将测定管和对照管置 40 ℃恒温水浴中保温 10 min，再在各管中分别加入 40 ℃预热的淀粉溶液 2 mL，混匀立即放入 40 ℃水浴中保温5 min，取出向各测定管中迅速加入 4.0 mL 0.4 mol/L NaOH 溶液以终止酶的活性。然后准备糖的测定。

3. α 淀粉酶及 β 淀粉酶总活性的测定 取试管 4 支，编号，两支为对照管，两支为测定管。各加入酶稀释液 1 mL 及 0.1 mol/L pH 5.6 的柠檬酸缓冲液 1.0 mL，向对照管中加入 4 mL 0.4 mol/L NaOH 溶液以终止酶活性。将各管置 40 ℃恒温水浴中保温 15 min，再分别加入 40 ℃预热的淀粉溶液 2.0 mL，混匀，立即放入 40 ℃水浴中准确保温 5 min，取出，向各测定管中迅速加入 4.0 mL 0.4 mol/L NaOH 溶液，以终止酶的活性。然后准备糖的测定。

4. 麦芽糖的测定

（1）标准曲线的制作。取 7 支 25 mL 刻度试管，编号，分别加入 1 mg/mL 麦芽糖标准液 0、0.2 mL、0.6 mL、1.0 mL、1.4 mL、1.8 mL、2.0 mL，然后加蒸馏水使各管都达到 2.0 mL。再各加入 3,5-二硝基水杨酸溶液 2.0 mL，置沸水浴中准确煮沸 5 min，冷却后用蒸馏水稀释至 25 mL。在 520 nm 处测其吸光值。以吸光值为纵坐标、麦芽糖含量为横坐标制作标准曲线。

（2）样品的测定。取以上各管中酶作用后的溶液及对照管中的溶液各 2.0 mL，分别放入 25 mL 具塞刻度试管中，再加入 2.0 mL 3,5-二硝基水杨酸试剂，混匀，置沸水浴准确煮沸 5 min，取出冷却，用蒸馏水稀释至 25 mL，混匀。在 520 nm 处测其吸光值，从标准曲线中查出麦芽糖含量，然后进行结果计算。

五、结果与计算

$$\alpha\text{淀粉酶活性}=\frac{(A-A')\ \times\text{样品稀释总体积（mL）}}{\text{样品质量（g）}\times C}$$

$$\alpha\text{淀粉酶和}\beta\text{淀粉酶总活性}=\frac{(B-B')\times\text{样品稀释体积（mL）}}{\text{样品质量（g）}\times C}$$

式中，A 为 α 淀粉酶水解淀粉生成的麦芽糖量（mg）；A' 为 α 淀粉酶对照管中的麦芽糖量（mg）；B 为 α 淀粉酶和 β 淀粉酶共同水解淀粉生成的麦芽糖量（mg）；B' 为 α 淀粉酶和 β 淀粉酶对照管中麦芽糖量（mg）；C 为比色时所用样品液体积（mL）。

［附注］

1. 样品提取液的稀释倍数可根据不同材料酶活性的大小而定。
2. 酶促反应时间要准确，且恒温水浴温度变化不应超过±0.5 ℃。
3. 如果条件允许，各实验小组可采用不同的材料，例如萌发 1 d、2 d、3 d、4 d 的小麦种子，比较测定结果，以了解萌发过程中这两种淀粉酶活性的变化。

[思考题]

1. 本实验酶的活性测定是如何设置对照的？
2. 酶活性测定过程中为什么采用缓冲体系并在特定温度下进行？
3. 为什么可用麦芽糖的量表示淀粉酶活性？

实验 31　硝酸还原酶活性的测定

硝酸还原酶（EC. 1. 6. 6. 1，缩写 NR）是硝酸盐同化中的第一个酶，也是限速酶，因而是植物氮代谢的关键酶。它与作物吸收利用氮肥有关，对农作物产量和品质有重要影响，因而硝酸还原酶活性被当作植物营养或农田施肥的指标之一，也可作为品种选育的指标。

一、目的

掌握测定硝酸还原酶活性的原理和方法。

二、原理

硝酸还原酶可将 NO_3^- 还原为 NO_2^-，其反应为：

$$NO_3^- + NADH + H^+ \longrightarrow NO_2^- + NAD^+ + H_2O$$

在一定条件下，NO_2^- 的生成量与 NR 活性相关。NO_2^- 含量可用磺胺显色法测定，即在酸性条件下 NO_2^- 与对-氨基苯磺酰胺发生重氮化反应，生成的重氮化合物又与 *N*-萘基乙二胺盐酸盐生成红色偶氮化合物，可在 540 nm 下比色测定。

$$H_2N{-}C_6H_4{-}SO_2NH_2 + NO_2^- + 2H^+ + Cl^- \rightleftharpoons Cl{-}N{\equiv}N{-}C_6H_4{-}SO_2NH_2 + 2H_2O$$

$$Cl{-}N{\equiv}N{-}C_6H_4{-}SO_2NH_2 + C_{10}H_7{-}NH{\cdot}CH_2{\cdot}CH_2{\cdot}NH_2{\cdot}HCl{\cdot}HCl \longrightarrow R_1{-}C_6H_4{-}N{=}N{-}C_{10}H_6{-}R_2 + HCl$$

（红色偶氮化合物）

硝酸还原酶活性一般采用离体法或活体法测定。离体法需将材料磨成匀浆，经过滤或离心除去残渣，以上清液为 NR 粗酶液进行测定。由于研磨中 NADH 受损失，必须外加 NADH 方可测定。活体法直接用鲜活组织进行测定。环境中的 NO_3^- 进入细胞后，被 NR 还原为 NO_2^-，NO_2^- 又扩散到细胞外并在溶液中积累，测定溶液中 NO_2^- 的含量即可得知 NR 活性的大小。活体法不破坏细胞原有的酶反应系统，NADH 可由代谢反应不断生成，无须外加。活体法简便、快速，不需要贵重仪器设备及低温条件，但重复性欠佳，应做一定数量的重复。本实验活体法和离体法都采用。

三、材料、用具和试剂

1. 材料 植物的叶、茎、根、发芽种子、离体的胚、培养细胞等。本实验选用发芽 5～6 d 的小麦幼苗叶片。将小麦种子在清水中浸泡 16 h 后，放在湿润的纱布或滤纸上于室温（25 ℃左右）下过夜，等种子露白后排在尼龙网上，把尼龙网放在盛满自来水的搪瓷盘内，在光照度为 2 000 lx、光照 12 h 和 25 ℃的条件下生长。一般取 5 d 苗龄（自上网算起）幼苗叶片作酶活性分析材料。由于 NR 为诱导酶，取样前须将幼苗移入 0.05 mol/L KNO_3 溶液中（pH 约 6.0）诱导 24 h，并在取样前照光 3 h，切勿在暗期中取样。

2. 用具 分光光度计、离心机、真空泵、真空干燥器、恒温水浴锅、移液管（0.5 mL、1 mL、2 mL）、天平等。

3. 试剂

（1）0.1 mol/L pH 7.5 的磷酸缓冲液。

A 液（0.2 mol/L Na_2HPO_4）：称取 35.61 g $Na_2HPO_4 \cdot 2H_2O$(AR)，用蒸馏水溶解并定容至 1 L。

B 液（0.2 mol/L NaH_2PO_4）：称取 $NaH_2PO_4 \cdot H_2O$(AR) 27.60 g，用蒸馏水溶解并定容至 1 L。

取 A 液 84.0 mL 和 B 液 16.0 mL，混匀，加蒸馏水 100 mL。必要时用酸度计测定其 pH，并用 HCl 或 NaOH 溶液校正 pH 至 7.5。

（2）0.1 mol/L KNO_3。称取 3.03 g KNO_3(AR)，溶于 300 mL 0.1 mol/L pH 7.5 的磷酸缓冲液中。

（3）NADH 溶液。称取 2 mg NADH（还原型辅酶Ⅰ），溶于 1 mL 0.1 mol/L pH 7.5 的磷酸缓冲液中。此试剂在冰箱中保存一周内有效。

（4）提取缓冲液。称取半胱氨酸 0.61 g、乙二胺四乙酸二钠（EDTA - Na_2）1.86 g，溶于 250 mL 0.1 mol/L pH 7.5 的磷酸缓冲液中，用 KOH 调 pH 至 7.5，用蒸馏水定容至1 000 mL。

（5）1%磺胺。称取 1 g 磺胺（$NH_2C_6H_4SO_2NH_2$，AR），溶于 100 mL 3 mol/L HCl 中。

（6）0.02%*N*-1-萘乙二胺盐酸盐。取 0.02 g *N*-1-萘乙二胺盐酸盐（$C_{12}H_{14}N_2 \cdot 2HCl$，AR），溶于 100 mL 蒸馏水中，盛于棕色瓶中，避光保存。

（7）30%三氯乙酸。30 g 三氯乙酸溶于 100 mL 蒸馏水中。

（8）$NaNO_2$ 标准液。精确称取 1 g $NaNO_2$(AR)，用蒸馏水溶解并定容至 1 000 mL，然后吸取 5 mL，再用蒸馏水稀释成 1 000 mL，即浓度为 5 μg/mL 的 $NaNO_2$ 标准液。

四、操作步骤

1. 标准曲线的制作 取 6 支干净试管，编号，按表 12-1 加入试剂和操作。

表 12-1

项目	管号					
	1	2	3	4	5	6
$NaNO_2$ 标准液/mL	0	0.4	0.8	1.2	1.6	2.0
蒸馏水/mL	2.0	1.6	1.2	0.8	0.4	0

（续）

项　目	管　号					
	1	2	3	4	5	6
	摇　匀					
1%磺胺/mL	2	2	2	2	2	2
N-萘乙二胺盐酸盐/mL	2	2	2	2	2	2
$NaNO_2$ 含量/μg	0	2	4	6	8	10

摇匀，室温下放置 20 min 后，在 540 nm 波长下测定其吸光值。以 $NaNO_2$ 含量（μg）为横坐标、吸光值为纵坐标，绘出标准曲线。

2. 活体法测定硝酸还原酶活性　将小麦幼苗叶片洗净、擦干，剪成 0.5 cm 的切段，混匀，称取鲜样 4 份，每份 1 g，分别放入 4 个编号的试管。1 号管先加 1.0 mL 30%三氯乙酸，再向各管分别加入 9.0 mL 0.1 mol/L KNO_3 溶液。混匀，放入真空干燥器，抽气、放气数次，以排出组织间隙的气体，使底物溶液进入组织。当所有的叶片都浸入溶液之后，将试管置暗处 25 ℃下保温 30 min。取出试管，向 2、3、4 号管各加 1 mL 30%三氯乙酸终止酶促反应。3 000 r/min 离心 10 min，吸取 2 mL 上清液于另一试管，各加 2 mL 1%磺胺和 2 mL *N*-1-萘乙二胺盐酸盐溶液，室温显色 20 min 后，540 nm 波长下测定其吸光值。用 2、3、4 号管吸光值的平均值与 1 号管（对照）吸光值之差，在标准曲线上查出相应的 $NaNO_2$ 含量（μg），然后代入公式计算。

3. 离体法测定硝酸还原酶活性

（1）NR 的提取。将小麦幼苗叶片洗净、擦干，剪成 0.5 cm 切段，混匀，称取 4 份，每份 1 g，置冰箱冷冻室内冰冻 30 min。取出后放入研钵，每份加少量砂和 2 mL 预冷的提取缓冲液，在冰浴中研磨成匀浆。匀浆经两层纱布挤压过滤，滤液在 16 000 r/min 离心 3 min，上清液即为粗酶提取液。量取并记录粗酶提取液的体积。以上操作应尽量在冰浴或冷室中进行。

（2）酶活性的测定。取 4 支试管，按表 12-2 加入试剂，混匀后在 25 ℃下静置 30 min，取出后立即向各管加入 2 mL 1%磺胺和 2 mL *N*-1-萘乙胺盐酸盐溶液。摇匀，室温下显色 20 min，测 540 nm 的吸光值。用 2、3、4 号管吸光值的平均值与 1 号管吸光值之差，在标准曲线上查出相应的 $NaNO_2$ 含量（μg），再代入公式计算。

表 12-2

试　剂	管　号			
	1	2	3	4
0.1 mol/L KNO_3/mL	1.0	1.0	1.0	1.0
粗酶提取液/mL	0.5	0.5	0.5	0.5
NADH 溶液/mL	0	0.5	0.5	0.5
0.1 mol/L pH 7.5 磷酸缓冲液/mL	0.5	0	0	0

五、结果与计算

把在标准曲线上查得的 $NaNO_2$ 含量代入下式计算硝酸还原酶活性：

$$\text{NR 活性}=\frac{\text{NaNO}_2\text{ 含量}(\mu g)\times\text{稀释倍数}}{\text{样品质量（g）}\times\text{时间（h）}}$$

式中，稀释倍数对于活体法，指酶促反应液体积（10 mL）与显色取用体积（2 mL）之比，即 5；在离体法中则指粗酶提取液总体积与测定时取用体积之比。

[附注]

1. 无机磷对 NR 活性有促进作用，因此常用磷酸缓冲液。

2. 活体法酶促反应在暗条件下进行，以防光照下叶绿体形成还原型铁氧还蛋白，促使亚硝酸还原酶把 NO_2^- 还原成 NH_3。

3. 提取缓冲液中加入半胱氨酸的目的是保护酶分子中的巯基，使之不易失活。

[思考题]

1. 测定硝酸还原酶活性时，为什么需照光后才能取样？

2. 离体法测定硝酸还原酶活性时，为什么必须外加 NADH？

实验 32　NBT 法测定超氧化物歧化酶（SOD）活性

一、目的

学习和掌握 NBT 法测定超氧化物歧化酶（superoxide dismutase，SOD）活性的原理和方法。

二、原理

SOD 普遍存在于动、植物体内，是广泛存在于需氧生物细胞内的一族含金属的酶，据活性中心的离子不同可分为 Cu－Zn－SOD、Fe－SOD 和 Mn－SOD。SOD 可催化超氧化物阴离子自由基（O_2^-）歧化为 H_2O_2 和 O_2，从而阻止 O_2^- 在生物体内积聚和阻断其产生 ·OH，阻止对细胞膜系统的损伤。此酶与植物的抗性、动物的抗氧化、抗衰老及物种间的亲缘关系等密切相关。

测定 SOD 活性的方法很多，包括细胞色素 c 法、氮蓝四唑（NBT）法、XTT 法等，其中 NBT 法由于操作简单、灵敏度高而得到广泛应用。其反应原理为：核黄素经光照产生 O_2^-，O_2^- 可将黄色的 NBT 还原为蓝色的甲腙，后者在 560 nm 处有最大光吸收。在 SOD 存在条件下，因发生歧化反应，NBT 的还原作用被减弱，颜色变浅。于是光还原反应后，反应液蓝色愈深，说明酶活性愈低，反之酶活性愈高。因此，利用分光光度法可直接测定 SOD 样品反应液和空白对照在 560 nm 处的吸光值，二者比较后即可计算出 SOD 活性。

三、材料、用具和试剂

1. 材料　植物组织的幼嫩部分，动物肝脏或肌肉组织。

2. 用具　恒温水浴锅、40 W 双排日光灯、5 mL 玻璃试管、移液器、匀浆器、移液管、分光光度计等。

3. 试剂

（1）0.1 mol/L 磷酸缓冲液（pH 7.8）。称取 $Na_2HPO_4\cdot12H_2O$ 32.78 g、$NaH_2PO_4\cdot2H_2O$ 1.327 g，用蒸馏水溶解并定容至 1 000 mL。

（2）26 mmol/L 甲硫氨酸溶液。称取 0.387 9 g 甲硫氨酸，用磷酸缓冲液溶解并定容至 100 mL，4 ℃冰箱保存。

（3）750 μmol/L NBT 溶液。称取 0.061 33 g NBT，用磷酸缓冲液溶解并定容至 100 mL，避光保存，置冰箱内可保存 3 d。

（4）100 μmol/L EDTA－Na_2－20 μmol/L 核黄素溶液。称取 0.037 21 g EDTA－Na_2 用 0.1 mol/L 磷酸缓冲液溶解，再加入 0.075 3 g 核黄素，用 0.1 mol/L 磷酸缓冲液定容至 1 000 mL。避光保存，置冰箱内可保存 3 d。

四、操作步骤

1. 样品的制备

（1）植物样品的制备。称取植物组织的幼嫩部分 0.5 g，放入冰冻的匀浆器内，加入冰冷的 0.1 mol/L 磷酸缓冲液（pH 7.8）1 mL，充分匀浆。10 000 r/min 4 ℃离心 20 min，取上清液备用。

（2）动物样品的制备。称取动物组织 0.5 g，剪碎，放入冰冻的匀浆器内，加入冰冷的 0.1 mol/L 磷酸缓冲液（pH 7.8）5 mL，充分匀浆。10 000 r/min 4 ℃离心 20 min，取上清液备用。

2. SOD 活性的测定　于 5 mL 玻璃试管中，按表 12－3 加入各试剂。

表 12－3

试剂	甲硫氨酸溶液	NBT 溶液	SOD 样品液	磷酸缓冲液	EDTA－Na_2－核黄素溶液
加入量	1.5 mL	0.3 mL	10～100 μL	补至 2.7 mL	0.3 mL

2 支对照管以 0.1 mol/L 磷酸缓冲液代替酶液，总体积 3.0 mL，混匀后将 1 支对照管置暗处（作为测定时的空白对照），其他各管于 4 000 lx 日光灯下反应 15 min，要求各管受光情况一致，温度在 20 ℃以上。光照结束后立即避光，于 560 nm 处测定各管吸光值。

五、结果与计算

计算 SOD 活性时，以未加酶液的光处理测定值作为还原率 100%，分别计算样品液抑制 NBT 光还原的相对百分数。SOD 活性单位以抑制 NBT 光还原的 50%为一个酶活性单位。计算公式：

$$\text{SOD 活性（U/g）}=\frac{(A_k-A_E)\times V}{A_k\times 0.5\times m\times V_t}$$

式中，A_k 为光照对照管的吸光值；A_E 为样品管的吸光值；V 为样品液总体积（mL）；V_t 为测定时样品液用量（mL）；m 为样品鲜重（g）。

［附注］

1. 光照距离应调整到光照对照管的吸光值在 0.15 左右。

2. 反应液中 SOD 样品液的加入量应以样品反应液的吸光值为光照对照管的 1/2 左右为宜。

3. 可以购买成熟的 SOD 产品（例如 Sigma 公司）作为标准品，将样品中的酶活性标定为确定值。

［思考题］

1. NBT 和核黄素为什么要避光配制和保存?

2. 实验中加入甲硫氨酸的作用是什么?

3. 如果酶活性以每毫克蛋白有多少活力单位（U/mg）表示，应补充什么实验? 最后的计算公式是什么?

实验 33 胰凝乳蛋白酶的制备及比活力测定

一、目的

掌握胰凝乳蛋白酶制备和比活力测定的原理及方法，了解酶和蛋白质纯化的基本方法及注意事项。

二、原理

在酶的纯化过程中，随着纯化程度的提高，其比活力也逐步提高，酶比活力的测定成为评价酶纯化的程度和纯化方法的重要指标。

胰凝乳蛋白酶（又称胰糜蛋白酶）是肽链内切酶，水解肽链内部芳香族氨基酸羧基形成的肽键。本实验从猪胰脏中提取、分离、纯化胰凝乳蛋白酶。把在 pH 7.4、25 ℃保温10 min水解底物酪蛋白产生 10^{-4}mmol 酪氨酸的胰凝乳蛋白酶规定为 1 个活力单位。酪氨酸与酚试剂反应产生成蓝色物质，在 680 nm 处的吸光值与酪氨酸量成正比，故用胰凝乳蛋白酶催化酪蛋白水解所得产物的酪氨酸量来判断样品中胰凝乳蛋白酶的活力单位数，用 Folin-酚法测定样品的蛋白质含量。采用每毫克蛋白质具有的酶活力单位数表示胰凝乳蛋白酶的比活力。

三、材料、用具和试剂

1. 材料 新鲜猪胰脏 1～2 个。

2. 用具 高速组织捣碎机、解剖刀、镊子、剪刀、烧杯（50 mL 和 100 mL）、漏斗、玻棒、滴管、离心管、纱布、棉线、天平、离心机、恒温水浴锅、显微镜、分光光度计、吸管（10 mL、5 mL、2 mL、1 mL、0.5 mL）、透析袋、黑瓷板等。

3. 试剂

（1）0.125 mol/L H_2SO_4 溶液。取蒸馏水 200 mL，缓缓滴加浓 H_2SO_4 7.0 mL，然后加蒸馏水至 1 000 mL。

（2）固体 $(NH_4)_2SO_4$。

（3）1%$BaCl_2$ 溶液。称取 10.00 g $BaCl_2$，加蒸馏水溶解并定容至 1 000 mL。

（4）1%酪蛋白溶液。称酪蛋白 1.0 g，加 pH 8.0、0.1 mol/L 磷酸盐缓冲液 100 mL，在沸水中煮 5 min 使之溶解，冰箱中保存。

（5）0.1 mol/L pH 5.0 醋酸-醋酸钠缓冲液。称取 8.203 g 无水乙酸钠，用蒸馏水溶解并稀释至约 960 mL，然后用冰乙酸调溶液 pH 至 5.0，最后用蒸馏水定容至 1 000 mL。

（6）0.2 mol/L pH 7.4 磷酸缓冲液。称取磷酸氢二钠（$Na_2HPO_4 \cdot 12H_2O$）71.64 g，用蒸馏水溶解并定容至 1 000 mL，为 A 液。称取磷酸二氢钠（$NaH_2PO_4 \cdot 2H_2O$）31.21 g，用蒸

馏水溶解并定容至 1 000 mL，为 B 液。取 A 液 810 mL、B 液 190 mL，混合后即成 0.2 mol/L(pH 7.4) 磷酸缓冲液。

（7）10%三氯乙酸溶液。称取 100.00 g 固体三氯乙酸，加蒸馏水溶解并定容至 1 000 mL。

（8）0.1 mol/L NaOH 溶液。称取氢氧化钠 4.00 g，用蒸馏水溶解并定容至 1 000 mL。

（9）碱性铜溶液。

甲液：20.00 g 碳酸钠、4.00 g 氢氧化钠和 0.10 g 酒石酸钾共溶于 1 000 mL 蒸馏水中。

乙液：0.50 g $CuSO_4 \cdot 5H_2O$ 溶于 100 mL 蒸馏水中。

临用前按甲液 50 mL 和乙液 1 mL 比例混合。此溶液可用 1 d。

（10）酚试剂。于 2 000 mL 磨口回流装置内加入钨酸钠（$Na_2WO_4 \cdot 2H_2O$）100.00 g、钼酸钠（$Na_2MoO_4 \cdot 2H_2O$）25.00 g、蒸馏水 700 mL、85%磷酸 50 mL、浓盐酸 100 mL。微火回流 10 h 后，加入硫酸锂 150 g、蒸馏水 50 mL 和溴数滴摇匀。煮沸约 15 min 以去除残留溴，溶液呈黄色。冷却后用蒸馏水定容至 1 000 mL，过滤，置于棕色瓶中保存。使用前用 NaOH 标定，加蒸馏水稀释至 1 mol/L（约加 1 倍水）。

（11）酪氨酸标准液。称取酪氨酸 115.90 mg，用 0.2 mol/L HCl 溶解并定容至 1 000 mL，取 10 mL 用 0.2 mol/L HCl 稀释至 100 mL。此溶液相当于 4 U/mL 的胰凝乳蛋白酶溶液。

（12）牛血清白蛋白标准液（250 μg/mL）。精确称取牛血清白蛋白 0.025 g，在 100 mL 容量瓶中用蒸馏水溶解并定容。

四、操作步骤

1. 胰凝乳蛋白酶的提取纯化 整个操作过程在 0～4 ℃条件下进行。

（1）提取。取新鲜猪胰脏，去除胰脏表面的脂肪和结缔组织后称重。用组织捣碎机绞碎。然后混悬于两倍体积的冰冷 0.125 mol/L H_2SO_4 中，放冰箱内过夜。将上述混悬液离心 10 min，上层液经两层纱布过滤至烧杯中；将沉淀再混悬于等体积冰冷的 0.125 mol/L H_2SO_4 中，再离心，将两次上层液合并，即为提取液。留样测定蛋白质含量和酶活力。

（2）纯化。

① 取提取液 10 mL，加入固体 $(NH_4)_2SO_4$ 1.14 g，达 0.2 饱和度，室温放置 10 min，3 000 r/min 离心 10 min。

② 弃去沉淀，保留上层液。取 7 mL，加入固体 $(NH_4)_2SO_4$ 1.323 g，达 0.5 饱和度，室温放置 10 min，离心（3 000 r/min，10 min）。

③ 弃去上层液，沉淀溶解于 3 倍体积的蒸馏水中，装入半透膜透析袋，用 pH 5.0，0.1 mol/L 醋酸-醋酸钠缓冲液透析 2 d（用 1% $BaCl_2$ 检查已无白色 $BaSO_4$ 沉淀产生），其间更换缓冲液数次，离心（3 000 r/min，5 min）。

④ 弃去沉淀（变性的酶蛋白），保留上清液。加 $(NH_4)_2SO_4$（每 10 mL 上清液加 3.9 g）达 0.6 饱和度，室温放置 10 min，离心（3 000 r/min，10 min）。

⑤ 弃去清液，保留沉淀（即为胰凝乳蛋白酶）。

2. 结晶 取纯化所得的胰凝乳蛋白酶溶于 3 倍体积的蒸馏水中，取 0.5 mL 留样测蛋白质含量和酶活力。然后加 $(NH_4)_2SO_4$（每 10 mL 胰凝乳蛋白酶液加 1.44 g）至胰凝乳蛋白酶溶液达 0.25 饱和度，用 0.1 mol/L NaOH 调节 pH 至 6.0，在室温（25～30 ℃）放置12 h 即可出现结晶。在显微镜下观察结晶形状。

3. 胰凝乳蛋白酶比活力的测定

（1）样品蛋白质含量的测定。

① 制作标准曲线：取 7 支 15 mm×150 mm 的试管，编号，按表 12－4 加入各种试剂和操作。

表 12－4

项　目	管号						
	1	2	3	4	5	6	7
牛血清白蛋白标准液/mL	0	0.1	0.2	0.4	0.6	0.8	1.0
蒸馏水/mL	1.0	0.9	0.8	0.6	0.4	0.2	0.0
碱性铜溶液/mL	2.0	2.0	2.0	2.0	2.0	2.0	2.0
混匀后室温放置 20 min							
酚试剂/mL	0.2	0.2	0.2	0.2	0.2	0.2	0.2

混匀各管后，室温下静置 30 min，以 1 号管为空白，680 nm 下用光径 1 cm 的比色皿测定吸光值，以标准蛋白浓度为横坐标、吸光值为纵坐标绘制标准曲线。

② 测定样品蛋白质含量：将胰凝乳蛋白酶提取液、0.6 饱和度 $(NH_4)_2SO_4$ 所得胰凝乳蛋白酶、胰蛋白酶结晶溶液分别编号为 A、B、C，再分别用 pH 7.4、0.2 mol/L 磷酸缓冲液稀释适当倍数（根据经验，一般三者均稀释 200 倍）。

取 4 支试管编号，按表 12－5 加入试剂和操作后立即混匀，放置 30 min，测 680 nm 处的吸光值，根据标准曲线计算 A、B、C 3 种溶液中蛋白质含量。

表 12－5

项　目	管号			
	A	B	C	对照
样品/mL	1.0	1.0	1.0	0.0
蒸馏水/mL	0.0	0.0	0.0	1.0
碱性铜溶液/mL	2.0	2.0	2.0	2.0
混匀后室温静置 20 min				
酚试剂/mL	0.2	0.2	0.2	0.2

（2）样品中胰凝乳蛋白酶活力的测定。

① 制作酪氨酸标准曲线：取 6 支试管，编号，根据表 12－6 加入试剂。

表 12－6

试　剂	管号					
	对照	1	2	3	4	5
酪氨酸标准液/mL	0.0	1.0	0.8	0.6	0.4	0.2
H_2O/mL	2.0	1.0	1.2	1.4	1.6	1.8
0.1 mol/L NaOH/mL	2.0	2.0	2.0	2.0	2.0	2.0

（续）

试　剂	管　号					
	对照	1	2	3	4	5
碱性铜溶液/mL	2.0	2.0	2.0	2.0	2.0	2.0
酚试剂/mL	0.2	0.2	0.2	0.2	0.2	0.2

混匀，放置 30 min 后，测定 680 nm 处吸光值，以酪氨酸含量为横坐标，以吸光值为纵坐标，绘制标准曲线。

② 样品中胰凝乳蛋白酶的活力测定：3 种制剂（A、B、C）分别用 pH 7.4，0.1 mol/L 磷酸缓冲液稀释适当倍数（参考值：A 稀释 400 倍，B 稀释 800 倍，C 稀释 2 000 倍）。

取试管 4 支，编号，按表 12－7 加入试剂和操作。

表 12－7

项　目	管　号			
	A	B	C	对照
1%酪蛋白液/mL	1.0	1.0	1.0	0.0
磷酸缓冲液/mL	1.0	1.0	1.0	2.0
摇匀，放入 25 ℃水浴中 10 min				
样品/mL	1.0	1.0	1.0	1.0
摇匀，继续保温 10 min				
10%三氯乙酸/mL	2.0	0.1	2.0	2.0

放置 10 min 后过滤。

另取试管 4 支，编号，按表 12－8 加入试剂。

表 12－8

试　剂	管　号			
	A	B	C	对照
滤液/mL	2.0	2.0	2.0	2.0
0.1 mol/L NaOH 溶液/mL	2.0	2.0	2.0	2.0
碱性铜溶液/mL	2.0	2.0	2.0	2.0
酚试剂/mL	0.2	2.0	0.2	0.2

混匀，放置 30 min 后测定 680 nm 波长的吸光值（用酪氨酸标准曲线的对照调零）。将各管的吸光值分别减去对照管的吸光值，然后查标准曲线，算出每毫升胰凝乳蛋白酶的稀释液的活力单位数。

五、结果与计算

$$比活力=\frac{每毫升胰凝乳蛋白酶活力单位数}{蛋白质质量（mg）}$$

［附注］

注意各样品的稀释倍数。

［思考题］

1. 何谓比活力？测定比活力有何意义？

2. 本实验如何测定样品中胰凝乳蛋白酶的活力单位数？

实验 34　精氨酸激酶的分离纯化及活力测定

一、目的

学习和掌握用凝胶层析及离子交换层析法分离纯化精氨酸激酶的原理和操作技术，并学习蛋白质（酶）纯度的鉴定方法。

二、原理

精氨酸激酶（arginine kinase，AK）属于磷酸原激酶家族中的重要一员，广泛地存在于无脊椎动物如昆虫、虾、蟹中，起着类似于脊椎动物中肌酸激酶的作用，是一个与细胞内能量运转、肌肉收缩、ATP 再生有直接关系的重要激酶。其分离纯化可通过凝胶层析及离子交换层析、电泳得到纯精氨酸激酶。

1. 精氨酸激酶活力测定（连续测活法）　精氨酸激酶催化精氨酸与 ATP 合成磷酸精氨酸时释放出质子，用酸碱指示剂（0.15%百里酚蓝和 0.025%甲酚红）指示溶液中质子生成的量，可表示精氨酸激酶的活力。本实验中的酸碱指示剂在反应液的 pH 稍大于 8.0 时，其 575 nm 处的吸光值下降（2.2～1.4 范围内）与溶液中 H^+ 浓度的增加成线性关系，因此精氨酸激酶的活力大小可用单位时间内 575 nm 处的吸光值变化来表示。

2. 凝胶层析　凝胶层析（gel filtration chromatography，GFC）又称分子筛层析、分子排阻层析、凝胶色谱或凝胶过滤。基本原理是根据混合物随流动相经固定相（凝胶）的层析柱时，混合物中各组分按其分子大小不同而被分离的技术。分子质量大的物质不进入凝胶的网孔中，流程短，分子质量小的进入网孔中，流程长，根据各蛋白质在凝胶中被排阻和扩散程度不同，在柱内所经过的时间和路程长短不同，可得到分离。

凝胶层析常用的支持物有葡聚糖凝胶、聚丙烯酰胺凝胶和琼脂糖凝胶。葡聚糖凝胶是由葡聚糖与交联剂（如环氧氯丙烷）交联形成的具有三维空间的网状结构物。控制葡聚糖和交联剂的配比及反应条件就可决定其交联度的大小（交联度大，“网眼”就小），从而得到各种规格的交联葡聚糖，即不同型号的凝胶。

3. 离子交换层析　离子交换层析（ion exchange chromatography），是利用离子交换剂对要分离的各种离子的亲和力不同，使离子在层析柱中移动达到分离目的的方法。离子交换剂分为阳离子交换剂和阴离子交换剂两大类。离子交换层析是一个吸附与解吸附不断交替进行的过程，缓冲液的种类、盐浓度和 pH 直接影响分离效果。

常用的离子交换剂有离子交换纤维素（如 DEAE 纤维素、CM-纤维素）、离子交换葡聚糖凝胶或离子交换琼脂糖凝胶。这些交换剂的优点是：①开放性长链，具有较大的表面积，吸附容量大；②离子基团少、排列稀疏，与蛋白质结合不太牢固，易于洗脱；③具有良好的稳定性，洗脱剂的选择范围广。

4. SDS-聚丙烯酰胺凝胶电泳鉴定纯度　电泳方法参考第二章。

三、材料、用具和试剂

1. 材料　市售鲜虾肉。

2. 用具　层析柱（直径1.0～1.3 cm，管长30 cm）、恒流泵、自动核酸蛋白液相色谱分离层析仪（MC99-3）、分光光度计、自动部分收集器、低温高速离心机、TH-10000A梯度混合仪、核酸蛋白检测仪等。

3. 试剂

（1）葡聚糖凝胶Sephadex G-200。

（2）0.1 mol/L pH 8.0 Tris-HCl缓冲液。称取三羟甲基氨基甲烷（Tris）12.114 g，用蒸馏水溶解并定容至1 000 mL，为A液。0.1 mol/L HCl为B液。取A液500 mL、B液292 mL，混合后加蒸馏水稀释至1 000 mL，即成0.1 mol/L(pH8.0)Tris-HCl缓冲液。

（3）0.5 mol/L EDTA(pH 8.0）溶液。称取18.6 g EDTA·$2H_2O$，加70～80 mL蒸馏水搅拌溶解，用NaOH调pH至8.0（约加2 g NaOH颗粒），加蒸馏水定容至100 mL。

（4）精氨酸激酶提取液。取500 mL 0.1 mol/L pH 8.0 Tris-HCl缓冲液，加入0.5 mol/L EDTA(pH 8.0）溶液20 mL，加入1 mL巯基乙醇原液，用蒸馏水定容至1 000 mL，即成为1 mmol/L EDTA、14 mmol/L巯基乙醇、50 mmol/L pH 8.0 Tris-HCl混合液。

（5）57 mmol/L精氨酸。称取精氨酸9.93 g，加蒸馏水溶解并定容至1 000 mL。

（6）46 mmol/L ATP。称取ATP 23.32 g，加蒸馏水溶解并定容至1 000 mL。

（7）66 mmol/L $MgSO_4$。称取$MgSO_4$ 7.94 g，加蒸馏水溶解并定容至1 000 mL。

（8）凝胶层析柱和离子交换层析柱平衡液。同试剂（4）。

（9）DEAE Sepharose CL-6B阴离子交换层析柱洗脱液。

A液：1 mmol/L EDTA、14 mmol/L巯基乙醇、50 mmol/L Tris-HCl，pH 8.0。

B液：A液中加入固体NaCl至1 mol/L 。

（10）凝胶层析柱洗脱液。同试剂（4）。

（11）酶活力测定体系。分别取57 mmol/L精氨酸、46 mmol/L ATP、66 mmol/L Mg-SO_4和指示剂（包含0.15%百里酚蓝和0.025%甲酚红）各2 mL，加蒸馏水到20 mL，调pH至8.0（575 nm下的吸光值在2.1左右）。

四、操作步骤

1. 粗酶液的制备　取鲜虾肉6 g，加入2～3倍体积的精氨酸激酶提取液，冰浴下匀浆，以4 ℃、12 000*g*离心20 min，上清液为粗酶液。

2. 凝胶层析纯化

（1）凝胶溶胀。根据柱床体积称取Sephadex G-200干胶10 g，放入三角瓶中，加入500 mL蒸馏水，煮沸2 h，使之充分溶胀。

（2）装柱。用充分溶胀的Sephadex G-200装柱，装柱前，先在柱中加入一定量的层析柱平衡液（约10 cm高），然后倒入凝胶，打开柱底部的出口，使其自然沉降，当柱中形成明显分界面时，放入两层大小合适的滤纸片于凝胶顶部，接上自动核酸蛋白液相色谱分离层析仪，流速选用2.5 mL/min。当柱不再进一步压缩时，保持柱顶部缓冲液1～2 cm高。

（3）加样。打开柱顶，用吸管吸出多余的缓冲液至柱床上薄薄一层，然后加入粗酶液，加样量一般不超过凝胶体积的 5%(1～2 mL)。

（4）洗脱。打开自动核酸蛋白液相色谱分离层析仪，流速控制在 1～1.5 mL/min 进行洗脱，每管收集 2～3 mL。

3. DEAE 琼脂糖阴离子交换层析纯化

（1）装柱和加样同上，凝胶层析纯化得到的单一峰对应的管中液体为上样液。

（2）采用 NaCl 浓度梯度洗脱法，将 DEAE Sepharose CL－6B 阴离子交换层析柱洗脱液 A 液和 B 液分别加到梯度混合仪两容器内（图 12－2），将 B 液 150 mL 加入左杯，A 液 150 mL 加入右杯，打开梯度混合仪中间阀，接上恒流泵，流速 1.5 mL/min，通过核酸蛋白检测仪和自动收集器开始收集（图 12－3），即得纯化后的酶液。

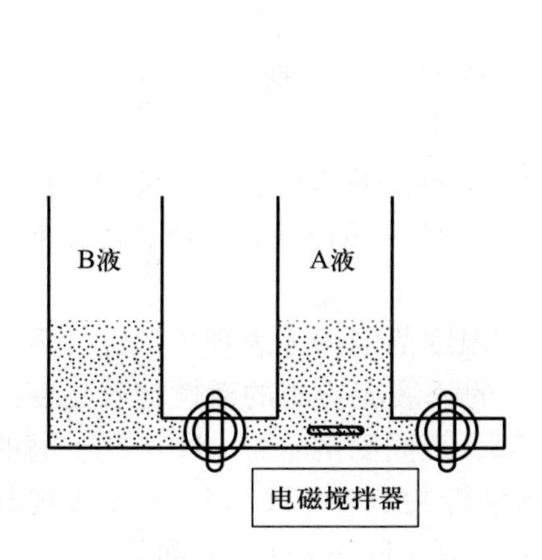

图 12－2　梯度混合仪

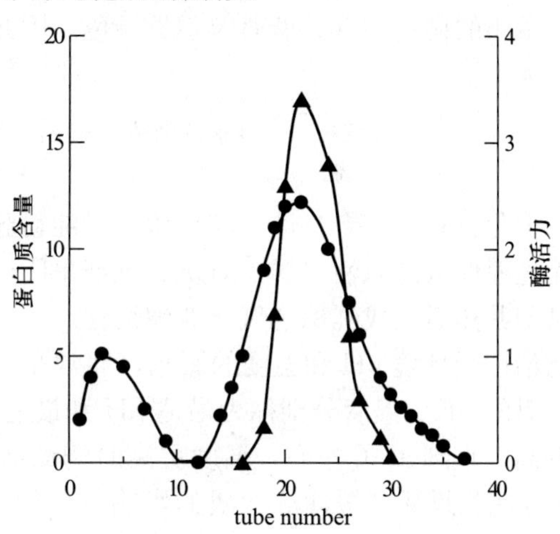

图 12－3　虾肉中精氨酸激酶的 DEAE Sepharose CL－6B 离子交换层析

●表示蛋白质含量　▲表示酶活力

4. 蛋白质含量及酶活力测定　蛋白质含量测定可采用紫外吸收法或考马斯亮蓝法，见实验 16。

酶活力测定：取 3 mL 酶活力测定体系于比色皿中，加入 30 μL 纯化酶液（洗脱峰所对应的收集管溶液），立即混匀并测定 575 nm 处的吸光值，计时，当吸光值达到 1.4 时停止测定，并记录所需时间，以每秒 575 nm 处吸光值每变化 0.001 为一个酶活力单位，如反应开始时 A_{575} 为 2.0，反应 60 s 后，A_{575} 为 1.4。则酶活力为：

$$\text{酶活力}=\frac{2.0-1.4}{60}\times 1\,000=10\ \text{活力单位}$$

5. 纯度鉴定　用 SDS－聚丙烯酰胺凝胶电泳鉴定蛋白质纯度，实验操作同实验 17 方法二。

［思考题］

1. 影响蛋白质分离效果的因素有哪些？
2. 利用层析法纯化酶时如何确定目的蛋白？
3. 如何评价蛋白质纯度？
4. 为什么酶纯化过程中每一步都要测定蛋白质含量和酶活力？

实验 35　影响唾液淀粉酶活性的因素

一、目的

了解温度、pH、激活剂和抑制剂对淀粉酶活性的影响。

二、原理

人唾液中淀粉酶为α淀粉酶，在唾液腺细胞内合成。在唾液淀粉酶的作用下，淀粉水解，经过一系列称为糊精的中间产物，最后生成麦芽糖和少量的葡萄糖，它们遇碘呈不同的颜色。直链淀粉遇碘呈蓝色；按糊精分子从大到小的顺序，遇碘可呈蓝色、紫色、暗褐色和红色，最小的糊精和麦芽糖遇碘不显颜色。因此碘液可指示淀粉的水解程度。加碘液后各试剂颜色如下：

淀粉 →	紫色糊精 →	红色糊精 →	麦芽糖、葡萄糖
蓝色	紫色	红色	淡黄色（碘本身颜色）

酶催化具有高度专一性，淀粉酶只对淀粉起作用，而蔗糖酶只水解蔗糖。淀粉、蔗糖与糊精无还原性或还原性很弱，对班氏试剂呈阴性反应；麦芽糖、葡萄糖、果糖是还原糖，与班氏试剂共热后生成红棕色氧化亚铜沉淀。

酶活性受环境 pH 和温度的影响，通常在一定 pH 和温度范围内才表现出活性。表现最高活性时的 pH、温度分别称为最适 pH 和最适温度。人的唾液淀粉酶的活性随着温度的升高而升高，直到 37 ℃左右，温度更高时酶的活性则下降。不同酶的最适 pH 不同。酶的最适 pH 受底物性质和缓冲液性质的影响。例如，人的唾液淀粉酶在 pH 3.8～9.4 表现其活性，最适 pH 约为 6.8。但唾液淀粉酶在醋酸缓冲液中的最适 pH 不是 6.8，而是 5.6。

酶活性通常受某些物质的影响，凡能提高酶活性的物质，都称为激活剂；凡是能降低酶活性的物质，称为抑制剂。低浓度的 Cl^- 能增强淀粉酶的活性，是它的激活剂。其他的阴离子，如 Br^-、NO_3^- 和 I^- 对该酶也有激活作用，但较微弱。Cu^{2+} 等金属离子能降低淀粉酶活性，是淀粉酶的抑制剂。激活剂和抑制剂影响酶活性的剂量是很少的，并且常具有特异性。

三、材料、用具和试剂

1. 材料　实验者先用蒸馏水漱口，然后口含 20 mL 蒸馏水，做咀嚼动作 2～3 min，以分泌较多的唾液。吐入小烧杯中，将数人的稀释液混合在一起，以避免人体差异，用脱脂棉过滤，即得清澈的淀粉酶溶液。

2. 用具　白瓷板、滴管、试管、移液管、恒温水浴锅、冰盒、饮水杯、烧杯、容量瓶、分析天平等。

3. 试剂

（1）1%淀粉溶液。称取 1 g 可溶性淀粉，加入少量冷水调成糊状，徐徐倒入约 90 mL 沸水，同时不断搅拌，再加蒸馏水定容至 100 mL 即可。

（2）碘液。称取 2 g 碘化钾溶于 5 mL 蒸馏水中，再加 1 g 碘，待碘完全溶解后，加蒸馏水 295 mL，混合均匀后储于棕色瓶内。

（3）班氏（Benedict）试剂。将 17.3 g 硫酸铜晶体溶入 100 mL 蒸馏水中，然后加入 100 mL 蒸馏水。称取柠檬酸钠 173 g 及碳酸钠 100 g，加蒸馏水 600 mL，加热使之溶解。冷却后，再加蒸馏水 200 mL，最后，把硫酸铜溶液缓慢地倾入柠檬酸钠-碳酸钠溶液中，边加边搅拌，如有沉淀可过滤除去。此试剂可长期保存。

（4）不同 pH 磷酸缓冲液的配制见表 12-9。

表 12-9　不同 pH 磷酸缓冲液的配制

pH	0.2 mol/L Na_2HPO_4	0.2 mol/L NaH_2PO_4	0.2 mol/L HCl
6.8	49 mL	51 mL	0.0 mL
3.0	50 mL	0.0 mL	20.3 mL
8.0	94.7 mL	5.3 mL	0.0 mL

（5）1%（质量体积分数）NaCl 溶液。称取 NaCl 10 g，加蒸馏水溶解并定容至 1 000 mL。

（6）1%（质量体积分数）$CuSO_4$ 溶液。称取 $CuSO_4$ 10 g，加蒸馏水溶解并定容至 1 000 mL。

（7）2%蔗糖溶液。称取蔗糖 20 g，加蒸馏水溶解并定容至 1 000 mL。

（8）蔗糖酶液。取 1 g 新鲜酵母放入研钵中，加入少量石英砂和蒸馏水，研磨 10 min 左右，用蒸馏水稀释至 50 mL，静止片刻过滤，滤液即为含有蔗糖酶的提取液。

四、操作步骤

1. 淀粉酶活性的检测　取一块干净的白瓷板，按表 12-10 加入试剂和操作。

表 12-10　淀粉酶活性的检测

项　目	穴　号						
	1	2	3	4	5	6	7
蒸馏水/滴	2	2	2	2	2	2	
淀粉酶液/滴	2→	2→	2→	2→	2→	2→	弃去
1%淀粉溶液/滴	2	2	2	2	2	2	
摇匀，放置数分钟							
碘液/滴	1	1	1	1	1	1	
实验现象							
结论							

注：加淀粉酶液时，只在第 1 穴中加入 2 滴新制备的淀粉酶液。将它与该穴中的蒸馏水混匀后取出 2 滴滴入第 2 穴，待混匀后又从第 2 穴中取出 2 滴滴入第 3 穴，依次类推，直至从第 6 穴中取出 2 滴弃去。

2. 温度对酶活性的影响　取 3 支试管，编号，按表 12-11 加入试剂和操作。

表 12-11　温度对酶活性的影响

项　目	管　号		
	1	2	3
淀粉酶液/mL	1	1	1
pH 6.8 磷酸缓冲液/mL	2	2	2
温度预处理 5 min	0 ℃	37 ℃	70 ℃

（续）

项　目	管　号		
	1	2	3
1%淀粉溶液/mL	2	2	2
摇匀，放置数分钟			
碘液/滴	2	2	2
实验现象			
结论			

酶促作用的时间一般为2～5 min，也可通过检验确定，即数分钟后从各管分别吸取1滴反应液于白瓷板上，用碘液检查反应情况，直至其中一管反应液不再变色（只有碘液的颜色），这时向各管中加碘液，观察并记录各管反应现象，并解释。下同。

3. pH对酶活性的影响　取3支试管，编号，按表12-12加入试剂和操作。

表12-12　pH对酶活性的影响

项　目	管　号		
	1	2	3
1%淀粉溶液/mL	1.0	1.0	1.0
pH 3.0磷酸缓冲液/mL	3.0	0	0
pH 6.8磷酸缓冲液/mL	0	3.0	0
pH 8.0磷酸缓冲液/mL	0	0	3.0
摇匀，37 ℃水浴预保温2 min			
淀粉酶液（37 ℃）/mL	1.0	1.0	1.0
摇匀，37 ℃水浴保温数分钟（可通过检验确定）			
碘液/滴	2	2	2
实验现象			
结论			

4. 激活剂与抑制剂对酶活性的影响　取3支试管，编号，按表12-13加入试剂和操作。

表12-13　激活剂与抑制剂对酶活性的影响

项　目	管　号		
	1	2	3
1%淀粉溶液/mL	1.0	1.0	1.0
pH 6.8磷酸缓冲液/mL	3.0	3.0	3.0
1%NaCl/mL	0	1.0	0
1%$CuSO_4$/mL	0	0	1.0
蒸馏水/mL	1.0	0	0
淀粉酶液/mL	1.0	1.0	1.0
摇匀，37 ℃水浴数分钟（可通过检验确定）			
碘液/滴	2	2	2
实验现象			
结论			

5. 酶作用的专一性　取 6 支试管，编号，按表 12－14 加入试剂和操作。

表 12－14　酶作用的专一性

项　目	管　号					
	1	2	3	4	5	6
1%淀粉溶液/mL	1.0	1.0	0	0	1.0	0
2%蔗糖溶液/mL	0	0	1.0	1.0	0	1.0
淀粉酶液/mL	1.0	0	1.0	0	0	0
蔗糖酶液/mL	0	1.0	0	1.0	0	0
蒸馏水/mL	0	0	0	0	1.0	1.0
摇匀，37 ℃水浴数分钟						
班氏试剂/mL	2.0	2.0	2.0	2.0	2.0	2.0
摇匀，沸水浴数分钟						
实验现象						
结论						

［思考题］

1. 观察各实验结果的颜色变化，说明温度、pH、激活剂、抑制剂对反应速度有何影响，为什么?

2. 比较酶专一性的实验结果，说明酶作用的专一性。

实验 36　底物浓度对酶促反应速度的影响
——过氧化氢酶 K_m 值的测定

一、目的

了解过氧化氢酶的生理意义，掌握一种测定过氧化氢酶活力的方法，了解测定过氧化氢酶 K_m 值的原理和方法。

二、原理

本实验以过氧化氢酶为例，采用 Lineweaver - Burk 双倒数作图法（图 12－4）测定此酶的 K_m 值。

双倒数米氏方程：

$$\frac{1}{v}=\frac{K_m}{v_{max}}\cdot\frac{1}{[S]}+\frac{1}{v_{max}}$$

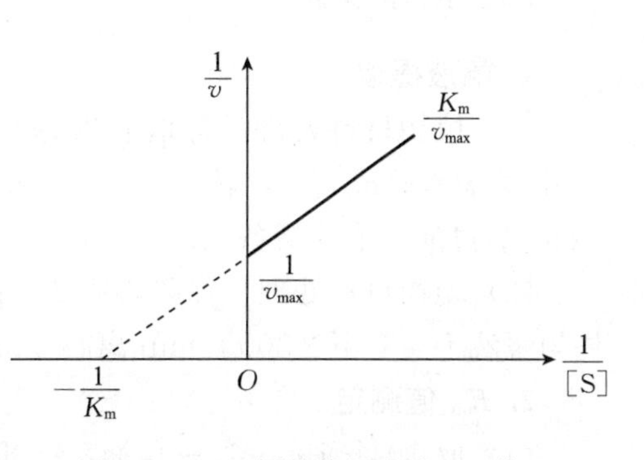

图 12－4　双倒数作图法求 K_m 值

过氧化氢酶普遍存在于有氧呼吸机体的组织中，能催化过氧化氢分解成水和氧分子，使之不在体内积累，具有保护生物机体的作用，其活性与机体的代谢强度、抗寒、抗病能力有关系。

过氧化氢酶是一种以铁卟啉为辅基的酶，催化过程中，一分子过氧化氢酶先与一分子过氧化氢结合，生成具有活性的中间产物，此产物可氧化一些供氢物质，产生相应的氧化产物和水，同时此中间产物还能催化另一个过氧化氢分子分解成水和氧分子。

$$E+H_2O_2 \rightleftharpoons E-H_2O_2$$

$$E-H_2O_2+AH_2 \longrightarrow E+2H_2O+A$$

$$E-H_2O_2+H_2O_2 \longrightarrow E+2H_2O+O_2\uparrow$$

总反应式为：过氧化氢酶催化过氧化氢分解为水和氧分子。

$$2H_2O_2 \xrightarrow{\text{过氧化氢酶}} 2H_2O+O_2\uparrow$$

先加入过量的 H_2O_2，剩余的 H_2O_2 用碘量法定量测定，以钼酸铵作催化剂，使 H_2O_2 与 KI 反应，放出游离 I_2，再用 $Na_2S_2O_3$ 滴定 I_2，反应如下：

$$H_2O_2+2KI+H_2SO_4 \longrightarrow I_2+K_2SO_4+2H_2O$$

$$I_2+2Na_2S_2O_3 \longrightarrow 2NaI+Na_2S_4O_6$$

根据空白和测定两者滴定值之差可求出酶分解的 H_2O_2 量。酶活力以单位时间内分解 H_2O_2 的量表示。

三、材料、用具和试剂

1. 材料　新鲜豆芽、心肌。

2. 用具　天平、研钵或匀浆器、刻度移液管、滴定管、三角瓶（100 mL）、恒温水浴锅、容量瓶等。

3. 试剂

（1）碳酸钙。

（2）1.8 mol/L H_2SO_4。浓硫酸为 18 mol/L，稀释 10 倍即可。

（3）0.02 mol/L $Na_2S_2O_3$。将 4.964 g $Na_2S_2O_3 \cdot 5H_2O$ 溶于 1 000 mL 蒸馏水中。

（4）10% $(NH_4)_6Mo_7O_{24}$。将 10 g 钼酸铵溶于 100 mL 蒸馏水中。

（5）1%淀粉溶液。将 1 g 淀粉溶于 100 mL 沸水中。

（6）20%KI。将 20 g KI 溶于 100 mL 蒸馏水中。

（7）0.05 mol/L H_2O_2。取 5.68 mL 30%的 H_2O_2，用蒸馏水定容至 1 000 mL。

四、操作步骤

1. 酶液提取

（1）植物材料处理。称取新鲜绿豆芽 2.0 g，剪碎，置研钵中，加 0.2 g $CaCO_3$ 和约 2 mL 蒸馏水研成匀浆，转入 100 mL 容量瓶中，用蒸馏水定容至 10 mL。振荡片刻，静置 5 min 后过滤，取滤液备用。

（2）动物材料处理。称取心肌 2.0 g，剪碎，置匀浆器中，加入 6 mL 蒸馏水冰上匀浆，将匀浆液于 4 ℃下 2 000 r/min 离心 5 min。取上清液 1 mL，用蒸馏水定容至 100 mL 备用。

2. K_m 值测定

（1）取 10 个 100 mL 三角瓶，分别编号 1～5（空白瓶）和 1′～5′（测定瓶），向各瓶中准确加入酶液 5 mL。立即向 1～5 号瓶中分别加入 1.8 mol/L H_2SO_4 5 mL，摇匀，以终止酶活性。

(2) 将各瓶放于 20 ℃水浴中保温 5～10 min。保温后向 1～5 号瓶和 1′～5′号瓶按次序分别加入蒸馏水 4 mL、3 mL、2 mL、1 mL、0，再顺次加入 0.05 mol/L H_2O_2 1 mL、2 mL、3 mL、4 mL、5 mL，留出时间差。

(3) 将各瓶放于 20 ℃水浴中，让反应准确进行 5 min，然后按时间差在 1′～5′号瓶中分别加入 1.8 mol/L H_2SO_4 5 mL，迅速摇匀。

(4) 滴定前向各瓶中加入 1 mL 20% KI 和 3 滴 10%钼酸铵，用 0.02 mol/L $Na_2S_2O_3$ 滴定至淡黄色时，加入 5 滴淀粉作为指示剂，再用 $Na_2S_2O_3$ 滴定至蓝色刚好消失，记录 $Na_2S_2O_3$ 消耗总量。

五、结果与计算

1. 过氧化氢酶活力计算

被分解 H_2O_2的量（mg）=[空白滴定体积（mL）−样品滴定体积（mL）]$\times c \times \frac{34.34}{2}$

$$\text{过氧化氢酶活力} = \frac{\text{被分解的 } H_2O_2\text{(mg)}}{m \times t}$$

式中，c 为 $Na_2S_2O_3$物质的量浓度（mol/L）；34.34 为 H_2O_2 的摩尔质量（g/mol）；m 为样品质量（g），本实验为 0.1 g；t 为酶促反应时间（min），本实验为 5 min。同一实验设置 3 个平行，相对偏差绝对值≤10%。

2. K_m 值计算 以底物浓度的倒数为横坐标，以相应酶活力的倒数为纵坐标，以双倒数作图法求出过氧化氢酶的 K_m 值及 v_{max}。

[附注]

1. 加水研磨材料时，大部分酶沉淀，若用碱金属或碱土金属的盐溶液处理沉淀，则酶可全部转移到溶液里。

2. KI 和钼酸铵可于临滴定前加，以防止 I_2 沉淀。

3. 酶促反应极快，应注意精确计时，加入酶液后立即摇匀。

4. H_2O_2 很易分解，可在配制前进行标定，方法如下：取洁净三角瓶 2 只，各加浓度约为 0.05 mol/L 的 H_2O_2 5.0 mL 和 1.8 mol/L H_2SO_4 5.0 mL，采用实验中介绍的碘量法进行标定。根据消耗的 $Na_2S_2O_3$的量，计算出 H_2O_2 的准确浓度。

[思考题]

1. 本实验中需要特别注意哪些操作？

2. 根据本实验的结果，理解 K_m 值的意义。

3. 测定 K_m 值，除双倒数作图法外，还有哪些方法？

实验 37 酶浓度对酶促反应速度的影响

——碱性磷酸酶活性测定

一、目的

掌握一种测定碱性磷酸酶活性的方法；了解酶浓度对酶促反应速度的影响，学习制作二者的关系曲线。

二、原理

根据米氏方程 $v=\frac{v_{max}[S]}{K_m+[S]}$，当 [S]>>[E] 时，[E]=[ES]，即 $v_{max}=k_2[E]$

所以 $v=\frac{K_2[E][S]}{K_m+[S]}=\frac{K_2[S]}{K_m+[S]}[E]$

当 [S] 保持不变时，酶促反应速度与酶浓度成正比。

碱性磷酸酶（alkaline phosphatase，AP）广泛存在于有机体内，在碱性条件下具较高活性。该类酶可将各种磷酸单酯，如β-甘油磷酸钠、磷酸苯二钠、对硝基苯磷酸二钠等水解为磷酸和各种羟基化合物，可通过测定产物中游离磷酸或羟基化合物在单位时间内的产量来表示酶的活性。本实验以对硝基苯磷酸二钠为底物，测定碱性磷酸酶的活性及酶浓度对酶促反应速度的影响。对硝基苯磷酸二钠为无色或略带黄色，AP 可将其水解为游离磷酸和对硝基苯酚，后者在强碱条件下呈现醌式结构而显示亮黄色，在 400 nm 波长处有最大光吸收。

三、用具和试剂

1. 用具 天平、pH 计、移液管、恒温水浴锅、分光光度计、容量瓶等。

2. 试剂

（1）0.1 mol/L 碳酸盐溶液（pH 10.0）。称取 6.36 g 无水碳酸钠和 3.36 g 碳酸氢钠，用蒸馏水溶解并定容至 1 000 mL。

（2）对硝基苯酚标准液（50 μmol/L）。准确称取对硝基苯酚 69.5 mg，用 0.1 mol/L 碳酸盐溶液配制 100 mL，用前再用 0.1 mol/L 碳酸盐溶液稀释 100 倍。

（3）0.005 mol/L 对硝基苯磷酸二钠溶液。准确称取对硝基苯磷酸二钠 0.185 6 g，溶于少量蒸馏水中，定容至 100 mL，储于棕色瓶中。

（4）0.5 mol/L NaOH 溶液。称取 2 g NaOH，加蒸馏水溶解并定容至 100 mL。

（5）AP 标准液（3.3 U/mL）。称取一定量 AP(1 100 U/g)，用 0.1 mol/L 碳酸盐溶液配成 3.3 U/mL。

四、操作步骤

1. 标准曲线的制作 用对硝基苯酚标准液（50 μmol/L），在 2.5～25 μmol/L 范围内配制至少 6 个不同浓度的标准液，于 400 nm 处测定吸光值。以对硝基苯酚浓度为横坐标、吸光值为纵坐标，绘制标准曲线。

2. 不同 AP 浓度时的反应速度 取试管 6 支，分别加入 0.1 mol/L 的碳酸盐溶液 1.0 mL、0.9 mL、0.8 mL、0.7 mL、0.6 mL 和 0.5 mL，再依次分别加入 AP 标准液 0、0.1 mL、0.2 mL、0.3 mL、0.4 mL 和 0.5 mL，混匀后 30 ℃保温 3 min。然后分别加入对硝基苯磷酸二钠溶液 2.0 mL，30 ℃准确保温 5 min，再分别加入 0.5 mol/L NaOH 溶液 1.0 mL。充分混匀后，以对照管调零，于 400 nm 处测定吸光值。

五、结果与计算

根据各测定管所得吸光值，通过对硝基苯酚标准曲线计算出各管产生的对硝基苯酚的量，反应速度以每分钟产生的对硝基苯酚的微摩尔数表示。以酶浓度（可用酶溶液的毫升数表示）为横坐标、不同酶浓度的反应速度为纵坐标作图。

［思考题］

1. 根据自己所得的酶浓度与酶促反应速度的关系图，讨论一下二者是否成正比？分析一下为什么。

2. 根据本实验所提供的测定 AP 活性的方法，设计一实验测定动植物组织或血清中 AP 的比活力。

实验 38　过氧化物酶同工酶聚丙烯酰胺凝胶电泳

一、目的

学习和掌握聚丙烯酰胺凝胶电泳法分离过氧化物酶同工酶的原理和方法。

二、原理

同工酶是指能催化同一种化学反应，但其分子结构及其理化性质不同的一组酶。同工酶广泛地存在于植物、动物和微生物的各种器官、组织、细胞中，与生物的遗传、生长发育、代谢调节及抗性等都有一定关系。用同工酶作生化标记，不仅对理论研究具有重要意义，而且在实践应用中越来越受到重视。

过氧化物酶是植物体内普遍存在的、活性较高的一种酶。它与呼吸作用、光合作用及生长素的氧化等都有关系。在植物生长发育过程中它的活性不断发生变化。因此，测定这种酶的活性或其同工酶，可以反映某一时期植物体内代谢的变化。

过氧化物酶催化反应如下：

$$\text{过氧化物}+\text{过氧化物酶}\longrightarrow\text{复合物}$$

$$\text{复合物}+DH_2\longrightarrow\text{过氧化物酶}+H_2O+D$$

其中最常见的过氧化物为 H_2O_2，反应中形成的复合物可与一些还原型的化合物 DH_2（如芳香族胺类和酚类物质）反应生成氧化型的物质 D。

本实验使用过氧化物 H_2O_2 和还原物联苯胺对过氧化物酶同工酶进行染色。原理为过氧化物酶可催化 H_2O_2 将联苯胺氧化为蓝色或棕色物质，电泳后经染色，凝胶上有色部位即为该酶的同工酶所在位置。

三、材料、用具和试剂

1. 材料　小麦幼苗。

2. 用具　高速离心机（10 000 r/min）、冰箱、量筒、烧杯、注射器、小培养皿、电泳仪及电泳槽等。

3. 试剂

（1）～（6）试剂配制同实验 17 方法二。

（7）染色液（0.1%联苯胺）。称取0.1 g联苯胺，溶于0.1 mol/L pH 5.6的醋酸缓冲液100 mL中。临用前加入2 mL 1.5%过氧化氢。

（8）固定液。按体积比甲醇∶冰醋酸∶蒸馏水=5∶1∶1比例配制。

（9）样品提取液（pH 8.0 Tris-HCl缓冲液）。Tris 12.1 g，加无离子水100 mL，以HCl调节pH至8.0。

（10）40%蔗糖溶液。蔗糖40.0 g，溶于100 mL无离子水中。

四、操作步骤

1. 样品的制备　称取小麦幼苗茎部0.5 g，放入研钵内，加样品提取液1 mL，于冰浴中研成匀浆，然后以2 mL样品提取液分几次洗入离心管，在离心机上以8 000 r/min离心10 min，倒出上清液，以等量40%蔗糖混合，留作点样用。

2. PAGE

（1）凝胶配制比例按表12-15进行，制备方法参照实验17方法二。

表12-15　凝胶的配制

试　剂	10%分离胶（30 mL）	3%浓缩胶（10 mL）
30%Acr-0.8%Bis/mL	9.8	1.0
1 mol/L Tris-HCl（pH 8.8）/mL	19.1	—
1 mol/L Tris-HCl（pH 6.8）/mL	—	1.3
H_2O/mL	0.3	6.7
10%过硫酸铵/mL	0.2	0.4
TEMED/μL	20	10

（2）电泳。点样后，将电泳槽放入冰箱，接好电源线（上槽为负极）以10 V/cm稳定电压电泳，待示踪染料下行到距胶柱末端0.5 cm处，即可停止电泳。

五、染色、记录结果

将凝胶置于染色盒中，用蒸馏水漂洗1～2次，然后倒入染色液充分浸泡凝胶。室温放置5 min左右可见在凝胶的无色背景中出现蓝色或棕色区带。弃去染色液，用蒸馏水漂洗后，放入固定液中或照相保存结果。

[附注]

过氧化物酶同工酶的染色方法根据供氢体很多种，供氢体主要有联苯胺、邻联二茴香胺、愈创木酚、联苯三酚、儿茶酚、咖啡酸、丁子香酚、吲哚乙酸、醋酸联苯胺等。联苯胺是过氧化物酶最好的供氢体，但联苯胺可引起膀胱癌，操作时须特别小心。

[思考题]

本实验的染色原理是什么？

第十三章

维　生　素

实验 39　维生素 A 的定量测定

一、目的

学习和掌握定量测定维生素 A 的方法。

二、原理

维生素 A（视黄醇）属于脂溶性维生素，在三氯甲烷（氯仿）溶液中可与三氯化锑生成不稳定的蓝色可溶性络合物，此反应称为 Carr－Price 反应。在一定浓度范围内，所生成颜色的深浅与溶液中维生素 A 的量成正比，在 620 nm 波长下有最大光吸收。由于所生成的蓝色物质不稳定，因此必须在一定时间（6 s）内用分光光度计测定其吸光值，用于维生素 A 的定量测定。

三、材料、用具和试剂

1. 材料　肝脏、鱼肝油、蛋类、乳类等。

2. 用具　天平、匀浆器、刻度移液管、分液漏斗、索氏抽提器、恒温水浴锅、球形冷凝器、分光光度计等。

3. 试剂

（1）维生素 A 标准液。用三氯甲烷溶解维生素 A，配成 1 μg/mL 的标准液。

（2）三氯甲烷。

（3）乙酸酐。

（4）无水硫酸钠。

（5）氨水。

（6）无水乙醇。

（7）无水乙醚。

（8）80% KOH 溶液。

（9）酚酞指示剂。将 1.0 g 酚酞溶于 100 mL 95%乙醇中。

（10）25%三氯化锑-三氯甲烷溶液。称取干燥的三氯化锑 25.0 g 溶于装有 100 mL 无水三氯甲烷的棕色试剂瓶中，盖严，避光储存。

四、操作步骤

1. 标准曲线的制作　取出 6 个比色杯，编号，按表 13－1 顺次加入维生素 A 标准液和三氯甲烷，各加入乙酸酐 1 滴，制成标准比色列。用三氯甲烷于 620 nm 波长处调零。将标准比色列按顺序移至光路前，迅速加入 2.0 mL 三氯化锑-三氯甲烷溶液，在 6 s 内测吸光值。以吸光值为纵坐标、维生素 A 含量为横坐标，绘制出标准曲线。

表 13-1

试　剂	杯　号					
	1	2	3	4	5	6
1 μg/mL 维生素 A 标准液/mL	0.0	0.2	0.4	0.6	0.8	1.0
三氯甲烷/mL	1.0	0.8	0.6	0.4	0.2	0.0
乙酸酐/滴	1	1	1	1	1	1
三氯化锑-三氯甲烷溶液/mL	2.0	2.0	2.0	2.0	2.0	2.0

2. 样品处理　称取肝脏 5.0～10.0 g，匀浆器匀浆，加 40 mL 蒸馏水搅匀，移入分液漏斗中。加浓氨水 5 mL、无水乙醇 30 mL，摇匀后用 40 mL 无水乙醚抽提 3 次，收集乙醚层，于索氏抽提器中除去乙醚。

3. 皂化　于除尽乙醚的瓶中加入 30 mL 80%的 KOH 和 40 mL 无水乙醇，83 ℃水浴皂化 30 min。向皂化瓶中加少量水振荡，如有混浊，表示皂化不完全，应继续加热皂化，直至无混浊出现。

4. 提取　将皂化液移入分液漏斗，加 50 mL 蒸馏水，以 40 mL 无水乙醚共 3 次提取皂化液。合并乙醚提取液，并用蒸馏水（每次 100 mL）洗涤醚层至水呈中性（加入酚酞指示剂呈浅红色），弃去水层。醚层用无水乙醚定容至一定体积，并用无水硫酸钠除去水分。

5. 挥发除去溶剂　取 5 mL 醚提取液，真空除去乙醚，残渣立即加入三氯甲烷定容至 10 mL。

6. 样品测定　取 2 个比色杯，分别加入 1 mL 三氯甲烷和 1 mL 样品液，各加 1 滴乙酸酐，再分别加入 2 mL 三氯化锑-三氯甲烷溶液，用细玻璃棒迅速搅拌均匀，立即于 620 nm 波长处在 6 s 内测其吸光值。由标准曲线查出维生素 A 的含量。

五、结果与计算

$$100\text{ g 样品中维生素 A 的含量 }(\mu g)=\frac{C\times F}{m}\times 100$$

式中，C 为由标准曲线查得的样品中维生素 A 的含量（μg）；F 为样品稀释倍数；m 为样品质量（g）。

同一实验设置 3 个平行，相对偏差绝对值≤10%。

［**附注**］

1. 维生素 A 极易被光线破坏，实验操作应在微弱光线下进行。
2. 所用的试剂和器材必须绝对干燥。
3. 三氯化锑具腐蚀性，不可用手直接接触。
4. 微量水分可使三氯化锑分解，不再与维生素 A 反应，并出现混浊。在试管中加入 1～2 滴乙酸酐可除去微量吸入的水分。
5. 三氯甲烷中需不含分解物氯化氢，否则会破坏维生素 A。检测方法：取少量三氯甲烷置试管中，加少许水振荡，再加几滴硝酸银溶液，若产生白色沉淀，说明含有分解物氯化氢。去除方法：置三氯甲烷于分液漏斗中，加水洗涤数次，用无水硫酸钠脱水，然后蒸馏。

6. 无水乙醚须不含过氧化氢。检测乙醚中有无过氧化氢：取 5 mL 乙醚于试管中，加入 1 mL 50% KI 溶液振荡 1 min，观察有无黄色出现。若有，说明有过氧化氢，可用重蒸的方法去除。

[思考题]

1. 为什么三氯化锑与维生素 A 的反应要在比色杯中进行?
2. 为什么实验中所用仪器和试剂必须绝对干燥? 应该怎样处理?
3. 维生素 A 的主要生理功能是什么? 列举含维生素 A 比较丰富的食物。

实验 40 还原型维生素 C 含量的测定

——2,6-二氯酚靛酚法

一、目的

学习和掌握用 2,6-二氯酚靛酚滴定法测定植物材料中维生素 C 含量的原理和方法，了解蔬菜、水果中维生素 C 含量的情况。

二、原理

维生素 C 又称抗坏血酸，其纯品为白色结晶，熔点为 190～192 ℃，溶于水或乙醇，不溶于油剂，在水溶液中易被氧化，在碱性条件下易分解，在弱酸条件下较稳定。总维生素 C 包括还原型、氧化型维生素 C 和 2,3-二酮古乐糖酸（由氧化型维生素 C 进一步水解生成）。还原型维生素 C（L-抗坏血酸）可被氧化为氧化型维生素 C（L-脱氢抗坏血酸），根据其还原性质可以测定维生素 C 的含量。常用的测定方法有 2,6-二氯酚靛酚法、2,4-二硝基苯肼法、铅-硫化氢法、碘酸法以及荧光分光光度法。

染料 2,6-二氯酚靛酚的颜色反应表现两种特性，一是氧化还原状态的变化，氧化态为深蓝色，还原态变为无色；二是介质的影响，在碱性溶液中呈深蓝色，在酸性介质中呈浅红色。

2,6-二氯酚靛酚法常用于测定还原型维生素 C，原理为还原型维生素 C 结构中有烯二醇结构存在，因此具有还原性，能将在酸性溶液中呈浅红色的染料 2,6-二氯酚靛酚还原为无色的化合物，还原型维生素 C 则被氧化为氧化型维生素 C，反应式如下：

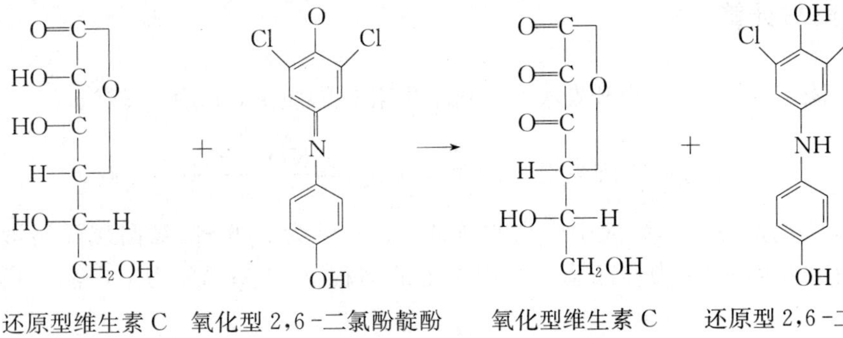

还原型维生素 C + 氧化型 2,6-二氯酚靛酚 → 氧化型维生素 C + 还原型 2,6-二氯酚靛酚

通常浸提和测定都是在2%的草酸溶液中进行，目的是保持反应时一定的酸度，避免还原型维生素C在pH高时易被空气氧化。在滴定终点之前，滴下的2,6-二氯酚靛酚立即被还原为无色，稍多加一点染料，溶液从无色转变为浅红色，并在15 s内不褪色时，即为滴定终点。本法适用于测定一般水果、蔬菜样品的还原型维生素C含量。若样品中含有Fe^{2+}、Sn^{2+}、Cu^{2+}、SO_3^{2-}、$S_2O_3^{2-}$、SO_2等还原性杂质，则有干扰。

三、材料、用具和试剂

1. 材料　水果或蔬菜。

2. 用具　天平、三角瓶、组织捣碎机、烧杯、碱式滴定管、移液管、容量瓶、漏斗等。

3. 试剂

（1）1%草酸溶液。称取5.0 g草酸，溶于约400 mL蒸馏水中，定容至500 mL。

（2）2%草酸溶液。称取10.0 g草酸，溶于约400 mL蒸馏水中，定容至500 mL。

（3）维生素C标准溶液（0.05 mg/mL）。称取100 mg分析纯维生素C，用1%草酸溶解并定容至100 mL，然后取5 mL，再用1%草酸定容至100 mL。

（4）2,6-二氯酚靛酚溶液（0.001 mol/L）。称取2,6-二氯酚靛酚300 mg，溶于含有0.4 mg NaOH的温蒸馏水中（约40 ℃），冷却后用蒸馏水定容至1 000 mL。过滤后储于棕色瓶中，4 ℃冰箱中保存。使用前用维生素C标准溶液标定其准确浓度。

四、操作步骤

1. 样品处理　称取新鲜水果或蔬菜100 g，放入组织捣碎机中，加入100 mL 2%草酸溶液，快速捣碎将样品打成浆状。用小烧杯称取浆状物30 g，转入100 mL容量瓶中，用1%草酸溶液定容至刻度，若有泡沫可加两滴辛醇除去，过滤后滤液备用。

2. 样品滴定　吸取以上制得的滤液5 mL放入50 mL三角瓶中，加入1%草酸溶液5 mL，立即用2,6-二氯酚靛酚溶液滴定至出现浅红色，约在15 s内不褪色为终点。记录所用滴定液体积，重复3次，得其平均值V_1。

3. 空白滴定　吸取1%草酸溶液10 mL，放入50 mL三角瓶中，立即用2,6-二氯酚靛酚溶液滴定至终点，记录滴定液体积V_0。

4. 2,6-二氯酚靛酚溶液的标定　吸取维生素C标准溶液5 mL于50 mL三角瓶中，加入1%草酸溶液5 mL，摇匀，用2,6-二氯酚靛酚溶液滴定至浅红色（15 s内不褪色为终点），记录滴定液体积V，计算每毫升染液能氧化维生素C的质量（mg）。

五、结果与计算

$$\text{滴定度}K\ \text{（每毫升染液所氧化维生素C的质量，mg）}=\frac{0.05\times5}{V-V_0}$$

$$100\ \text{g样品中维生素C的含量（mg）}=\frac{K(V_1-V_0)}{m}\times100$$

式中，m为滴定时样品溶液中样品的质量（g）；V为2,6-二氯酚靛酚溶液的标定所用滴定液体积（mL）；V_1为样品滴定所用滴定液体积（mL）；V_0为空白滴定所用滴定液体积（mL）。

［附注］

1. 样品处理的整个过程应在 10 min 内完成，以免还原型维生素 C 被空气氧化。

2. 草酸及样品的提取液应避免阳光直射，以免产生过氧化物。

3. 当样品本身带颜色而影响滴定终点的判断时，测定前可于样液中加 2～3 mL 二氯乙烷。

4. 样品中可能有其他还原性物质也可使染料还原，但其还原速度较慢，故滴定终点以浅红色在 15 s 不褪色为准。

［思考题］

1. 讨论一下本实验介绍的 2,6 -二氯酚靛酚法测定还原型维生素 C 含量的优缺点。

2. 染料 2,6 -二氯酚靛酚具有哪些特性？本实验应用了其什么性质？

3. 本实验中为什么用出现浅红色作为滴定终点的标志？

实验 41　维生素 C 含量的测定

——紫外吸收法

一、目的

学习和掌握用紫外吸收法测定维生素 C 含量的原理和方法。

二、原理

紫外吸收法测定维生素 C 含量是根据其具有紫外吸收性质和对碱不稳定的特性，于 243 nm 处测定样品液与碱处理样品液的吸光值之差，通过标准曲线即可计算出样品中维生素 C 的含量。此方法相对于滴定法，具有简单、快速，不易受其他还原性物质、样品颜色、测定时间等因素的影响，适于大批量样品的定量分析。

三、材料、用具和试剂

1. 材料　水果或蔬菜。

2. 用具　天平、移液管、研钵（或组织捣碎机）、刻度试管、离心机、烧杯、容量瓶、紫外分光光度计等。

3. 试剂

（1）10%盐酸溶液。取浓盐酸（密度 1.19 g/mL）134 mL，加蒸馏水稀释定容至 500 mL。

（2）1%盐酸溶液。取浓盐酸 26.9 mL，加蒸馏水稀释定容至 1 000 mL。

（3）1 mol/L NaOH 溶液。称取 40 g NaOH，加蒸馏水不断搅拌至溶解，定容至 1 000 mL。

（4）维生素 C 标准溶液（100 μg/mL）。准确称取 10 mg 分析纯维生素 C，加 2 mL 10% 盐酸溶解，再用蒸馏水定容至 100 mL。

四、操作步骤

1. 标准曲线的制作　取 8 支刻度试管，编号，如表 13 - 2 所示加入试剂，混匀。在 243 nm 处测定标准系列维生素 C 的吸光值。以维生素 C 含量为横坐标、相应吸光值为纵坐标，绘制出标准曲线。

表 13 - 2

试　剂	管　号							
	1	2	3	4	5	6	7	8
维生素 C 标准溶液/mL	0.1	0.2	0.3	0.4	0.5	0.6	0.8	1.0
H_2O/mL	9.9	9.8	9.7	9.6	9.5	9.4	9.2	9.0
维生素 C 含量/μg	10	20	30	40	50	60	80	100

2. 样品处理　称取 5.0 g 鲜样于研钵中，加入 2～5 mL 1%盐酸，研磨至浆状，转移到 50 mL 容量瓶中，用蒸馏水定容至刻度。静置 30 min 后取上清用于测定。

3. 样品测定　取 0.2 mL 提取液放入盛有 0.4 mL 10%盐酸的 10 mL 刻度试管中，用蒸馏水稀释至刻度后摇匀。以蒸馏水为空白，在 243 nm 处测定其吸光值。

4. 待测碱处理液的制备和测定　分别吸取 0.2 mL 提取液、2 mL 蒸馏水和 0.8 mL 1 mol/L NaOH 溶液于 10 mL 刻度试管中，混匀，15 min 后加入 0.8 mL 10%盐酸，混匀并用蒸馏水定容至刻度。以蒸馏水为空白，在 243 nm 处测定其吸光值。

五、结果与计算

由样品测定的吸光值与待测碱处理液的吸光值之差，查标准曲线即可得测定液中维生素 C 的含量。

$$样品中维生素 C 含量 (\mu g/g)=\frac{w\times V_{总}}{V_1\times m_{总}}$$

式中，w 为测定液中维生素 C 的含量（μg）；V_1 为测定液体积（mL）；$V_{总}$ 为样品定容体积（mL）；$m_{总}$ 为称取样品的质量（g）。

[附注]

1. 维生素 C 的还原能力强而易被氧化，特别是在碱性溶液中更易被氧化，且在碱性溶液或强酸性溶液中还能进一步发生水解，所以选择盐酸溶液使之成酸性。

2. 维生素 C 的紫外最大吸收波长与溶液的 pH 有着密切关系。pH=2.0 时，最大吸收波长在 243 nm；pH=5.0～10.0 时，最大吸收波长在 267 nm；pH=12.0 时，最大吸收波长在 300 nm。

[思考题]

1. 紫外吸收法快速测定维生素 C 含量的原理是什么？
2. 紫外吸收法快速测定维生素 C 含量的优缺点有哪些？

实验 42　维生素 B_1 的定性测定

一、目的

学习定性测定维生素 B_1（硫胺素）的原理及方法。

二、原理

维生素 B_1 的化学鉴定方法主要有以下两种：

重氮苯磺酸反应：在 $NaHCO_3$ 存在的情况下，硫胺素可与重氮试剂如重氮苯磺酸、对氨基乙酰苯胺等反应，产生有色物质，初现黄色，后转橙红色（此颜色较稳定）。该反应操作简单、快速，但灵敏度低、特异性差，常用来检查尿液中的维生素 B_1。

荧光反应：硫胺素在碱性铁氰化钾溶液中氧化后生成黄色而带有蓝色荧光的物质，溶于异丁醇后显示深蓝色荧光，在紫外光下更为明显。在无其他荧光物质干扰的情况下，荧光的强弱与硫胺素含量成正比，可用于维生素 B_1 的定量测定。

三、材料、用具和试剂

1. 材料　米糠、硫胺素。

2. 用具　天平、量筒、移液管、漏斗、定性滤纸、容量瓶、试管等。

3. 试剂

（1）0.2 mol/L 硫酸溶液。

（2）碳酸氢钠碱性溶液。称取 20.0 g NaOH 溶于 600 mL 蒸馏水中，加 $NaHCO_3$ 23.8 g，混匀后用蒸馏水定容至 1 000 mL。

（3）重氮试剂。

溶液 A：将 1.0 g 对氨基苯磺酸溶于 15 mL 浓盐酸中，再用蒸馏水稀释定容至 100 mL。

溶液 B：将 0.5 g $NaNO_2$ 溶于少量蒸馏水中，定容至 100 mL，每次用前新鲜配制。

用前将 3 mL 溶液 B 加到 100 mL 溶液 A 中，混匀即可。

（4）0.2%硫胺素溶液。

（5）1%铁氰化钾溶液。

（6）30% NaOH 溶液。

（7）异丁醇。

四、操作步骤

1. 重氮苯磺酸反应　称取 1.0 g 米糠置试管中，加入 5 mL 0.2 mol/L 硫酸溶液，用力振荡，以提取硫胺素。静置 10 min 后，用滤纸过滤。取 1 mL 滤液置一试管中，加入 1.5 mL 碳酸氢钠碱性溶液和 1 mL 重氮试剂，摇匀，10 min 内观察有无红色出现。

2. 荧光反应　取 1 mL 0.2%硫胺素溶液置一试管中，加入 2 mL 1%铁氰化钾溶液和 1 mL 30%NaOH 溶液，混匀后加入 2 mL 异丁醇，充分振荡。待两液相分开后，观察上层异丁醇溶液中有无蓝色荧光出现。

［附注］

1. 重氮试剂配制后应当日使用，否则会出现红色。

2. 与蛋白结合的硫胺素也可与碱性铁氰化钾反应产生荧光物质硫色素，但不能用异丁醇提取。所以，要测定结合形式的硫胺素时，须先用磷酸酶或酸对其水解，使硫胺素从蛋白质中释放出来。

［思考题］

1. 维生素 B_1 含量丰富的食物有哪些？其主要生理功能是什么？

2. 利用维生素 B_1 与碱性铁氰化钾反应产生荧光物质的特性，设计用荧光分光光度法进行维生素 B_1 定量测定的实验。

实验 43　维生素 B_2 的荧光测定

一、目的

学习荧光分光光度计的操作和使用，学习和掌握荧光分光光度法测定维生素 B_2 的原理和方法。

二、原理

维生素 B_2（核黄素）的水或酒精中性溶液呈黄色，在 440～500 nm 波长光照射下产生黄绿色荧光，在稀溶液中其荧光强度与维生素 B_2 的浓度成正比，用激发光 460 nm、发射光 520 nm 测定其荧光强度可进行定量分析。

利用硅镁吸附剂对维生素 B_2 的吸附作用去除样品中干扰荧光测定的杂质，然后洗脱维生素 B_2，测定其荧光强度。试液再加入连二亚硫酸钠（$Na_2S_2O_4$），将维生素 B_2 还原为无荧光的二氢化物，再测定试液中残余荧光杂质的荧光强度，两者之差即为样品中维生素 B_2 所产生的荧光强度。

三、材料、用具和试剂

1. 材料　新鲜猪肝或干黄豆。

2. 用具　天平、试管、移液管、容量瓶、高压灭菌锅、电热恒温培养箱、维生素 B_2 吸附柱、荧光分光光度计等。

3. 试剂

（1）0.1 mol/L 盐酸。

（2）1 mol/L 氢氧化钠。

（3）0.1 mol/L 氢氧化钠。

（4）20%(质量体积分数) 连二亚硫酸钠溶液。

（5）洗脱液。丙酮、冰醋酸和水按照 5∶2∶9 的体积比配制。

（6）0.04%溴甲酚绿指示剂。

（7）3%高锰酸钾溶液。

（8）3%过氧化氢溶液。

（9）2.5 mol/L 无水乙酸钠溶液。

（10）硅镁吸附剂（60～100 目）。

（11）10%木瓜蛋白酶溶液。用 2.5 mol/L 乙酸钠溶液配制，现用现配。

（12）10%淀粉酶溶液。用 2.5 mol/L 乙酸钠溶液配制，现用现配。

（13）维生素 B_2 标准储备液（25 μg/mL）。将标准品维生素 B_2 粉状结晶置于真空干燥器中，24 h 后准确称取 50 mg，置于 2 L 容量瓶中，加入 2.4 mL 冰乙酸和 1.5 mL 水。将容量瓶置于温水中摇动，待其溶解，冷却至室温，用蒸馏水定容至 2 L，移至棕色瓶中，加少许甲苯覆盖于溶液表面，于 4 ℃冰箱中保存。

（14）维生素 B_2 标准使用液（1 μg/mL）。吸取 2 mL 维生素 B_2 标准储备液，置于 50 mL 棕色容量瓶中，用蒸馏水稀释至刻度。4 ℃避光保存，一周内使用。

四、操作步骤

1. 样品处理

（1）水解。称取 2～10 g 样品于 100 mL 三角瓶中，加 50 mL 0.1 mol/L 盐酸，搅拌直到颗粒物分散均匀。用 40 mL 瓷坩埚为盖扣住瓶口，于 121 ℃高压水解样品 30 min。水解液冷却后，滴加 1 mol/L 氢氧化钠，用 0.04%溴甲酚绿作为指示剂调 pH 为 4.5。

（2）酶解。加入 3 mL 10%淀粉酶溶液、3 mL 10%木瓜蛋白酶溶液，于 37～40 ℃保温约 16 h。

（3）过滤。上述酶解液用蒸馏水定容至 100 mL，过滤备用。此提取液在 4 ℃冰箱中可保存一周。

2. 氧化去杂质　视样品中维生素 B_2 的含量取一定体积的样品提取液及维生素 B_2 标准使用液（含 1～10 μg 维生素 B_2）分别于 20 mL 的具塞刻度试管中，加蒸馏水至 15 mL。各管加 0.5 mL 冰乙酸，混匀。加 3%高锰酸钾溶液 0.5 mL，混匀，放置 2 min，使氧化去杂质。滴加 3%过氧化氢溶液数滴，直至高锰酸钾的颜色褪掉。剧烈振摇试管，使多余的氧气逸出。

3. 维生素 B_2 的吸附和洗脱

（1）装柱。硅镁吸附剂约 1 g 用湿法装入柱，以占柱长 1/2～2/3（约 5 cm）为宜（吸附柱下端用一团脱脂棉垫上），勿使柱内产生气泡，调节流速约为 60 滴/min。

（2）过柱与洗脱。将全部氧化后的样品液及标准液通过吸附柱后，用约 20 mL 热水洗去样液中的杂质。然后用 5 mL 洗脱液将样品中维生素 B_2 洗脱，收集于一具塞 10 mL 的刻度试管中，再用水洗吸附柱，收集洗出之液体并定容至 10 mL，混匀后待测荧光。

4. 测定

（1）于激发光波长 460 nm、发射光波长 520 nm 测量样品管及标准管的荧光值。

（2）待样品及标准管的荧光值测量后，在各管的剩余液（5～7 mL）中加 0.1 mL 20%连二亚硫酸钠溶液，立即混匀，在 20 s 内测出各管的荧光值，作为各自的空白值。

五、结果与计算

$$100\text{ g 样品中维生素 }B_2\text{ 的含量（mg）}=\frac{(A-B)\times S}{(C-D)\times m}\times F\times\frac{100}{1\,000}$$

式中，A 为样品管荧光值；B 为样品管空白荧光值；C 为标准管荧光值；D 为标准管空白荧光值；F 为稀释倍数；m 为样品的质量（g）；S 为标准管中的维生素 B_2 含量（μg）；100/1 000 为将样品中维生素 B_2 含量由 μg/g 折算成 100 g 样品中维生素 B_2 的含量的折算系数。

［附注］

1. 维生素 B_2 极易被光线破坏，实验操作应尽可能避光。

2. 荧光分析的原理：在通常状况下处于基态的物质分子吸收激发光后变为激发态，这些处于激发态的分子是不稳定的，在返回基态的过程中将一部分能量以光的形式放出，从而产生荧光。不同物质由于分子结构不同，表现为有其特征的荧光激发和发射光谱，可对物质进行定性鉴定。在特定溶液中，当荧光物质的浓度较低时，荧光强度与其浓度通常有良好的正比关系，利用这种关系可以进行荧光物质的定量分析。

［思考题］

1. 维生素 B_2 主要的生理功能是什么？其含量丰富的食物有哪些？

2. 实验中测定样品中维生素 B_2 的荧光值之前，对样品进行了哪几步处理？分析每步处理的作用及原理。

第十四章

新 陈 代 谢

实验 44　糖酵解中间产物的鉴定

一、目的

1. 加深对糖酵解过程的认识。
2. 了解用酶的专一性抑制剂研究代谢中间步骤的原理和方法。

二、原理

代谢是由一系列酶催化的多步骤反应。在代谢正常进行时，中间产物的浓度往往很低，不易分析鉴定。若加入某种酶的专一性抑制剂，则可使其中间产物积累，便于分析鉴定。3-磷酸甘油醛是糖酵解的中间产物，利用碘乙酸对3-磷酸甘油醛脱氢酶的抑制作用，可使3-磷酸甘油醛不再转化而大量积累，同时加入硫酸肼作稳定剂，使3-磷酸甘油醛不自发分解。然后用羰基试剂2,4-二硝基苯肼与3-磷酸甘油醛在偏碱性条件下反应，生成3-磷酸甘油醛-2,4-二硝基苯腙，再加过量的氢氧化钠即形成棕色复合物，其棕色深度与3-磷酸甘油醛含量成正比。反应过程如下：

$$\begin{array}{l}\text{CHO}\\ |\\ \text{HCOH}\\ |\\ \text{CH}_2\text{OPO}_3\text{H}_2\end{array} + \text{H}_2\text{N—NH—C}_6\text{H}_3(\text{NO}_2)_2\ (2,4) \xrightarrow{+\text{NaOH}} \left[\begin{array}{l}\text{HO}\quad \text{H}\\ |\qquad |\\ \text{HC—N—NH—C}_6\text{H}_4\text{—NO}_2\\ |\\ \text{CH—OH}\\ |\\ \text{CH}_2\text{OPO}_3\text{H}\end{array}\right] \xrightarrow{-\text{H}_2\text{O}}$$

$$\begin{array}{l}\text{HC=N—NH—C}_6\text{H}_3(\text{NO}_2)_2\ (2,4)\\ |\\ \text{HC—OH}\\ |\\ \text{CH}_2\text{OPO}_3\text{H}_2\end{array} \xrightarrow{+\text{NaOH}} \text{棕色复合物}$$

三、材料、用具和试剂

1. 材料　鲜酵母或干酵母。

2. 用具　天平、离心管（10 mL）、水浴锅、离心机、移液管（5 mL、1 mL）、玻璃棒、试管（15 mL）、电子天平等。

3. 试剂

（1）5%（质量体积分数）葡萄糖溶液。称取5 g葡萄糖，用蒸馏水溶解并定容至100 mL。

（2）5%（质量体积分数）三氯乙酸溶液。称取5 g三氯乙酸，用蒸馏水溶解并定容至

100 mL，可加热促进溶解。

(3) 0.002 mol/L 碘乙酸溶液。称取 0.372 g 碘乙酸，用蒸馏水溶解并定容至 1 000 L。

(4) 0.56 mol/L 硫酸肼溶液。称取 7.28 g 硫酸肼，溶于 100 mL 蒸馏水中，这时不易全部溶解，当加入 NaOH 使 pH 达 7.4 时则完全溶解。

(5) 0.75 mol/L NaOH 溶液。

(6) 2,4-二硝基苯肼溶液。称取 0.1 g 2,4-二硝基苯肼，溶于 100 mL 2 mol/L HCl 溶液中，储于棕色瓶备用。

四、操作步骤

1. 加实验材料和试剂　取 3 支 10 mL 离心管，编号，分别称取并加入干酵母 0.1 g，再按表 14-1 加入各种试剂，加完后，每管中插入一支玻璃棒，搅匀，玻璃棒留在管中。

表 14-1

试　剂	管　号		
	Ⅰ	Ⅱ	Ⅲ
5%三氯乙酸/mL	1	0	0
0.002 mol/L 碘乙酸/mL	0.5	0.5	0
0.56 mol/L 硫酸肼/mL	0.5	0.5	0
5%葡萄糖/mL	5	5	5

2. 保温和观察气泡　将上述 3 支离心管（连同玻璃棒）置于 37 ℃水浴中的试管架上保温 10～15 min。观察各管的气泡生成量有何不同，为什么？

3. 补加试剂　在管Ⅱ和管Ⅲ中，按表 14-2 补加试剂。

表 14-2

试　剂	管　号	
	Ⅱ	Ⅲ
5%三氯乙酸/mL	1	1
0.002 mol/L 碘乙酸/mL	0	0.5
0.56 mol/L 硫酸肼/mL	0	0.5

加完试剂后，用管中玻璃棒搅匀，取出玻璃棒，静置 10 min。

4. 离心　将上述 3 支离心管中的反应液分别离心（离心前先平衡），然后留上清液备用。

5. 显色和观察结果　取 3 支 15 mL 试管，编号，分别加入上述相应的上清液 0.5 mL，并按表 14-3 加入各种试剂，进行相应处理，每加完一种试剂，各管均要摇匀。最后，观察各管颜色深浅有无差异，哪管最深？哪管最浅？为什么？

表 14-3

项　目	管　号		
	1	2	3
上清液（或滤液）/mL	0.5	0.5	0.5
0.75 mol/L 氢氧化钠/mL	0.5	0.5	0.5
室温放置 2 min			
2,4-二硝基苯肼/mL	0.5	0.5	0.5

（续）

项目	管号		
	1	2	3
室温放置 5 min			
0.75 mol/L 氢氧化钠/mL	3.5	3.5	3.5

[附注]

1. 本实验虽为定性鉴定，但在称重和量取体积时仍要求相对准确。
2. 应随实验材料来源不同，摸索适宜的保温时间。

[思考题]

1. 本实验鉴定的是哪种中间产物？
2. 本实验中用到的葡萄糖、干酵母、三氯乙酸、碘乙酸、硫酸肼分别起什么作用？
3. 本实验中产生的气泡是什么气体？如何产生的？

实验 45　转氨基反应的定性鉴定

一、目的

了解转氨基作用在中间代谢中的意义，学习使用纸层析鉴定转氨基作用的方法和原理。

二、原理

氨基转移酶也称转氨酶，能够催化α-氨基酸中的α-氨基和α-酮酸中的α-酮基进行互换，这种作用称为转氨基作用。转氨基作用存在于生物体内蛋白质的合成与分解等中间代谢中，在糖、脂肪、蛋白质三类物质代谢的相互联系、相互转化上都起着重要的作用。任何一种氨基酸进行转氨基作用时，都由其专一的转氨酶催化，它们的最适 pH 接近 7.4。在各种转氨酶中，以谷氨酸－草酰乙酸转氨酶（简称谷草转氨酶，GOT）和谷氨酸－丙酮酸转氨酶（简称谷丙转氨酶，GPT）活性最强。它们催化的反应如下：

$$\text{谷氨酸}+\text{草酰乙酸}\overset{\text{GOT}}{\rightleftharpoons}\alpha\text{-酮戊二酸}+\text{天冬氨酸}$$

$$\text{谷氨酸}+\text{丙酮酸}\overset{\text{GPT}}{\rightleftharpoons}\alpha\text{-酮戊二酸}+\text{丙氨酸}$$

上述两种转氨酶均广泛存在于生物机体中，在正常人的血清中也有少量的存在。机体发生肝炎、心肌梗死等病变时，血清中转氨酶的含量及活性均显著增加，因此在临床上转氨酶活性的测定有重要意义。

测定转氨酶活性的方法很多，如分光光度法、纸层析法及光电比色法等。本实验利用纸层析法，检测由谷氨酸和丙酮酸在谷丙转氨酶作用下生成的丙氨酸，证明组织内转氨基作用的存在。为防止丙酮酸被组织中的其他酶所氧化或还原，可以加入碘乙酸或溴乙酸抑制酵解作用或氧化作用。

三、材料、用具和试剂

1. 材料　家兔。

2. 用具　解剖刀、剪刀、镊子、匀浆器、天平、离心机、试管、离心管、水浴锅、毛细玻璃管、直尺、铅笔、层析滤纸、层析缸、喷雾器、干燥箱等。

3. 试剂

（1）1/15 mol/L 磷酸缓冲液（pH 7.4）。

（2）1%谷氨酸溶液（用 KOH 中和至中性）。

（3）1%丙酮酸溶液（用 KOH 中和至中性）。

（4）0.1%碳酸氢钾溶液。

（5）0.05%碘乙酸溶液。

（6）15%三氯乙酸溶液。

（7）0.1%标准丙氨酸溶液。

（8）0.1%标准谷氨酸溶液。

（9）0.1%水合茚三酮乙醇溶液。

（10）水饱和酚溶液。在大烧杯中，加蒸馏水 40 mL，再加入新蒸馏的无色苯酚 150 g，在水浴中加热搅拌，混合至酚完全溶解。将该溶液倒入盛有 100 mL 蒸馏水的 500 mL 分液漏斗内，轻轻振荡混合，使其成为乳状液。静置 7～10 h，乳状液变成两层透明的溶液，下层为被水饱和的酚溶液，放出下层，储存在棕色试剂瓶中备用。

四、操作步骤

1. 酶液的制备　将家兔击晕，迅速解剖，取出肝脏，在低温条件下剪碎。用表面皿称取 1.5 g 肝脏，放入匀浆器中，再加入 3 mL 磷酸缓冲液。研成匀浆后，倒入离心管中，在 2 500 r/min的条件下，离心 5 min，取上清液，即为制备的酶液。

2. 体外转氨基反应　取 2 支试管，编号。向 1 号试管中加入 15%三氯乙酸溶液 10 滴和酶液 10 滴，混匀，静置 15 min，作为对照管。向 2 号试管中加入酶液 10 滴，然后向 1、2 号试管中各加入 1%谷氨酸溶液 10 滴、1%丙酮酸溶液 10 滴、0.1%碳酸氢钾溶液 10 滴和 0.05%碘乙酸溶液 5 滴，混匀，放入 37～40 ℃恒温水浴中保温 1.5～2 h。保温过程中，将试管摇荡几次。保温完毕后取出试管，立即向 2 号管中加入 15%三氯乙酸溶液 10 滴。将 2 支试管的内容物分别离心（2 500 r/min 离心 5 min）。将上清液转移到试管中，用塞子塞紧置于低温处备用。

3. 纸层析检测　在层析滤纸上，在其一端距边缘 1.5 cm 处，用铅笔轻轻画一条与纸边平行的直线作为层析基线，在基线上用铅笔均匀地标记 4 个点作为点样的位置。

在标记的点样位置依次点样（标准丙氨酸溶液、标准谷氨酸溶液、1 号管上清液、2 号管上清液）。点样时，将毛细管口轻轻触到滤纸上，使每种溶液分别形成直径为 2～3 mm 的圆斑，每次点样后，自然风干或吹风机吹干，重复点样 3～4 次，点样量应均匀相等。点样完成后，将滤纸卷成圆筒，使基线吻合，用线将两端缝合，并留一宽缝，以免接触产生毛细现象，缝好后放入层析缸内，盖紧盖子。展层，当溶剂前沿达到距滤纸上边缘约 2.5 cm 处，取出滤纸，晾干或吹干，以除去酚溶剂。

用喷雾器向滤纸上均匀喷洒 0.1%水合茚三酮乙醇溶液，将滤纸放入烘箱中，80 ℃显色 3～5 min，氨基酸与茚三酮反应，在滤纸的不同位置呈现出有色斑点，得到对应的氨基酸图谱。

五、结果与计算

用铅笔描出色斑的轮廓，找出中心点。斑点形状不规则或出现明显"拖尾"的，则圈出颜色分布均匀的部分。计算各色斑的 R_f 值，对照标准样品，确定 1 号和 2 号样品管中含有哪些氨基酸，并分析其原因。

［思考题］

1. 什么是转氨基作用？试说明转氨基作用在中间代谢中的意义。
2. 酶液的制备需要注意什么？

实验 46　谷丙转氨酶活性的测定

一、目的

了解谷丙转氨酶的生理意义，学习用分光光度法测定血清中谷丙转氨酶活性的方法。

二、原理

转氨基作用是指在转氨酶的催化下 α-氨基酸和 α-酮酸之间的氨基转移作用。转氨酶广泛存在于生物体内。目前已发现的转氨酶至少有 50 种，其辅酶均为磷酸吡哆醛，酶反应的最适 pH 为 7.4。

尽管生物体内有多种转氨酶，但分布最广、活性最强的有两种：一种为谷丙转氨酶（GPT），主要存在于肝脏中；另一种为谷草转氨酶（GOT），在心肌中活性最强，其次在肝脏中。

正常情况下，转氨酶主要存在于细胞中，人及动物的血清中含量很少，活性很低。谷丙转氨酶（GPT）在血清中的活性很低，在肝脏中活性最高。当肝组织受损时，大量的 GPT 逸入血液，造成血清中 GPT 活性升高。如急性肝炎时，血清中的 GPT 活性明显上升。正常情况下，谷草转氨酶（GOT）在血清中的活性很低，心肌中活性最高。当心肌组织受损时，大量的 GOT 逸入血液，造成血清中 GOT 活性升高。如心肌梗死时，血清中的 GOT 活性明显上升。因此，血清中转氨酶活性，在临床上可作为疾病诊断和预防的指标之一（表 14-4）。

表 14-4　正常人每克湿组织 GOT 及 GPT 活性

酶活性	心脏	肝脏	骨骼肌	肾脏	胰腺	脾	肺	血清
GOT/U	156 000	142 000	99 000	91 000	28 000	14 000	10 000	20
GPT/U	7 100	44 000	4 800	19 000	2 000	1 200	700	16

若以 α-酮戊二酸和丙氨酸为酶促反应的底物，在谷丙转氨酶的作用下发生转氨基作用生成丙酮酸，生成的丙酮酸可以与 2,4-二硝基苯肼作用，产生的化合物在碱性溶液中呈棕红色，可在波长 520 nm 处进行比色。2,4-二硝基苯肼为羰基试剂，可以与所有含羰基的物质发生反应生成红棕色的物质。

血清中 GPT 的活性以"King 氏单位"表示。即 100 mL 血清与足量的丙氨酸、α-酮戊二酸在 37 ℃保温 1 h，每生成 1 μmol 丙酮酸称为一个 King 氏单位。

三、材料、用具和试剂

1. 材料　血清。

2. 用具　试管、试管架、移液管、洗耳球、恒温水浴锅、量筒、试剂瓶、容量瓶、烧杯、分光光度计等。

3. 试剂

（1）0.01 mol/L 磷酸缓冲液（pH 7.4）。将 0.2 mol/L Na_2HPO_4 溶液 40.5 mL 与 0.2 mol/L NaH_2PO_4 溶液 9.5 mL 混合后，再用蒸馏水将其稀释定容至 1 000 mL，置冰箱中保存备用。

（2）2 mmol/L 丙酮酸标准液。精确称取 22 mg 丙酮酸钠，溶解于 100 mL 0.01 mol/L 磷酸缓冲液（pH 7.4）中即得。

（3）GPT 底物液。称取 α-酮戊二酸 29.2 mg、DL-丙氨酸 1.78 g，溶于 40 mL pH 7.4 的 0.01 mol/L 磷酸缓冲液中，用 1 mol/L 氢氧化钠溶液校正 pH 至 7.4，再用 pH 7.4 的 0.01 mol/L 磷酸缓冲液稀释至 100 mL，加数滴氯仿防腐，置冰箱保存，可使用一周。

（4）0.02% 2,4-二硝基苯肼溶液。称取 2,4-二硝基苯肼 20 mg，先溶于 10 mL 纯盐酸中（电炉加热助溶），待 2,4-二硝基苯肼全部溶解后，再以蒸馏水稀释至 100 mL。过滤后盛于棕色瓶中，置冰箱中备用。

（5）0.4 mol/L 氢氧化钠溶液。称取 16 g 氢氧化钠，溶于 1 000 mL 蒸馏水中。

四、操作步骤

取干试管 5 支，标号后按表 14-5 加入试剂和操作。

表 14-5

项　目	样品管		样品空白	标准管	标准空白
血清/mL	0.2	0.2	—	—	—
2 mmol/L 丙酮酸标准液/mL	—	—	—	0.2	—
0.01 mol/L 磷酸缓冲液/mL	—	—	—	—	0.2
37 ℃水浴保温 10 min					
GPT 底物液/mL	0.5	0.5	0.5	0.5	0.5
各管摇匀后，在 37 ℃水浴中准确保温 1 h(GPT 催化反应，生成丙酮酸)					
0.02% 2,4 二硝基苯肼/mL	0.5	0.5	0.5	0.5	0.5
血清/mL	—	—	0.2	—	—
混匀后在 37 ℃水浴中保温 20 min					
0.4 mol/L NaOH/mL	5.0	5.0	5.0	5.0	5.0

各管混匀置室温 10 min，于 520 nm 波长处，以标准空白为空白对照，测标准管的吸光值；用样品空白为空白对照，测出样品管的吸光值。

五、结果与计算

$$\text{GPT 比活力（U/100 mL 血清）}=\frac{D_{样品}}{D_{标准}}\times 0.4\times\frac{100}{0.2}$$

式中，$D_{样品}$为样品的吸光值；$D_{标准}$为标准样品的吸光值。

［附注］

2,4－二硝基苯肼与丙酮酸反应，生成丙酮酸二硝基苯腙，空白样品中加 0.2 mL 血清的目的在于抵消血清中丙酮酸与 2,4－二硝基苯肼生成的丙酮酸二硝基苯腙。

［思考题］

1. 根据所学转氨酶的性质，说明在临床诊断上测定转氨酶活性的意义。
2. 为什么要在空白样品中加入等量的血清？

实验 47 脂肪酸的β氧化

一、目的

了解脂肪酸的β氧化作用，掌握测定β氧化作用的原理和方法。

二、原理

在肝脏中，脂肪酸经β氧化作用生成乙酰辅酶 A。两分子乙酰辅酶 A 可缩合生成乙酰乙酸。乙酰乙酸可脱羧生成丙酮，也可还原生成β-羟丁酸。乙酰乙酸、β-羟丁酸和丙酮总称为酮体。酮体是机体代谢的中间产物，在长期饥饿时，是大脑和肌肉的主要能源物质。在正常情况下，酮体的产量甚微；患糖尿病或食用高脂肪膳食时，血液中酮体含量增高，尿中也出现酮体。

本实验以丁酸为底物，用新鲜肝糜与之保温，生成的丙酮在碱性条件下，与碘生成碘仿。反应式如下：

$$2NaOH+2I_2 \rightleftharpoons NaOI_3+NaI+H_2O$$

$$CH_3COCH_3+NaOI_3 \rightleftharpoons CHI_3\text{（碘仿）}+CH_3COONa$$

剩余的碘，可用标准硫代硫酸钠溶液滴定。

$$NaOI_3+NaI+2HCl \rightleftharpoons 2I_2+2NaCl+H_2O$$

$$I_2+2Na_2S_2O_3 \rightleftharpoons Na_2S_4O_6+2NaI$$

根据滴定样品与对照所消耗的硫代硫酸钠溶液体积之差，可以计算由丁酸氧化生成丙酮的量。

三、材料、用具和试剂

1. 材料 家兔肝（或鲜猪肝）。

2. 用具 5 mL 微量滴定管、恒温水浴锅、吸管、剪刀、镊子、50 mL 锥形瓶、漏斗、试管、研钵或匀浆器等。

3. 试剂

（1）0.1%淀粉 100 mL。称取 0.1 g 可溶性淀粉，置于研钵中，加少量冷的蒸馏水，调成糊状，再缓缓倒入煮沸的蒸馏水约 90 mL，用蒸馏水定容至 100 mL，现配现用。

（2）0.9%氯化钠溶液。称取 9 g NaCl 溶于 900 mL 蒸馏水中，用蒸馏水定容至 1 L。

（3）0.5 mol/L 正丁酸溶液。取 5 mL 正丁酸溶于 100 mL 0.5 mol/L 氢氧化钠溶液中。

（4）15%三氯乙酸溶液。

（5）10%氢氧化钠溶液。

（6）10%盐酸溶液。

（7）0.1 mol/L 碘溶液。称取 12.7 g 碘和 25 g 碘化钾用蒸馏水溶解并定容至 1 000 mL，混匀，用标准 0.05 mol/L 硫代硫酸钠溶液标定。

（8）标准 0.01 mol/L 硫代硫酸钠溶液。临用时将已标定的 0.05 mol/L 硫代硫酸钠溶液稀释成 0.01 mol/L。

（9）1/15 mol/L pH 7.6 磷酸缓冲液。1/15 mol/L 磷酸氢二钠 86.8 mL 与1/15 mol/L 磷酸二氢钠 13.2 mL 混合。

四、操作步骤

1. 肝糜制备　将家兔颈部放血处死，取出肝脏。用 0.9%氯化钠溶液洗去污血。用滤纸吸去表面的水分。称取肝组织 5 g 置研钵中。加少量 0.9%氯化钠溶液，研磨成细浆。再加 0.9%氯化钠溶液至总体积为 10 mL。

2. 处理　取 2 个 50 mL 锥形瓶，各加入 3 mL 1/15 mol/L pH 7.6 的磷酸缓冲液。向一个锥形瓶中加入 2 mL 0.5 mol/L 正丁酸；另一个锥形瓶作为对照，不加正丁酸。然后各加入 2 mL 肝组织糜，混匀，置于 43 ℃恒温水浴内保温。

3. 沉淀蛋白质　保温 1.5 h 后，取出锥形瓶，各加入 3 mL 15%三氯乙酸溶液，在对照瓶内追加 2 mL 0.5 mol/L 正丁酸，混匀，静置 15 min 后过滤。将滤液分别收集在 2 支试管中。

4. 酮体的测定　吸取 2 种滤液各 2 mL 分别放入另 2 个锥形瓶中，再各加 3 mL 0.1 mol/L 碘溶液和 3 mL 10%氢氧化钠溶液。摇匀后，静置 10 min。加入 3 mL 10%盐酸溶液中和。然后用 0.01 mol/L 标准硫代硫酸钠溶液滴定剩余的碘。滴至浅黄色时，加入 3 滴淀粉溶液作指示剂。摇匀，并继续滴到蓝色刚消失。记录滴定样品与对照所用的硫代硫酸钠溶液的体积，并按公式计算样品中丙酮含量。

五、结果与计算

$$\text{肝脏的丙酮含量 (mmol/g)} = (A-B) \times c_{Na_2S_2O_3} \times 1/6$$

式中，A 为滴定对照所消耗的 0.01 mol/L 硫代硫酸钠溶液的体积（mL）；B 为滴定样品所消耗的 0.01 mol/L 硫代硫酸钠溶液的体积（mL）；$c_{Na_2S_2O_3}$ 为标准硫代硫酸钠溶液浓度（mol/L）。

[思考题]

1. 什么是酮体？本实验如何计算样品中丙酮的含量？
2. 酮体的测定这一步为什么要加入 NaOH 溶液？
3. 本实验中三氯乙酸的作用是什么？

第十五章

免 疫 化 学

实验 48 免疫血清的制备

一、目的

学习免疫血清制备的原理和方法。

二、原理

制备免疫血清的传统方法是将抗原注入动物体内，刺激网状内皮细胞系统，尤其是淋巴结和脾脏中的淋巴细胞大量增殖。动物体内 B 淋巴细胞增殖分化成浆细胞产生抗体。由于抗原分子结构常常具有多种抗原决定簇，每一种抗原决定簇可以激活具有相应抗原受体的 B 淋巴细胞系产生该决定簇的抗体，因此用抗原免疫机体获得的免疫血清一般为多克隆抗体。

进入动物体的抗原经过一定时间的潜伏，抗体效价逐步上升，达到高峰后，在维持短暂的稳定以后又逐渐下降。弗氏佐剂能够延长抗原在体内的存留时间，增加可溶性抗原的免疫。动物对初次免疫和二次免疫的应答有明显的不同。初次免疫应答往往比较弱，尤其是针对易代谢和可溶性抗原。首次注射约 7 d 后血清中抗体的效价维持在一个较低的水平，10 d 左右抗体的滴度会达到最大值。与初次免疫应答相比，同种抗原二次免疫应答过程中抗体的合成速度明显增加且保留时间更长。三次或以后的抗原注射所产生的应答和二次应答结果相似。通常经过 2～3 次免疫刺激，在抗原注射 4～6 周后会产生具有高亲和力的抗体（图 15－1）。

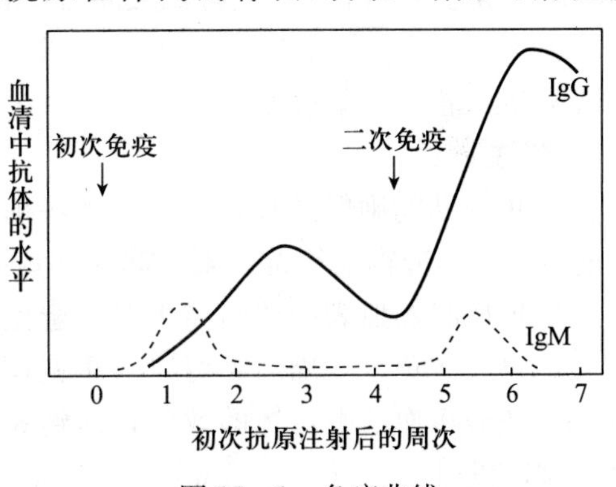

图 15－1 免疫曲线

免疫球蛋白（如 IgG）本身对异种动物而言也是良好的抗原物质，可以刺激异种动物产生抗 Ig 血清，经适当提取后，获得抗 Ig 抗体，又称第二抗体或抗抗体。在多数的间接标记反应中，均需要第二抗体，目前生物工程公司已经商品化生产各种标记二抗。

三、材料、用具和试剂

1. 材料 成年健壮 BALB/c 小鼠。

2. 用具 无菌 1 mL 注射器、酒精棉、手术刀、剪刀、离心机、离心管、冰箱等。

3. 试剂

（1）抗原。牛血清白蛋白（BSA）。

（2）轻矿物油（石蜡油）。

（3）羊毛脂。

（4）灭活结核杆菌。

（5）生理盐水（0.9%氯化钠溶液）。

四、操作步骤

1.（不）完全弗氏佐剂抗原乳剂制备　将8.5 mL轻矿物油和1.5 mL羊毛脂混合，灭菌后作为油剂，使用前微火熔化。将灭活结核杆菌和抗原用生理盐水溶解，配制成含终浓度1 mg/mL灭活结核杆菌和4 mg/mL抗原混合溶液（水剂）。按照油剂和水剂1∶1体积比混合，研磨成油包水的完全弗氏佐剂抗原乳剂。不含灭活结核杆菌的为不完全弗氏佐剂抗原乳剂。

2. 免疫程序

（1）初次免疫。每只小鼠背部、腋下多点注射共计0.4 mL含2 mg/mL抗原的完全弗氏佐剂抗原乳剂。

（2）二次免疫。隔10～14 d后，进行第二次加强免疫，背部、腋下多点注射共计0.4 mL含2 mg/mL抗原的不完全弗氏佐剂抗原乳剂。

（3）三次免疫。二次免疫一周后，进行第三次加强免疫，方法同二次免疫。

3. 获得免疫血清　全部免疫完成一周后，用乙醚麻醉小鼠，眼眶取血或心脏取血。收集的血液置于室温下1 h左右，凝固后，置4 ℃下，析出血清，4 000 r/min离心10 min。在无菌条件下，吸出血清，分装（0.05～0.2 mL），储于−20 ℃以下冰箱，或冻干后储存于4 ℃冰箱保存，避免反应冻融。

［附注］

1. 免疫动物确保健壮，皮下每点注射不要太多，注射前后注意消毒，注射时可以加入适量青霉素和链霉素等抗生素，防止伤口感染。

2. 取血时器皿表面要清洁干燥，避免溶血。

3. 第三次免疫一周后，可以自小鼠尾静脉取少量血，分离血清，采用琼脂扩散实验或ELISA法分析血清中抗体的效价，达到效价即可收取。若效价较低，可再加强免疫一次。

［思考题］

影响免疫血清质量的因素有哪些?

实验49　琼脂扩散法测定抗体效价

一、目的

学习琼脂平板制备及其在抗体效价测定中的应用。

二、原理

抗体的效价是指与固定浓度的抗原发生沉淀反应时所需的最小抗体浓度。抗体效价测定方法很多，如琼脂扩散法和 ELISA 法。琼脂扩散法常用于抗体的定性检测和效价的粗略检测；ELISA 法可以较精确地测定效价。

抗原和其相应的抗体在有固相支持的液相环境中各自发生扩散，接触时发生免疫沉淀反应。将抗原与抗体分别加入琼脂平板上相邻近的小孔内，让它们相互向对方扩散，当两者在最适当比例处相遇时，即形成肉眼可见的一条清晰的沉淀线。

根据有无出现沉淀线，可用已知的抗体鉴定未知的抗原，或用已知的抗原鉴定未知的抗体。临床上常用本方法检测原发性肝癌患者血清中的甲胎蛋白，作为原发性肝癌的早期辅助诊断。

三、材料、用具和试剂

1. 材料 兔抗小鼠血清。

2. 用具 载玻片、三角瓶（50 mL）、微量移液器、湿盒、吸头（直径为 2～3 mm）或梅花打孔器、恒温培养箱、电炉等。

3. 试剂

（1）琼脂粉。

（2）生理盐水（0.9%氯化钠）。称取 0.9 g 氯化钠，用双蒸水溶解并定容至 100 mL。

（3）2 mg/mL 小鼠 IgG。称 20 mg 小鼠 IgG 干粉，用生理盐水溶解并定容至 10 mL（现用现配）。

（4）0.1%(质量体积分数）牛血清白蛋白（BSA）。称取 0.1 g 牛血清白蛋白，用生理盐水溶解并定容至 100 mL。

四、操作步骤

1. 琼脂平板制备 胶布包围一片载玻片使之形成不透水的槽。在三角瓶中按 1%（质量体积分数）的浓度用生理盐水加热熔化琼脂粉，待溶液冷却至 60 ℃左右时，均匀浇注于载玻片上。注意勿产生气泡，琼脂厚度约 2.5mm。

2. 打孔 待琼脂凝固后，用去尖头的吸头或梅花打孔器在凝胶上打直径 2～3 mm 的梅花样孔，孔间距为 3～5 mm。在小孔底部用胶头滴管加入少量加热熔化的液体琼脂密封，冷却凝固（图 15-2）。

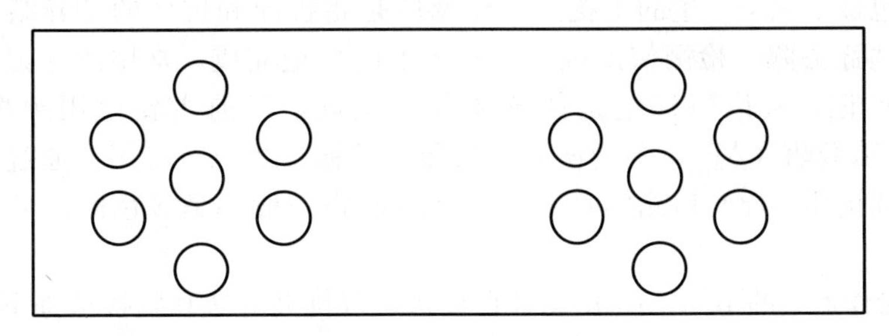

图 15-2 打孔示意图

3. 加样 在左中间孔加入小鼠血清 IgG，右中间孔加入 0.1%牛血清白蛋白，其他边孔加入用生理盐水梯度稀释的不同浓度的抗体（1、1/2、1/4、1/8、1/16、1/32)，注意不要外溢（加满为止）。

4. 扩散观察　加样完毕，将琼脂平板平放于湿盒内，在室温或 37 ℃扩散 10～24 h 后，观察沉淀线（条数、形状和粗细）。

［**附注**］

1. 琼脂扩散效价达 1∶16 或 1∶32 者为合格。
2. 琼脂平板要厚度均匀，无气泡。
3. 保温时间要适宜，时间过长会导致沉淀线溶解变弱甚至消失。

［**思考题**］

1. 琼脂浓度对琼脂扩散实验有什么影响？
2. 琼脂扩散实验中什么情况下沉淀线不是一条或者不是直线？

实验 50　酶联免疫吸附法测定蛋白

一、目的

掌握间接酶联免疫吸附法测定蛋白的原理及其应用。

二、原理

酶联免疫吸附法（enzyme - linked immunosorbent assay，ELISA）是一种利用免疫学原理检测抗原、抗体或含表面抗原细胞的技术。它与经典的以同位素标记为基础的液-液抗原-抗体反应体系不同之处是建立了固-液抗原-抗体反应体系并采用酶标记，使抗体与抗原的结合可以通过酶促反应来检测。由于酶促反应的放大作用，测定的灵敏度极高，可检出 1 ng/mL的目的物；同时酶促反应还具有很强的特异性。除了可溶性抗原（抗体）之外，ELISA 还可以检测含表面抗原的细胞。以基因表达分析为例，ELISA 成为翻译水平的重要研究手段，通过表达蛋白的定量测定，可以研究外源基因在转基因植株中的表达活性、外源基因在转基因植株中表达的器官组织特异性以及外源基因在转基因植物中的表达调控。

ELISA 检测程序包括抗体或抗原的包被、免疫反应及检出 3 个阶段，全部过程在聚苯乙烯板上的孔中进行。包被是抗原（体）与酶标板物理吸附的过程，可以通过非反应蛋白的封闭来降低包被不完全产生的干扰。免疫反应是指抗原和抗体的特异结合过程，多余的反应物通过洗涤去除。检测借助抗（原）体上的标记完成，常用的标记有同位素、酶标或化学发光标记。所谓酶标记是使抗体与酶交联，目前主要使用辣根过氧化物酶（HRP）和碱性磷酸酶（AP），葡萄糖氧化酶和半乳糖苷酶也有应用。通过酶促反应产物量的差异来达到抗体（原）检测的目的。因反应产物一般都是显色的，可以通过比色完成检测。

根据检测操作形式的不同，ELISA 有直接法、双抗夹心法和间接法等不同方法。间接法的免疫结合顺序为酶标板—抗原—抗体（一抗）—酶标抗抗体（二抗）。其中一抗根据抗原的不同专门制备，酶标二抗是一抗的抗体，可以从生物工程公司直接购买能够与一抗免疫结合的商品化抗体（表 15 - 1）。

表 15-1　ELISA 检测的酶-底物系统

酶	底　　物	产物颜色	测定波长/nm
辣根过氧化物酶（HRP）	3,3′,5,5′-四甲基联苯胺（TMB）	深褐色	沉淀
	5-氨基水杨酸（5-AS）	棕色	449
	邻苯二胺（OPD）	橘红色	492，460
	2,2-联氮双（3-乙基苯并噻唑啉-6-磺酸）二铵盐（ABTS）	蓝绿色	642
	邻联甲苯胺	蓝色	425
碱性磷酸酶（AP）	4-硝基酚磷酸盐（PNP）	黄色	400
	萘酚-As-Mx 磷酸盐+重氮盐	红色	500

注：HRP 底物为 OPD 时，492 nm 波长检测以 2 mol/L H_2SO_4 为终止液，460 nm 波长检测时以 2 mol/L 柠檬酸为终止液。

ELISA 用于定量分析时，微孔板上同时设有标准样品及待测样品。尤其要说明的是测试结果的准确性与样品的重复数及样品在板上的配置有关。ELISA 检测很灵敏，但易出现本底过高的问题。ELISA 目前存在的问题之一是缺乏标准化，使用同一方法，若在操作方法上出现某些差异，如保温时间、洗涤方法不同等都会引起实验效果的不同。

三、材料、用具和试剂

1. 材料　转烟草花叶病毒外壳蛋白基因的烟草、非转基因健壮烟草和感病非转基因烟草。

2. 用具　96 孔聚苯乙烯板（天津有机玻璃厂）、微量移液器、恒温培养箱、MK3 酶联免疫检测仪等。

3. 试剂

（1）磷酸储备液（50×）。取 400 g NaCl、10 g KH_2PO_4、145 g $Na_2HPO_4 \cdot 12H_2O$、10 g 氯化钾，用蒸馏水溶解并定容至 1 000 mL(pH 7.4)。

（2）洗涤液（PBST）。取 200 mL 磷酸储备液、0.5 mL Tween 20、14.61 g NaCl，用蒸馏水溶解并定容至 1 000 mL(pH 7.4)。

（3）包被缓冲液。称取 1.6 g Na_2CO_3、2.93 g $NaHCO_3$，用蒸馏水溶解并定容至 1 000 mL。

（4）血清稀释液。取 200 mL 磷酸储备液、1.0 g 牛血清白蛋白，用蒸馏水溶解并定容至 1 000 mL。

（5）底物缓冲液。取 0.466 7 g 柠檬酸、1.842 7 g $Na_2HPO_4 \cdot 12H_2O$，用蒸馏水溶解并定容至 50 mL(pH 5.8)。

（6）底物反应液。取 10 mg 邻苯二胺、37 μL 30% H_2O_2、25mL 底物缓冲液（pH 5.0）混合，现用现配。

（7）封闭液（1.0% BSA）。取 1.0 g 牛血清白蛋白溶解在包被缓冲液中，定容至 100 mL。

（8）终止液（2 mol/L H_2SO_4）。量取 96% 浓硫酸 11.2 mL，加水稀释至 100 mL。

（9）抗烟草花叶病毒外壳蛋白小鼠免疫血清（一抗）。用血清稀释液按效价稀释至工作浓度（现用现配）。

（10）HRP 标记羊抗兔 IgG（二抗）。用血清稀释液按效价稀释至工作浓度（现用现配）。

四、操作步骤

1. 制备抗原　分别取转基因烟草（阳性对照）、非转基因健壮烟草（阴性对照）和待检测感病非转基因烟草叶片（样品）0.2～0.5 g，加入 2～5 倍体积的包被缓冲液，研磨均匀。10 000 r/min 离心 10 min，取上清备用。

2. 包被抗原　取 96 孔聚苯乙烯板，每孔加 200 μL 叶片提取液，每个样品重复 8 次（一列），两边留空白对照（包被缓冲液）、阴性对照和阳性对照。37 ℃保温 2 h 后，将孔中的样品溶液甩掉。每孔加入 300 μL 洗涤液，室温放置 3 min 后甩去、控干，重复洗涤 3 次。洗完后将板甩净，加样孔朝下倒扣在滤纸上以除去残余洗涤液和气泡。

3. 封闭　每孔加 300 μL 封闭液，37 ℃保温 1 h，将孔中的封闭液甩掉。用 300 μL 洗涤液重复洗板 3 次（同上）。

4. 加一抗　每孔加 100 μL 工作浓度的一抗，37 ℃保温 1 h，每孔加入 200 μL 洗涤液，将孔中的一抗溶液甩掉。用 300 μL 洗涤液重复洗板 3 次（同上）。

5. 加二抗　每孔加 100 μL 工作浓度的二抗，37 ℃保温 1 h，将孔中的二抗溶液甩掉。用 300 μL 洗涤液重复洗涤 3 次（同上）。

6. 显色反应　每孔加 100 μL 底物反应液，37 ℃黑暗中反应 20 min 或适当控制时间。

7. 终止反应　每孔加 100 μL 终止液，终止反应。

8. 测定　在酶联免疫检测仪上测 A_{492}，以 $A_{处理}/A_{对照}$ 大于 2 为待检测烟草感病的判断标准。

[附注]

1. 洗板操作应一致，不要产生交叉污染。
2. 避光反应，反应时间要一致。

[思考题]

造成 ELISA 本底过高或假阳性的原因有哪些？

第十六章

综　合　实　验

实验 51　菠萝蛋白酶的提取、纯化与鉴定

一、目的

1. 掌握蛋白质分离纯化的基本流程及常用方法的原理。
2. 熟悉蛋白质分离纯化过程中盐析、透析、层析等各种技术的综合运用。

二、原理

菠萝蛋白酶（bromelain）是 Marcano(1891) 首先发现的一类蛋白水解酶，主要存在于菠萝茎和果实中。酶蛋白分子质量约 33 ku，等电点为 9.35，略溶于水，不溶于乙醇、丙酮、氯仿和乙醚。此酶优先水解碱性氨基酸或芳香族氨基酸的羧基端肽键，可以将酪蛋白水解生成酪氨酸（在 275 nm 有紫外吸收峰），水解酪蛋白、血红蛋白等的最适 pH 是 6～8。高活性的菠萝蛋白酶将广泛应用于医药、化工、农业和食品领域，如助消化、消炎、化妆品、饲料添加剂和啤酒澄清等。

酶蛋白的分离纯化包括粗分离和精细分离。粗分离是指目标蛋白与其他成分的分离和与性质差异较大的其他蛋白质组分之间的初步分离，常用方法有盐析、透析、等电点沉淀、超滤等方法。精细分离是指酶蛋白与性质差异较小的其他蛋白组分之间的分离，常用的有密度梯度离心、凝胶过滤等方法。根据分子大小差异进行分离纯化的方法有透析、超滤、密度梯度离心和凝胶过滤等。根据溶解度不同进行分离的方法有等电点沉淀、盐溶和盐析、有机溶剂沉淀和萃取等。根据电荷不同进行分离纯化的方法有电泳和离子交换层析等。利用配体亲和力差异进行分离纯化的方法有亲和层析等。

随着逐步纯化，酶蛋白的纯度逐渐升高，虽然酶的总蛋白量和总活力有一定下降，但比活力逐渐升高。

三、材料、用具和试剂

1. 材料　新鲜菠萝。

2. 用具　组织捣碎机、离心管（1.5 mL、10 mL、80 mL）、量筒、烧杯、具塞试管、透析袋、过滤纱布、高速冷冻离心机、层析系统、紫外/可见光分光光度计、磁力搅拌器、电泳仪和电泳槽等。

3. 试剂

（1）0.1 mol/L 磷酸缓冲液（pH7.8）。称取 16.29 g 磷酸氢二钠（$Na_2HPO_4 \cdot 2H_2O$）和 1.33 g 磷酸二氢钠（$NaH_2PO_4 \cdot 2H_2O$），用去离子水溶解并定容至 1 000 mL，即为 0.1 mol/L

磷酸缓冲液。取部分溶液用去离子水稀释 10 倍，即为 0.01 mol/L 磷酸缓冲液。

（2）透析预处理液。称取 0.372 g EDTA－Na_2 和 20.0 g 碳酸氢钠，用去离子水溶解并定容至 1 000 mL。

（3）1 mg/mL 牛血清白蛋白（BSA）。称取 0.1 g BSA，溶于 100 mL 去离子水中，现用现配。

（4）10%三氯乙酸（TCA）。称取 100 g TCA，溶于 800 g 去离子水中，定容至 1 000 mL。

（5）考马斯亮蓝 G－250。称取 100 mg 考马斯亮蓝 G－250，溶于 50 mL 95%乙醇中，边搅拌边加入 100 mL 85%磷酸，用去离子水定容至 1 000 mL。过滤后可常温保存 1 个月。

（6）1%酪蛋白。称取酪蛋白 2 g，加入预热至 50 ℃的 180 mL 0.1 mol/L 磷酸缓冲液（pH7.8），溶解后用 3 层纱布过滤至试剂瓶，用 0.1mol/L 磷酸缓冲液定容至 200 mL。

（7）0.05 mol/L EDTA（pH 8.0）。称取 9.306 g EDTA－Na_2（M_r＝372.24），加入 400 mL 去离子水溶解，用 4 mol/L NaOH 调节 pH 至 8.0 才能完全溶解，用去离子水定容至 500 mL。

（8）0.5 mol/L 半胱氨酸（pH 8.0）。称取 6.058 g 半胱氨酸（M_r＝121.16），加入 80 mL 去离子水溶解，用 4 mol/L NaOH 调节 pH 至 8.0，用去离子水定容至 100 mL，分装 1.5 mL/管，冷冻保存。

（9）固体硫酸铵。

四、操作步骤

1. 粗酶提取

（1）将菠萝洗净擦干，称取 200 g，切碎装入组织捣碎机，加入 300 mL 预冷的 0.1 mol/L 磷酸缓冲液，电动破碎 5～10 min，匀浆用 4 层纱布过滤，4 ℃、10 000 r/min 条件下离心 10 min，上清液即为菠萝蛋白酶粗提液，分装 50 mL/瓶，备用。

（2）将 50 mL 酶粗提液置于 100 mL 烧杯中，边搅拌边加入固体硫酸铵至 30%饱和度，缓慢搅拌至完全溶解，转入 80 mL 大离心管中。

（3）4 ℃下静置 1～2 h，然后在 4 ℃、10 000 r/min 条件下离心 10 min，弃上清。

（4）沉淀加入 8 mL 0.1 mol/L 磷酸缓冲液，溶解，不溶杂质可以离心去除。取 5 mL 溶液进行透析处理，剩余溶液 4 ℃保存，用于蛋白质含量测定和酶活性或 K_m 测定。

2. 透析

（1）剪 10 cm 长透析袋于 500 mL 透析预处理液中煮沸 10 min 后，用干净镊子取出，用去离子水漂洗 3 次。

（2）吸取 5 mL 酶盐析提取液到透析袋中，赶出袋中空气，两端用夹子夹紧，转入盛有 1 000 mL 预冷 0.01 mol/L 磷酸缓冲液的烧杯中，置于磁力搅拌器上，在 4 ℃低温条件下透析 12 h，中间更换 3 次缓冲液。

（3）将透析后的酶提取液从透析袋转入 10 mL 离心管中，用 0.01 mol/L 磷酸缓冲液定容至 5 mL。

3. 凝胶层析

（1）按照“实验 17 方法一”制备长为 20 cm、直径为 2 cm 的 Sephadex G－75 层析柱，用 0.1 mol/L 磷酸缓冲液（pH 7.8）平衡 20 min。

（2）取 0.5～1 mL 透析后的酶蛋白提取液，加入凝胶柱顶端，定时收集洗脱液。调节洗脱液流速，每 4 min 收集 1 管，每管收集约 4 mL。同时测定洗脱液在 280 nm 处的吸光值，绘制 $t-A_{280}$ 洗脱曲线。

（3）根据洗脱曲线确定蛋白质所在收集管，通过测定菠萝蛋白酶的活性确定酶所在的收集管，将收集液合并，用于酶的 K_m 等反应动力学参数测定。

4. 酶活性和 K_m 测定

（1）蛋白质含量测定。取 10 支 10 mL 具塞试管，编号，按表 16－1 加入相应试剂，充分混匀后，吸取酶提取液 0.1 mL，放入具塞刻度试管中，加入 5 mL 考马斯亮蓝 G－250 溶液，充分混合，用分光光度计测定 595 nm 处的吸光值。以反应体系中蛋白质的质量（mg）为横坐标，以 A_{595} 为纵坐标，根据 1～7 号管测定结果作标准曲线，通过标准曲线查得 8～10 号管待测酶提取液中的蛋白质含量（μg）。

表 16－1

试剂	试管号									
	1	2	3	4	5	6	7	8	9	10
1 mg/mL BSA/mL	0	0.1	0.2	0.4	0.6	0.8	1.0	0	0	0
酶提取液/mL	0	0	0	0	0	0	0	1.0	1.0	1.0
0.1 mol/L 磷酸缓冲液(pH7.8)/mL	1.0	0.9	0.8	0.6	0.4	0.2	0	0	0	0

（2）酶的活性和回收率的测定。根据层析过程的洗脱曲线确定蛋白质所在的收集管为待鉴定酶液，将溶液按表 16－2 中的反应体系测定酶提取液中菠萝蛋白酶的活性，根据酶提取液中蛋白含量和酶活性计算酶的比活力。如果吸光值测定结果过高，可将酶提取液稀释一定倍数后再测定。

表 16－2

项目	样品	对照
1%酪蛋白/mL	1.0	1.0
0.05 mol/L EDTA/μL	40	40
0.5 mol/L 半胱氨酸/μL	80	80
0.1 mol/L pH7.8 磷酸缓冲液/mL	0.88	0.88
37 ℃水浴 10 min		
酶提取液/mL	0.1	0.0
37 ℃反应 10 min		
10%三氯乙酸/mL	3.0	3.0
酶提取液/mL	0.0	0.1
静置 5 min，滤纸过滤，测定 275 nm 的吸光值		

活性单位定义为 37 ℃条件下催化足量酪蛋白反应 10 min 后在 275 nm 处的吸光值增加 0.01 所需菠萝蛋白酶的量。

同时，测定透析前后酶提取液的比活力，根据比活力确定分离纯化不同阶段菠萝蛋白酶制剂的总活性和回收率的变化。

$$酶活性(\mathrm{U})=\frac{A_{275}}{0.01}\times稀释倍数$$

$$比活力(\mathrm{U/mg})=\frac{酶活性单位数}{酶提取液中蛋白质量(\mathrm{mg})}$$

$$回收率=\frac{纯化酶总活性}{粗酶液总活性}\times 100\%$$

$$=\frac{纯化酶比活力\times纯化酶制剂蛋白质量}{粗酶比活力\times粗酶制剂蛋白质量}\times 100\%$$

（3）酶的 K_m 和 v_{max} 的测定。配制不同浓度的底物：用 0.01 mol/L pH 7.8 磷酸缓冲液将 1%酪蛋白分别稀释至 0.5%、0.2%、0.1%、0.08%、0.06%、0.04%、0.02%，按表 16－2 中的反应体系分别在不同浓度的底物中测定酶促反应初速度。以 $1/v_0$ 为纵坐标，1/[S] 为横坐标，进行双倒数作图，根据横轴和纵轴的截距计算酶的 K_m 和 v_{max}。

5. 菠萝蛋白酶的分子量测定

（1）根据层析洗脱液的酶活性测定确定菠萝蛋白酶所在的收集液管。

（2）按照“实验 17 方法二”配制 SDS－聚丙烯酰胺凝胶，进行变性电泳，根据电泳图谱计算菠萝蛋白酶的分子量。

[附注]

提取和纯化过程中尽量保持在 4 ℃低温下操作。

[思考题]

如何在菠萝蛋白酶提取和纯化过程中保持酶的活性？

实验 52　绿色荧光蛋白（GFP）基因在大肠杆菌中的表达

一、目的

掌握通过 DNA 体外重组所需的各种酶的作用原理，熟悉基因表达分析技术的综合运用。

二、原理

绿色荧光蛋白（green fluorescent protein，GFP）是一个由 238 个氨基酸组成的蛋白质，可以吸收 397 nm 近紫外光并发出 509 nm 绿色可见光，是生物化学和分子生物学领域重要的工具蛋白。

要在大肠杆菌中表达 GFP 蛋白，首先要构建原核表达载体。pET 系列载体是常用的原核表达载体，将目的基因和载体利用相同的限制性内切酶进行消解，获得带有相同末端的 DNA 片段，可以在体外利用连接酶构建重组原核表达载体。将表达载体转化进入大肠杆菌，在诱导物 IPTG 的作用下，可以诱导大肠杆菌表达 GFP 蛋白，表达蛋白的大小和多少可以通过电泳直接检测，而利用其荧光激发能力可直接检测表达蛋白是否具有生物学功能。

三、材料、用具和试剂

1. 生物材料　含 pMD19－*gfp* 和 pET30a 质粒的大肠杆菌 DH5α，BL21 感受态细胞。

2. 用具 离心管（0.2 mL、1.5 mL）、恒温水浴锅、培养皿（直径 6 cm）、三角瓶（50 mL）、高速冷冻离心机、电泳仪、电泳槽（水平、垂直）、恒温培养箱、超净工作台、PCR 仪、NanoDrop 微量分光光度计、紫外检测仪等。

3. 试剂

（1）LB 培养液和质粒提取试剂见“实验 23 质粒 DNA 的提取与检测”。

（2）琼脂糖、溴化乙锭等电泳试剂见“实验 21 方法一 DNA 的琼脂糖凝胶电泳”。

（3）100 mg/mL 卡那霉素、限制性内切酶 *Bam*H Ⅰ、*Xho* Ⅰ、10×K Buffer、10×Loading Buffer、T_4 DNA 连接酶、10 mmol/L dNTP、凝胶回收试剂盒、低分子量蛋白质 Marker 购自公司。

（4）固体 LB 筛选平板。配制适量 LB 培养液，加入 8～10 g/L 琼脂粉，高温灭菌后，在超净工作台上冷却至 50 ℃左右，加入卡那霉素至终浓度为 50 mg/L，混匀，分装到无菌培养皿中，冷却凝固，用封口膜密封，4 ℃保存备用。

（5）0.4 mol/L IPTG。称取 IPTG（异丙基硫代-β-D-半乳糖苷）0.952 8 g，用去离子水溶解并定容至 10 mL，用 0.22 μm 滤器过滤除菌，分装成 1 mL 小份于−20 ℃贮存。

（6）蛋白质电泳试剂见“实验 17 方法二 SDS-聚丙烯酰胺凝胶电泳”。

（7）引物对。在生物工程公司合成 P1（GGCATATGGTGAGCAAGGGCGA）和 P2（CGGGATCCCTTGTACAGCTCGTC），用去离子水溶解，终浓度为 10 μmol/L。

四、操作步骤

1. 质粒 DNA 的提取

（1）按照“实验 23 质粒 DNA 的提取和检测”分别培养含载体 pMD19 - *gfp* 和 pET30a 的大肠杆菌 DH5α，提取质粒 DNA，通过琼脂糖凝胶电泳检测质粒 DNA 的质量。

（2）分别取 2 μL 质粒 DNA，在 NanoDrop 微量分光光度计测定 260 nm 和 280 nm 的吸光值，测定质粒 DNA 的浓度和纯度。

2. DNA 体外酶切和重组

（1）配制以下反应体系，分别酶切 pMD19 - *gfp* 和 pET30a 质粒 DNA。

10×K Buffer	3.0 μL
Xho Ⅰ	1.0 μL
*Bam*H Ⅰ	1.0 μL
质粒 DNA	10～20 μL
水	补足 30 μL

混匀后，37 ℃恒温水浴温浴 1～2 h。

（2）参考“实验 21 方法一”，配制 0.8%琼脂糖凝胶，对酶切产物进行琼脂糖凝胶水平电泳。

（3）电泳结束后，在紫外检测仪上切出凝胶中线性 pET30a 载体大片段和 pMD19 - *gfp* 基因小片段，用回收试剂盒回收凝胶中的 DNA 片段，溶解于无菌去离子水中。

（4）配制以下反应体系，进行体外连接。

10×Loading Buffer	1.0 μL
pET30a 线性载体 DNA	3.0 μL

gfp 基因片段　　5.0 μL

T_4 DNA 连接酶　　1.0 μL

混匀后，16 ℃恒温水浴连接 4 h 以上。

3. 重组质粒 DNA 向大肠杆菌转化

（1）取 100 μL BL21 大肠杆菌感受态菌液，冰浴融化，加入 10 μL 连接产物，混匀，冰浴 30 min。

（2）转入 42 ℃水浴 90 s，再冰浴 2 min。

（3）加入 900 μL LB 培养液，37 ℃振荡培养 40 min。

（4）5 000 r/min 离心 2 min，弃上清液，菌体用残留 100 μL LB 培养液重悬菌体，取 10～20 μL 涂布在固体 LB 平板（含 50 μg/mL 卡那霉素）上。

（5）在恒温培养箱中 37 ℃倒置培养 12～20 h，直至长出抗性菌落。

4. 质粒 DNA 的 PCR 鉴定

（1）在 0.2 mL 离心管中配制以下 PCR 反应体系：

去离子水	14.8 μL
10×PCR Buffer	2.0 μL
2.5 mmol/L dNTP	2.0 μL
10 μmol/L P1	0.5 μL
10 μmol/L P2	0.5 μL
菌液	少量
Taq DNA 聚合酶	0.2 μL

混匀，放入 PCR 仪，设置 PCR 反应条件，进行 PCR 扩增。反应条件：94 ℃ 5 min；94 ℃ 30 s，55 ℃ 30 s，72 ℃ 30 s，32～35 个循环；72 ℃，5 min。扩增结束后产物置 4 ℃下保温。

（2）PCR 反应完成后，扩增产物进行琼脂糖凝胶电泳，根据是否扩增出长约 720 bp 的 *gfp* 基因特异 DNA 片段，确定菌落是否含重组质粒 pET30a - *gfp*。

5. GFP 蛋白的诱导表达

（1）以含 pET30a 空载体为对照，将转基因克隆接种到 1 mL LB 培养液中，37 ℃振荡培养至对数生长期（A_{600}＝0.5～0.6）。

（2）取 20 μL 菌液接种到两个含 2 mL LB 培养液的无菌培养管中，振荡培养 2～3 h，然后在其中一瓶加入 0.5 μL 0.4 mol/L IPTG，另一瓶不加 IPTG，继续在 30 ℃下进行诱导 3 h。

（3）8 000 r/min 离心 5 min，收集菌体，在紫外观察灯下观察 GFP 荧光进行初步检测，用于蛋白质电泳。

6. SDS -聚丙烯酰胺凝胶电泳鉴定

（1）收集 IPTG 诱导处理和未诱导处理的菌体，根据菌体量加入 0.1～0.2 mL 去离子水重悬，再加入等体积 2×蛋白质电泳上样缓冲液，混匀，沸水浴 10 min。

（2）10 000 r/min 离心 5 min 后，上清液用于电泳分析。

（3）按照“实验 17 方法二”配制 SDS -聚丙烯酰胺凝胶，上样电泳，同时加入低分子量蛋白 Marker。凝胶染色和脱色后，根据凝胶中的蛋白谱带分析 GFP 诱导情况和相对分子质量。

［附注］

1. 在酶切质粒 DNA 过程中，当提高 DNA 用量时，酶切时间可适度延长，但要避免非特异性降解。

2. 用 IPTG 诱导大肠杆菌表达蛋白时的时间和温度可以调整，在获得足够量的表达的同时，尽量减少包涵体的产生。

［思考题］

1. 如何提高重组质粒 DNA 的成功概率？

2. 如何根据电泳图谱确定大肠杆菌诱导表达出所需蛋白质？

附　　录

一、生物化学实验室规则

1. 学生进入实验室必须服从指导教师和实验室工作人员安排，应遵守实验室一切规章制度，自觉遵守课堂纪律。

2. 实验前必须认真预习实验内容，熟悉本次实验的目的、原理、操作步骤，了解所用仪器的正确使用方法。

3. 实验过程中要严格按操作规程操作，并简要、准确地将实验结果和数据记录在实验记录本上，经任课教师签字后，再详细写出实验报告。

4. 实验台面应随时保持整洁，仪器、药品摆放整齐。公用试剂用毕，应立即盖严放回原处，勿使试剂、药品洒（撒）在实验台面和地上。实验完毕，玻璃仪器需洗净放好，将实验台面抹拭干净，经指导教师验收后才能离开实验室。

5. 药品、试剂和各种物品必须注意节约使用。要注意保持药品和试剂的纯净，严防混杂污染。使用和洗涤仪器时，要小心仔细，防止损坏仪器。使用贵重精密仪器时，应严格遵守操作规程，每次使用后应登记姓名并记录仪器使用情况，如发现故障要立即报告指导教师，不得擅自动手检修。

6. 注意安全。实验室内严禁吸烟！不得将含有易燃溶剂的实验容器接近火焰。漏电设备不得使用。离开实验室前应检查水、电、门、窗。严禁用口吸取（或用皮肤接触）有毒药品和试剂。凡发生烟雾、有毒气体和不良气味的操作步骤均应在通风橱内进行。

7. 废弃液体（强酸、强碱溶液必须先用水稀释）可倒入水槽内，同时放水冲走。废纸、火柴及其他固体废物和带渣滓沉淀的废物都应倒入废品缸内，不能倒入水槽或到处乱扔。

8. 仪器损坏时，应如实向指导教师报告，并填写损坏仪器登记表，然后补领。

9. 实验室内一切物品，未经本室负责教师批准，严禁携出室外，借物必须办理登记手续。

10. 每次实验课由班长安排值日生，值日生要负责当天实验室的卫生、安全和一些服务性的工作。

二、实验室安全及防护知识

（一）实验室安全知识

生物化学实验室中，经常使用毒性很强、有腐蚀性，且易燃、易爆的化学药品及煤气、水、电等设备，因此，必须十分重视安全工作。

1. 进入实验室开始工作前，应了解煤气总阀门、水阀门及电闸所在处。离开实验室时，要将室内检查一遍，切断电源，将水、煤气的开关关好，门窗锁好。

2. 使用煤气灯时，灯焰大小和火力强弱，应根据实验的需要来调节。用火时，应做到火着人在，人走火灭。

3. 使用电器设备（如烘箱、恒温水浴锅、离心机、电炉等）时，严防触电；绝不可用湿手或在眼睛旁视时开关电闸和电器开关。检查电器设备是否漏电时，应用电笔测试，凡是漏电的仪器，一律不能使用。

4. 使用浓酸、浓碱，必须极为小心操作，防止溅失。用吸量管量取这些试剂时，必须使用洗耳球，不可用口吸取。若不慎将试剂溅在实验台或地面上，必须及时用湿抹布擦洗干净。如果触及皮肤应立即治疗。

5. 使用可燃物品，特别是易燃物品（如乙醚、丙酮、苯、金属钠等）时，应特别小心。不要大量放在桌上，更不能放在靠近火焰处。低沸点的有机溶剂不准在火焰上直接加热，只能在水浴上利用回流冷凝管加热或蒸馏。

6. 如果不慎倾出了相当量的易燃液体，则应按下法处理：

（1）立即关闭室内所有的火源和电加热器。

（2）关门，开启窗户。

（3）用毛巾或抹布擦拭洒出的液体，并将液体拧到大的容器中，然后再倒入带塞的玻璃瓶中。

7. 用油浴操作时，应小心加热，不断用温度计测量，不要使温度超过油的燃烧温度。

8. 易燃和易爆物质的残渣（如金属钠、白磷、火柴头）不得倒入污物桶或水槽中，应收集在指定的容器内。

9. 废液，特别是强酸或强碱不能直接倒在水槽中，应先稀释，然后倒入水槽，再用大量自来水冲洗水槽及下水道。

10. 毒物应按实验室的规定办理审批手续后领取，使用时严格操作，用后妥善处理。

（二）实验室灭火法

实验中一旦发生了火灾切不可惊慌失措，应保持镇静。首先立即切断室内一切火源和电源。然后根据具体情况积极正确地进行抢救和灭火。常用的方法有：

1. 在可燃液体燃着时，应立刻拿开着火区域内的一切可燃物质，关闭通风器，防止扩大燃烧面积。若着火面积较小，可用石棉布、湿布、铁片或沙土覆盖，隔绝空气使之熄灭。但覆盖时要轻，避免碰坏或打翻盛有易燃溶剂的玻璃器皿，导致更多的溶剂流出而再着火。

2. 酒精及其他可溶于水的液体着火时，可用水灭火。

3. 汽油、乙醚、甲苯等有机溶剂着火时，应用石棉布或沙土扑灭。绝对不能用水，否则反而会扩大燃烧面积。

4. 金属钠着火时，可把沙子倒在它的上面。

5. 导线着火时不能用水及二氧化碳灭火器，应切断电源，用四氯化碳灭火器。

6. 衣服被烧着时切忌奔走，可用衣服等包裹身体或躺在地上滚动，以灭火。

7. 发生火灾时应注意保护现场，较大的着火事故应立即报警。

某些物质燃烧时应用的灭火剂见表附-1。

表附-1 某些物质燃烧时应用的灭火剂

燃烧物质	应用灭火剂	燃烧物质	应用灭火剂
苯胺	泡沫，二氧化碳	松节油	喷射水，泡沫
乙炔	水蒸气，二氧化碳	火漆	水
丙酮	泡沫，二氧化碳，四氯化碳	磷	沙，二氧化碳，泡沫，水
硝基化合物	泡沫	赛璐珞	水
氯乙烷	泡沫，二氧化碳	纤维素	水
钾，钠，钙，镁	沙	橡胶	水
松香	水，泡沫	煤油	泡沫，二氧化碳，四氯化碳
苯	泡沫，二氧化碳，四氯化碳	油漆	泡沫
重油 润滑油 植物油 石油	喷射水，泡沫	蜡 石蜡 二硫化碳	泡沫 喷射水，二氧化碳 泡沫，二氧化碳
醚类（高沸点，175 ℃以上）	水	醚类（低沸点，175 ℃以下）	泡沫，二氧化碳

（三）实验室急救

在实验过程中不慎发生受伤事故，应立即采取适当的急救措施。

1. 受玻璃割伤及其他机械损伤：首先必须检查伤口内有无玻璃或金属等物碎片，然后用硼酸水洗净，再涂擦碘酒或红汞水，必要时用纱布包扎。若伤口较大或过深而大量出血，应迅速在伤口上部和下部扎紧血管止血，立即到医院诊治。

2. 烫伤：一般用酒精消毒后，涂上苦味酸软膏。如果伤处红痛或红肿（一级灼伤），可擦医用橄榄油或用棉花蘸酒精敷盖伤处；若皮肤起泡（二级灼伤）不要弄破水泡，防止感染；若伤处皮肤呈棕色或黑色（三级灼伤），应用干燥而无菌的消毒纱布轻轻包扎好，急送医院治疗。

3. 强碱（如氢氧化钠、氢氧化钾）、钠、钾等触及皮肤而引起灼伤时，要先用大量自来水冲洗，再用5%硼酸溶液涂洗。

4. 强酸、溴等触及皮肤而致灼伤时，应立即用大量自来水冲洗，再以5%碳酸氢钠或5%氢氧化铵溶液洗涤。

5. 如酚触及皮肤引起灼伤，可用酒精洗涤。

6. 若煤气中毒时，应立即到室外呼吸新鲜空气，若严重时应立即到医院诊治。

7. 水银容易由呼吸道进入人体，也可以经皮肤直接吸收而引起积累性中毒。严重中毒的征象是口中有金属味，呼出气体也有气味；流唾液，牙床及嘴唇上有硫化汞的黑色；淋巴结及唾液腺肿大。若不慎中毒时，应送医院急救。急性中毒时，通常用炭粉或呕吐剂彻底洗胃，或者食入蛋白（如1 L牛奶加3个鸡蛋清）或蓖麻油解毒并使之呕吐。

8. 触电：触电时可按下述方法之一切断电路：①关闭电闸；②用干木棍使导线与被害者分开；③使被害者和土地分离。急救时急救者必须做好防止触电的安全措施，手或脚必须绝缘。

三、常用仪器的使用方法

（一）电子天平

电子天平有不同的精度和称量范围。Max=200 g、d=0.1 mg 表示天平的精度是万分之一，最大称量值 200 g；Max=200 g、d=1 mg 表示天平的精度是千分之一，最大称量值 200 g；Max=1 000 g、d=10 mg 表示天平的精度是百分之一，最大称量值 1 000 g。下面介绍 FA/JA（分析/精密）电子天平使用操作规程。

1. 使用方法

（1）检查电子天平是否在水平状态。通过调节水平钮使气泡在中间位置。

（2）接通电源，按“ON/OFF”键，仪器自测后显示 0.000 0 g，进入称量状态。

（3）称重。

① 简单称重：在天平显示 0.000 0 g 后，将称重样品放入称盘上，同时关上天平防风罩玻璃门，稳定后显示单位 g 后读取结果。

② 去皮：在天平显示 0.000 0 g 后，将空容器放入，显示稳定值后，按“TARE”键去皮，再显示 0.000 0 g 后，给容器内加样品，显示净质量值。若再按“TARE”键后，移去称量容器和样品，则显示负的累加值。

2. 注意事项

（1）每天首次使用前、称重操作过一定时间、搬动后需用校准砝码校准。在校准前通电 60 min 达到稳定工作温度。

（2）天平保持清洁，防止灰尘进入天平内部，定期检查。

（3）频繁使用可使天平连续通电，减少预热时间。

（二）电热恒温水浴锅

电热恒温水浴锅用于恒温、加热、消毒及蒸发等，常用的有 2 孔、4 孔、6 孔和 8 孔，工作温度从室温以上至 100 ℃，恒温波动±(0.5～1)℃。

1. 使用方法

（1）关闭水浴底部外侧的放水阀门，向水浴锅内注入蒸馏水至适当的深度。加蒸馏水是防止水浴锅体（铝板或铜板）被侵蚀。

（2）接通电源，插座必须安装地线，打开电源开关。

（3）选择设置键，将调温旋钮沿顺时针方向旋转至显示需要温度数值。

（4）选择测量键，此时仪器开始加温，当温度升到所设置的温度时，红灯熄灭，绿灯亮。此后，红绿灯就不断熄、亮，表示恒温控制发生作用。

（5）使用完毕，关闭电源开关，拉下电闸，拔下插头。

（6）若较长时间不使用，应将调温旋钮退回零位，并打开放水阀门，放净水浴锅内的全部存水。

2. 注意事项

（1）水浴内的水位绝对不能低于电热管，否则电热管被烧坏。

（2）控制箱部分切勿受潮，以防漏电损坏。

（3）初次使用时，应加入与所需温度相近的水后再通电，并防止水箱内无水时接通电源。

（4）使用过程中注意随时盖上水浴锅盖，防止水箱内水被蒸干。

（三）离心机（水平转头低速离心机）

离心机是利用离心力对混合液进行分离和沉淀的一种专用仪器。离心机通常使用的有高速冷冻离心机、高速台式离心机和低速大容量离心机。在此只介绍生物化学实验室使用的小型台式或低速大容量离心机。

1. 使用方法

（1）把离心机放置于平面桌或平面台上，四只橡胶机脚应坚实接触平面，目测使之平衡，用手轻摇一下离心机，检查离心机是否放置平稳。

（2）离心时先将待离心的物质转移到大小合适的离心管内，盛量不超过离心管体积的2/3，以免溢出。将此离心管放入外套内。

（3）一对外套管（连同离心管）放在天平上平衡，如不平衡，可用小吸管调整离心管内容物的量或向离心管与外套管间加入平衡用水。每次离心操作，都必须严格遵守平衡要求，否则会损坏离心机部件，甚至造成严重事故，应十分警惕。

（4）将以上两个平衡好的套管，按对称方向放到离心机中，盖严离心机盖。

（5）开动时，先打开电源开关，然后设置转速和离心时间。数值显示在液晶屏上。

（6）在离心过程中，操作人员不得离开离心机室，一旦发生异常情况，操作人员不能关电源（POWER），要按“STOP”键。

（7）在离心机停止转动后，方可打开离心机盖，取出样品，不可用外力强制其停止运动。

2. 注意事项

（1）离心过程中，若听到特殊响声，表明离心管可能破碎，应立即停止离心。如果管已破裂，将玻璃碴冲洗干净（玻璃碴不能倒入下水道），然后换管按上述操作重新离心。若管未破碎，也需要重新平衡后再离心。

（2）有机溶剂和酚等会腐蚀金属套管。若有渗漏现象，必须及时擦干净漏出的溶液，并更换套管。

（3）避免连续使用时间过长。一般大离心机用40 min休息20或30 min，台式小离心机用40 min休息10 min。

（4）电源电压与离心机所需的电压一致。接地线后，才能通电使用。

（5）一年应检查一次离心机内电动机的电刷与整流子磨损情况，严重时更换电刷或轴承。

（四）MC99－3自动液相色谱分离层析仪

1. 准备工作

（1）将竖杆、安全阀、漏液报警器、梯度杯、硅胶管、层析柱、层析柱固定杆、层析柱固定夹、滤光片等按要求连接好（图附-1）。

（2）打开“总电源开关”，让检测仪预热30～60 min。

2. 收集器调试

（1）管盘的定位：总开关电源接通后，仪器自动复位。

（2）数据输入：准备状态下可按“预置”键，进入相应的状态。

① 定时设定：按“预置”键使“秒”或“分”指示灯亮，可通过“数字”键对“秒”或“分”进行设定（“秒”或“分”的转换可通过“删除”键实现）。

② 定滴设定：按“预置”键使“滴”指示灯亮，可通过“数字”键对“滴”进行设定（使用该功能时，需配附件中的计滴头后方可进行）。

③ 定峰设定：按“预置”键使“峰”指示灯亮，可通过“数字”键对峰值进行设定（设置范围0～10，对应检测仪的输出为1∶10）。

④ 首管设定：按“预置”键使“首管”指示灯亮，可通过“数字”键对首管进行设定（注意首管号不能大于末管号）。

⑤ 末管设定：按“预置”键使“末管”指示灯亮，可通过“数字”键对末管进行设定（注意末管号不能大于100）。

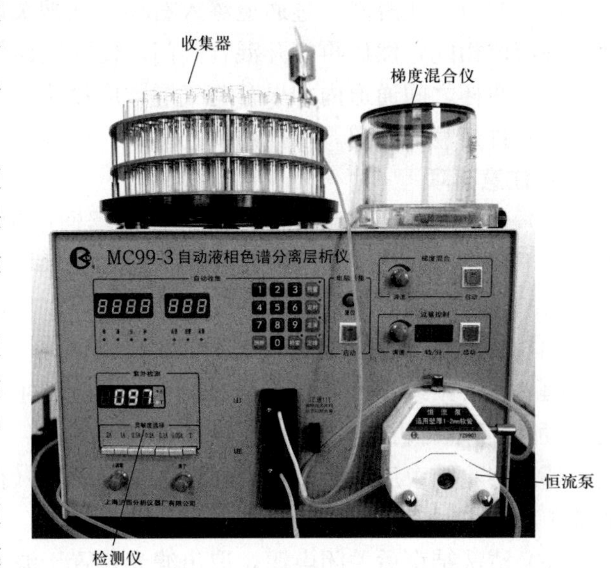

图附-1　MC99-3自动液相色谱分离层析仪

⑥“删除”键功能：在设定过程中，如有出错可通过“删除”进行修改。

⑦“检索”键功能：在使用过程中，要想检查设定的各项数据，可按此键。

（3）自动收集。

① 定时收集：数据设定后，按“预置”键使数码管全为“日”，按“定时”键指示灯亮，即进入定时收集状态。

② 定滴收集：数据设定后，按“预置”键使数码管全为“日”，按“定滴”键指示灯亮，即进入定滴收集状态。

③ 定峰收集：数据设定后，按“预置”键使数码管全为“日”，按“定峰”键指示灯亮，即进入定峰收集状态。

3. 恒流泵的调试

（1）按“启动”键，接通恒流泵电源（在自动收集状态）。

（2）用“调速”旋钮调节流量。

4. 检测仪调试

（1）检查检测仪波长是否正确。

（2）把“灵敏度”选择为“T”，调“T”为100（透光率“T”为100%）。

（3）把“灵敏度”选择为“1 A”（1 A为常用挡，视样品出峰大小也可选其他挡），调节“调零”旋钮，使“A”为零。

使用电脑中的软件“核酸蛋白检测系统”进行测定。主要步骤：打开“核酸蛋白检测系统”，点击检测操作，再点击采集COM 1，在弹出的对话框中进行命名，并保存。注意保存时一定要同时按下自动收集面板中的定时按钮；调整所需的记录时间，一般设置为1 h。当收集完成后，点击终止COM 1采集，保存结果。

5. 梯度混合仪的调试

（1）关闭（旋转方向向左）混合输出阀门，将浓缩溶液倒入左杯，打开（旋转方向向右）混合阀门，让溶液经过通道渗入右杯，立即关闭混合阀门。将另一稀释溶液倒入右杯，使两杯液位相同，然后再打开混合阀门，使两液面保持平衡。

（2）两杯之间通道内如果存有气泡，应设法除去方能使用。

（3）打开输出阀门，根据需要的斜率，缓慢调节输出流量。

6. 注意事项

（1）仪器应避免在强光下工作。在仪器通电情况下不得取出“样品池”和“滤光片”，以免仪器受损。

（2）在使用前必须对整个系统进行清洗，以保证系统的精度。

（3）每次使用前必须对收集器重新定位。

（4）层析系统平衡后，在开始加样前再校对一次“T”（100%）和“吸光度”（基准线），加样后不可再调节“检测仪”所有旋钮。

（5）实验结束后，必须马上对系统进行清洗（在“样品池”进口接入恒流泵，用蒸馏水清洗 10 min 以上）。

（6）清洗结束后关闭电源，取出滤光片置于滤光片盒中，保持干燥。

（五）微量移液器

1. 使用方法

（1）选择量程：根据取用溶液体积选用适当量程的微量移液器。表附-2 为不同型号的微量移液器的量取范围。

表附-2 不同型号的微量移液器的量取范围

型号	量取范围/μL
P10	0.5～10
P20	2～20
P100	20～100
P200	50～200
P1000	200～1 000

（2）容量设定：设定体积时，由低值调至高值，须先超越所欲设定值至少 1/3 转后，再反转至设定值；由高值调到低值，直接转至设定值即可。请勿将体积调整圈转到超过最低或最高的使用范围。

（3）吸液头安装：吸取溶液前，白套筒顶端请先套上微量移液器头（tip），P1000 使用蓝色微量移液器头，P200 及 P20 使用黄色微量移液器头，P10 使用白色微量移液器头。在轻轻下压的同时，把移液器按逆时针方向旋转 180°。切记用力不能过猛。

（4）预洗吸液头：安装了新的吸液头或增大容量值以后，应将需要转移的液体吸取、排放 2～3 次，使移液过程具有重现性。如果吸取有机溶剂或高挥发性液体，为防止白套筒室内负压形成从而出现漏液现象，需要预洗 4～6 次。

（5）吸液：先将移液器按钮压至第一停点，尽可能保持微量移液器尖端垂直浸入溶液，尽量避免吸液头浸入过深，再缓慢释放按钮。释放按钮不可太快，以免溶液冲入吸管柱内而腐蚀活塞。

（6）排液：将微量移液器吸液头与容器壁接触，慢慢压下按钮至第一停点，停一两秒再压至第二停点，把溶液完全压出，确保吸液头内无残留液体。

（7）卸去吸液头：一般用力下按吸液头推出器即可卸掉，安装过紧则可用手卸除，废移液头丢弃在合适的废物收集器中。

（8）保存：不使用时，将移液器调至最大量程，放在移液器架上。使用一段时间后要检查移液器的准确性。

2. 注意事项

（1）吸液时，移液器应该垂直吸液，慢吸慢放。

（2）装配吸液头时，不要用力过猛，导致吸液头难以脱卸，选择与移液器匹配的吸液头。

（3）应将移液器挂在移液器架上，切勿平放带有残余液体吸液头的移液器。

（4）选择合适量程范围的移液器，用大量程的移液器移取小体积样品会有很大误差。

（六）分光光度计

常见的分光光度计是可见光和紫外光分光光度计，其波长范围为200～1 000 nm。在波长为320～1 000 nm范围内用钨灯作光源，在波长为200～320 nm范围内用氢灯作光源。因此可广泛用于测定在紫外光区、可见光及近红外区有吸收光谱的物质，进行定性及定量分析。

1. uv2000型使用方法

（1）插上电源插头，开机预热30 min。

（2）用“MODE”键设置测试方式：透射比（T）、吸光值（A）、已知标准浓度值（C）和已知标准样品斜率（F）。

（3）旋转波长调节钮设定波长。

（4）将%T校具（黑体）置入光路中，在T方式下按“%T”键，显示“000.0”。

（5）将参比样品推（拉）入光路中，按“0A/100%T”至显示“000.0”（A）或“100.0%”（T）。

（6）然后将样品依次推（拉）入光路中，一般参比样品放在第一个槽位中，有四槽位，拉杆推向最内为第一位，依次向外轻轻拉出为2、3、4位，读取测定数据。（样品需做平行试验求平均吸光值。）

（7）记录数据，根据公式计算出结果。

（8）测定完成后关上试样室盖，清洗比色皿，关闭开关和电源。

2. 722型使用方法

（1）开启电源，指示灯亮，仪器预热20 min。

（2）调节波长，把测试所需的波长调节至刻度线处。

（3）选择开关置于“T”，样品配制好后进行测定前，必须先调“0”，用蒸馏水清洗比色皿若干次后，在比色皿中装入蒸馏水，打开试样室盖（光门自动关闭），调节“0%T”旋钮，使数字显示为“00.0”，盖上样品室盖，将参比溶液比色皿置于光路中，调节透光率“100%T”旋钮，使数字显示为“100.0T”，重复几次，调好为止。

（4）进行样品的测量，用样品溶液清洗比色皿数次，然后将被测溶液置于光路中，数字表上直接读出被测溶液的吸光值。(样品需做平行试验求平均吸光值。)

(5) 记录数据，根据公式计算出结果。

(6) 测定完成后关上试样室盖，清洗比色皿，关闭开关和电源。

3. 注意事项

(1) 调节按钮时不要用力过大，以免损伤仪器。

(2) 测定时不要将测定液洒在比色架或仪器内，切勿将比色皿放在仪器上。

(3) 将待测溶液盛入比色皿中约为皿体积的 3/4，不要太满，以免拉动试样选择手柄时比色皿中液体溢出，损坏仪器。

(4) 比色皿透光表面不能有指印、溶液痕迹，被测溶液中不能有气泡、悬浮物，比色皿昂贵，请小心使用。

(5) 清洁仪器表面时，请勿使用乙醇、乙醚等有机溶剂，不使用时请加防尘罩。

(七) MG25＋型 PCR 仪使用说明

1. 操作步骤

(1) 开机。打开开关，视窗上显示“SELF TEST”，显示 10 s 后，显示“RUN - ENTER”菜单：“- RUN ENTER PROGRAM PROGRAM”(准备执行程序)。

(2) 放入样本管，关紧盖子。

(3) 如果要运行已经编好的程序，则直接按“Proceed”键，用箭头键选择已储存的程序，再按“Proceed”键，则屏幕显示：“- ENABLE DISABLE HEATED LID”。按“Proceed”键选择“ENABLE”，则开始执行程序。

(4) 如果要输入新的程序，则在“RUN - ENTER”菜单上用箭头键选择“ENTER PROGRAM”，按“Proceed”键，屏幕显示：“- NEW LIST EDIT DELET”，再按“Proceed”键。①选择“NEW”，命名新的程序，最多 8 个字母，输入后按“Proceed”键确认。②输入程序步骤：名字输入后，显示“STEP1 _ TEMP GOTO OPITON END”，按“Proceed”键则可以输入温度 (0～100 ℃)，按“Proceed”键确认后，则可以输入孵育时间，用“Select”键移动光标，输入数字，完成后按“Proceed”键确认，跳到下一步，输入方式同上。③选择“GOTO”，输入循环步骤时链接到第几步 (循环数最多可达 9 999 次)(为实际循环数－1)。④选择“option”，显示“STEP EXTENDI NCREMENT SLOPE”再选择“increment”，按“Proceed”键确认，输入初始的温度，确认后输入时间，按“Proceed”键确认，然后输入每个循环增加或减少的温度，增加用正值，减少用负值 (－0.1～6 ℃)，按“Proceed”键确认。选择“extend”，按“Proceed”键确认，输入每个循环增加或减少的时间 (－60～60 s)，按“Proceed”键确认。选择“slop” (指温度上升或下降的速度)，输入温度的改变值 (－0.1～1.5 ℃) 按“Proceed”键确认，然后输入加热或致冷的速度，按“Proceed”键确认。⑤选择“End”，输入结束步骤。

(5) 输入完成的程序后，到“RUN - ENTER”菜单，选择新程序，开始运行。

(6) 其他操作。用“pause”可以暂停一个运行的程序，再按一次继续程序。用“stop”或“Cancel”可停止运行的程序。

2. 编辑程序

(1) 可以用“Cancel”键删除输错的值，输入新的值后按“Proceed”键确认。

(2) 对于未输完的程序，要先输入“END”，按“Proceed”键将程序储存后才能删除。

（3）删除已经储存的程序：从“RUN－ENTER”菜单中选择“RUN－PROGRAM”，按“Proceed”键，显示主菜单，选择“DELET”，用“Select”选择删除。

（4）查看程序的步骤：在主菜单上选择“LIST”，按“Proceed”键，用“Select”键选择名称，再按“Proceed”键，显示程序的第一步，用“Select”键向前、向后翻页查看，此时不能改变程序的值。

3. 编辑已有的程序

（1）从“RUN－ENTER”菜单中选择“RUN－PROGRAM”，按“Proceed”键，显示主菜单，选择“EDIT”，按“Proceed”键确认，用“Select”键选择要编辑的程序，按“Proceed”键显示程序的第一步。

（2）用“Select”键将光标移到要改变的温度或循环的值上，键入新值，按“Proceed”键确认，按“Cancel”键删除键入的值，出现空格，键入新值后确认。

注：一旦值被改变或删除，原来的值不能恢复，必须重新键入。

（3）编辑时间值：必须重新键入小时、分钟、秒，按“Proceed”键。

4. 如何设置一个 PCR 体系 一般分为 8 步：

① 预变性：可用 94～95 ℃，2～10 min，一般用 5 min。

② 变性：一般用 94 ℃，0.5～2 min，一般 0.75～1 min。

③ 退火：温度自定，0.5～2 min。

④ 延伸：70～75 ℃，一般 72 ℃，对于＜2 kb，＜1 min；＞2 kb，每增加 1 kb 加 1 min。

⑤ 循环数：一般 25～35 个循环（②～④为 1 个循环）。

⑥ 最终延伸：72 ℃，5～15 min。

⑦ 保存：10 ℃，时间设为 0。

⑧ END。

四、常用缓冲液的配制

由一定物质所组成的溶液，在加入一定量的酸或碱时，其氢离子浓度改变甚微或几乎不变，此溶液称为缓冲液，这种作用称为缓冲作用，其溶液内所含物质称为缓冲剂。

缓冲剂的组成多为弱酸及这种弱酸与强碱所组成的盐，或弱碱及这种弱碱与强酸所组成的盐。调节二者的比例可以配制成各种 pH 的缓冲液。

例如：某一缓冲液由弱酸（HA）及其盐（BA）所组成，它的解离方程式如下：

$$HA \rightleftharpoons H^+ + A^-$$

$$BA \rightleftharpoons B^+ + A^-$$

若向缓冲液加入碱（NaOH），则：

$$HA + NaOH \longrightarrow \underset{\text{弱酸盐}}{NaA} + H_2O$$

若向缓冲液中加入酸（HCl），则：

$$BA + HCl \longrightarrow BCl + \underset{\text{弱酸}}{HA}$$

由此可见，向缓冲液中加酸或加碱，主要的变化就是溶液内弱酸（HA）的增加或减少。由于弱酸（HA）的解离度很小，所以它的增加或减少对溶液内氢离子浓度改变不大，因而起到缓冲作用。

实例一：醋酸钠（用 NaAc 表示）与醋酸（以 HAc 表示）缓冲液。

加入盐酸溶液，其缓冲作用：

$$HAc + NaAc + HCl \longrightarrow 2HAc + NaCl$$

加入氢氧化钠溶液，其缓冲作用：

$$HAc + NaAc + NaOH \longrightarrow 2NaAc + H_2O$$

实例二：磷酸钠与酸性磷酸钠缓冲液。

加入盐酸溶液，其缓冲作用：

$$NaH_2PO_4 + Na_2HPO_4 + HCl \longrightarrow 2NaH_2PO_4 + NaCl$$

加入氢氧化钠溶液，其缓冲作用：

$$NaH_2PO_4 + Na_2HPO_4 + NaOH \longrightarrow 2Na_2HPO_4 + H_2O$$

（一）甘氨酸-盐酸缓冲液（0.05 mol/L）

X mL 0.2 mol/L 甘氨酸＋Y mL 0.2 mol/L HCl，再加水稀释至 200 mL。

pH	X/mL	Y/mL	pH	X/mL	Y/mL
2.2	50	44.0	3.0	50	11.4
2.4	50	32.4	3.2	50	8.2
2.6	50	24.2	3.4	50	6.4
2.8	50	16.8	3.6	50	5.0

注：甘氨酸相对分子质量＝75.07，0.2 mol/L 甘氨酸溶液为 15.01 g/L。

（二）邻苯二甲酸-盐酸缓冲液（0.05 mol/L）

X mL 0.2 mol/L 邻苯二甲酸氢钾＋Y mL 0.2 mol/L HCl，再加水稀释到 20 mL。

pH(20 ℃)	X/mL	Y/mL	pH(20 ℃)	X/mL	Y/mL
2.2	5	4.670	3.2	5	1.478
2.4	5	3.960	3.4	5	0.990
2.6	5	3.295	3.6	5	0.597
2.8	5	2.642	3.8	5	0.263
3.0	5	2.032			

注：邻苯二甲酸氢钾相对分子质量＝204.23，0.2 mol/L 邻苯二甲酸氢钾溶液为 40.85 g/L。

（三）磷酸氢二钠-柠檬酸缓冲液

pH	A 液/mL	B 液/mL	pH	A 液/mL	B 液/mL
2.2	0.40	19.60	3.8	7.10	12.90
2.4	1.24	18.76	4.0	7.71	12.29
2.6	2.18	17.82	4.2	8.28	11.72
2.8	3.17	16.83	4.4	8.82	11.18
3.0	4.11	15.89	4.6	9.35	10.65
3.2	4.94	15.06	4.8	9.86	10.14
3.4	5.70	14.30	5.0	10.30	9.70
3.6	6.44	13.56	5.2	10.72	9.28

（续）

pH	A液/mL	B液/mL	pH	A液/mL	B液/mL
5.4	11.15	8.85	6.8	15.45	4.55
5.6	11.60	8.40	7.0	16.47	3.53
5.8	12.09	7.91	7.2	17.39	2.61
6.0	12.63	7.37	7.4	18.17	1.83
6.2	13.22	6.78	7.6	18.73	1.27
6.4	13.85	6.15	7.8	19.15	0.85
6.6	14.55	5.45	8.0	19.45	0.55

注：A液（0.2 mol/L Na_2HPO_4）中 Na_2HPO_4 相对分子质量=141.98，0.2 mol/L溶液为28.40 g/L。

$Na_2HPO_4 \cdot 2H_2O$ 相对分子质量=178.05，0.2 mol/L溶液为35.61 g/L。

$Na_2HPO_4 \cdot 12H_2O$ 相对分子质量=358.22，0.2 mol/L溶液为71.64 g/L。

B液（0.1 mol/L柠檬酸）中 $C_6H_8O_7 \cdot H_2O$ 相对分子质量=210.14，0.1 mol/L溶液为21.01 g/L。

（四）柠檬酸-氢氧化钠-盐酸缓冲液

缓冲液配好后，使用时可以每升中加入1 g酚，若最后pH有变化，再用少量50%氢氧化钠溶液或浓盐酸调节，冰箱保存。

pH	钠离子/(mol/L)	柠檬酸 ($C_6H_8O_7 \cdot H_2O$)/g	97%氢氧化钠/g	浓盐酸/mL	最终体积/L
2.2	0.20	210	84	160	10
3.1	0.20	210	83	116	10
3.3	0.20	210	83	106	10
4.3	0.20	210	83	45	10
5.3	0.35	245	144	68	10
5.8	0.45	285	186	105	10
6.5	0.38	266	156	126	10

（五）柠檬酸-柠檬酸钠缓冲液（0.1 mol/L）

pH	A液/mL	B液/mL	pH	A液/mL	B液/mL
3.0	18.6	1.4	5.0	8.2	11.8
3.2	17.2	2.8	5.2	7.3	12.7
3.4	16.0	4.0	5.4	6.4	13.6
3.6	14.9	5.1	5.6	5.5	14.5
3.8	14.0	6.0	5.8	4.7	15.3
4.0	13.1	6.9	6.0	3.8	16.2
4.2	12.3	7.7	6.2	2.8	17.2
4.4	11.4	8.6	6.4	2.0	18.0
4.6	10.3	9.7	6.6	1.4	18.6
4.8	9.2	10.8			

注：A液（0.1 mol/L柠檬酸）中 $C_6H_8O_7 \cdot H_2O$ 相对分子质量=210.14，0.1 mol/L溶液为21.01 g/L。B液（0.1 mol/L柠檬酸钠）中 $Na_3C_6H_5O_7 \cdot 2H_2O$ 相对分子质量=294.12，0.1 mol/L溶液为29.41 g/L。

（六）乙酸-乙酸钠缓冲液（0.2 mol/L）

pH(18 ℃)	A液/mL	B液/mL	pH(18 ℃)	A液/mL	B液/mL
3.6	0.75	9.25	4.8	5.90	4.10
3.8	1.20	8.80	5.0	7.00	3.00
4.0	1.80	8.20	5.2	7.90	2.10
4.2	2.65	7.35	5.4	8.60	1.40
4.4	3.70	6.30	5.6	9.10	0.90
4.6	4.90	5.10	5.8	9.40	0.60

注：A液（0.2 mol/L乙酸钠）中 $NaAc \cdot 3H_2O$ 相对分子质量=136.09，0.2 mol/L溶液为27.22 g/L。

B液（0.2 mol/L乙酸）中冰乙酸11.8 mL稀释至1 L（需标定）。

（七）磷酸二氢钾-氢氧化钠缓冲液（0.05 mol/L）

X mL 0.2 mol/L KH_2PO_4 + Y mL 0.2 mol/L NaOH 加水稀释至20 mL。

pH(20 ℃)	X/mL	Y/mL	pH(20 ℃)	X/mL	Y/mL
5.8	5	0.372	7.0	5	2.963
6.0	5	0.570	7.2	5	3.500
6.2	5	0.860	7.4	5	3.950
6.4	5	1.260	7.6	5	4.280
6.6	5	1.780	7.8	5	4.520
6.8	5	2.365	8.0	5	4.680

（八）磷酸盐缓冲液

1. 磷酸氢二钠-磷酸二氢钠缓冲液（0.2 mol/L）

pH	A液/mL	B液/mL	pH	A液/mL	B液/mL
5.8	8.0	92.0	7.0	61.0	39.0
5.9	10.0	90.0	7.1	67.0	33.0
6.0	12.3	87.7	7.2	72.0	28.0
6.1	15.0	85.0	7.3	77.0	23.0
6.2	18.5	81.5	7.4	81.0	19.0
6.3	22.5	77.5	7.5	84.0	16.0
6.4	26.5	73.5	7.6	87.0	13.0
6.5	31.5	68.5	7.7	89.5	10.5
6.6	37.5	62.5	7.8	91.5	8.5
6.7	43.5	56.5	7.9	93.0	7.0
6.8	49.0	51.0	8.0	94.7	5.3
6.9	55.0	45.0			

注：A液（0.2 mol/L Na_2HPO_4）中 $Na_2HPO_4 \cdot 2H_2O$ 相对分子质量=178.05，0.2 mol/L溶液为35.61 g/L；

$Na_2HPO_4 \cdot 12H_2O$ 相对分子质量=358.22，0.2 mol/L溶液为71.64 g/L。

B液（0.2 mol/L NaH_2PO_4）中 $NaH_2PO_4 \cdot H_2O$ 相对分子质量=138.01，0.2 mol/L溶液为27.6 g/L；

$NaH_2PO_4 \cdot 2H_2O$ 相对分子质量=156.03，0.2 mol/L溶液为31.21 g/L。

2. 磷酸氢二钠-磷酸二氢钾缓冲液（1/15 mol/L）

pH	A 液/mL	B 液/mL	pH	A 液/mL	B 液/mL
4.92	0.10	9.90	7.17	7.00	3.00
5.29	0.50	9.50	7.38	8.00	2.00
5.91	1.00	9.00	7.73	9.00	1.00
6.24	2.00	8.00	8.04	9.50	0.50
6.47	3.00	7.00	8.34	9.75	0.25
6.64	4.00	6.00	8.67	9.90	0.10
6.81	5.00	5.00	8.18	10.00	0
6.98	6.00	4.00			

注：A 液（1/15 mol/L Na_2HPO_4）中 $Na_2HPO_4 \cdot 2H_2O$ 相对分子质量=178.05，1/15 mol/L 的溶液为 11.876 g/L。
B 液（1/15 mol/L KH_2PO_4）中 KH_2PO_4 相对分子质量=136.09，1/15 mol/L 的溶液为 9.078 g/L。

（九）巴比妥钠-盐酸缓冲液（18 ℃）

pH	A 液/mL	B 液/mL	pH	A 液/mL	B 液/mL
6.8	100	18.4	8.4	100	5.21
7.0	100	17.8	8.6	100	3.82
7.2	100	16.7	8.8	100	2.52
7.4	100	15.3	9.0	100	1.65
7.6	100	13.4	9.2	100	1.13
7.8	100	11.47	9.4	100	0.70
8.0	100	9.39	9.6	100	0.35
8.2	100	7.21			

注：A 液（0.04 mol/L 巴比妥钠）巴比妥钠相对分子质量=206.18，0.04 mol/L 溶液为 8.25 g/L。
B 液为 0.2 mol/L HCl。

（十）Tris-盐酸缓冲液（25 ℃）

50 mL 0.1 mol/L 三羟甲基氨基甲烷（Tris）溶液与 X mL 0.1 mol/L 盐酸混匀后，加水稀释至 100 mL。

pH	X/mL	pH	X/mL
7.10	45.7	8.10	26.2
7.20	44.7	8.20	22.9
7.30	43.4	8.30	19.9
7.40	42.0	8.40	17.2
7.50	40.3	8.50	14.7
7.60	38.5	8.60	12.4
7.70	36.6	8.70	10.3
7.80	34.5	8.80	8.5
7.90	32.0	8.90	7.0
8.00	29.2		

注：

三羟甲基氨基甲烷（Tris） $\begin{matrix} HOCH_2 & & CH_2OH \\ & \times & \\ HOCH_2 & & NH_2 \end{matrix}$ 相对分子质量=121.14，0.1 mol/L 溶液为 12.114 g/L。Tris 溶液可从空气中吸收二氧化碳，使用时注意将瓶盖严。

（十一）硼酸-硼砂缓冲液

pH	A液/mL	B液/mL	pH	A液/mL	B液/mL
7.4	1.0	9.0	8.2	3.5	6.5
7.6	1.5	8.5	8.4	4.5	5.5
7.8	2.0	8.0	8.7	6.0	4.0
8.0	3.0	7.0	9.0	8.0	2.0

注：A液（0.05 mol/L 硼砂）中 $Na_2B_4O_7 \cdot 10H_2O$ 相对分子质量=381.43，0.05 mol/L 溶液为 19.07 g/L。

B液（0.2 mol/L 硼酸）中 H_2BO_3 相对分子质量=61.84，0.2 mol/L 溶液为 12.37 g/L。

硼砂易失去结晶水，必须在带塞的瓶中保存。

（十二）甘氨酸-氢氧化钠缓冲液（0.05 mol/L）

X mL 0.2 mol/L 甘氨酸+Y mL 0.2 mol/L NaOH，加水稀释至 200 mL。

pH	X/mL	Y/mL	pH	X/mL	Y/mL
8.6	50	4.0	9.6	50	22.4
8.8	50	6.0	9.8	50	27.2
9.0	50	8.8	10.0	50	32.0
9.2	50	12.0	10.4	50	38.6
9.4	50	16.8	10.6	50	45.5

注：甘氨酸相对分子质量=75.07，0.2 mol/L 溶液含 15.01 g/L。

（十三）硼砂-氢氧化钠缓冲液（0.05 mol/L）

X mL 0.05 mol/L 硼砂+Y mL 0.2 mol/L NaOH，加水稀释至 200 mL。

pH	X/mL	Y/mL	pH	X/mL	Y/mL
9.3	50	6.0	9.8	50	34.0
9.4	50	11.0	10.0	50	43.0
9.6	50	23.0	10.1	50	46.0

注：硼砂 $Na_2B_4O_7 \cdot 10H_2O$ 相对分子质量=381.43，0.05 mol/L 溶液为 19.07 g/L。

（十四）碳酸钠-碳酸氢钠缓冲液（0.1 mol/L）

pH		A液/mL	B液/mL
20 ℃	37 ℃		
9.16	8.77	1	9
9.40	9.12	2	8
9.51	9.40	3	7
9.78	9.50	4	6
9.90	9.72	5	5
10.14	9.90	6	4
10.28	10.08	7	3
10.53	10.28	8	2
10.83	10.57	9	1

注：A液（0.1 mol/L Na_2CO_3）中 $Na_2CO_3 \cdot 10H_2O$ 相对分子质量=286.2，0.1 mol/L 溶液为 28.62 g/L。

B液（0.1 mol/L $NaHCO_3$）中 $NaHCO_3$ 相对分子质量=84.0，0.1 mol/L 溶液为 8.40 g/L。

Ca^{2+}、Mg^{2+} 存在时不得使用此缓冲液。

五、常用酸碱指示剂

（一）某些常用指示剂

名 称	配 制 方 法	pH 范围
百里酚蓝（酸范围）	0.1 g 溶于 10.75 mL 0.02 mol/L NaOH，用水稀释到 250 mL	1.2～2.8 红黄
溴酚蓝	0.1 g 溶于 7.45 mL 0.02 mol/L NaOH，用水稀释到 250 mL	3.0～4.6 黄蓝
甲基红	0.1 g 溶于 18.6 mL 0.02 mol/L NaOH，用水稀释到 250 mL	4.4～6.2 红黄
溴甲酚紫	0.1 g 溶于 9.25 mL 0.02 mol/L NaOH，用水稀释到 250 mL	5.2～6.8 黄紫
酚红	0.1 g 溶于 14.20 mL 0.02 mol/L NaOH，用水稀释到 250 mL	6.8～8.0 黄红
百里酚蓝（碱范围）	0.1 g 溶于 10.75 mL 0.02 mol/L NaOH，用水稀释到 250 mL	8.0～9.6 黄蓝
酚酞	0.1 g 溶于 250 mL70%乙醇	8.2～10.0 无色红紫

（二）混合指示剂

指示剂溶液的组成	变色点 pH	酸色	碱色	备 注
1 份 0.1%甲基黄乙醇溶液 1 份 0.1%亚甲蓝乙醇溶液	3.28	蓝紫	绿	pH=3.4 绿色 pH=3.2 蓝紫
4 份 0.1%甲基红乙醇溶液 1 份 0.1%亚甲蓝乙醇溶液	5.4	红紫	绿	pH=5.2 红紫，5.4 暗蓝，5.6 绿色
1 份 0.1%中性红乙醇溶液 1 份 0.1%亚甲蓝乙醇溶液	7.0	蓝紫	绿	pH=7.0 蓝紫，保存于深色瓶中
1 份 0.1%α 萘酚乙醇溶液 3 份 0.1%酚酞乙醇溶液	8.9	浅红	紫	pH=8.6 浅绿，9.0 紫色

六、常用酸碱试剂的浓度及相对密度

试 剂	相对密度	物质的量浓度/(mol/L)	质量百分浓度/%
醋酸	1.05	17.4	99.7
氨水	0.90	14.8	28.0
盐酸	1.19	11.9	36.5
硝酸	1.42	15.8	70.0
高氯酸	1.67	11.6	70.0
磷酸	1.69	14.6	85.0
硫酸	1.84	17.8	95.0

七、25 ℃时调整硫酸铵溶液饱和度计算表

	硫酸铵终浓度（饱和度%）																
	10	20	25	30	33	35	40	45	50	55	60	65	70	75	80	90	100
	每升溶液加固体硫酸铵的质量/g*																
硫酸铵初浓度（饱和度%） 0	56	114	114	176	196	209	243	277	313	351	390	430	472	516	561	662	767
10		57	86	118	137	150	183	216	251	288	326	365	406	449	494	592	694
20			29	59	78	81	123	155	189	225	262	300	340	382	424	520	619
25				30	49	61	93	125	158	193	230	267	307	348	390	485	583
30					19	30	62	94	127	162	198	235	273	314	356	449	546
33						12	43	74	107	142	177	214	252	292	333	426	522
35							31	63	94	129	164	200	238	278	319	411	506
45									32	65	99	134	171	210	250	339	431
50										33	66	101	137	176	214	302	392
55											33	67	103	141	179	264	353
60												34	69	105	143	227	314
65													34	70	107	190	275
70														35	72	153	237
75															36	115	198
80																77	157
90																	79

* 在 25 ℃下，硫酸铵溶液由初浓度调到终浓度时，每升溶液所加固体硫酸铵的质量（g）。

主要参考文献

陈毓荃，2002. 生物化学实验方法和技术 [M]. 北京：科学出版社.
丛峰松，2012. 生物化学实验 [M]. 上海：上海交通大学出版社.
费正，2014. 生物化学与分子生物学实验指导 [M]. 上海：复旦大学出版社.
何忠效，张树政，1999. 电泳 [M]. 北京：科学出版社.
胡坪，王氢，2019. 仪器分析 [M]. 5 版. 北京：高等教育出版社.
蒋立科，罗曼，2007. 生物化学实验设计与实践 [M]. 北京：高等教育出版社.
李建武，余瑞元，袁明秀，等，2004. 生物化学实验原理和方法 [M]. 北京：北京大学出版社.
李俊，张冬梅，陈均辉，2021. 生物化学实验 [M]. 6 版. 北京：科学出版社.
孟哲，2019. 现代分析测试技术及实验 [M]. 北京：化学工业出版社.
欧阳平凯，胡永红，姚忠，2020. 生物分离原理及技术 [M]. 北京：北京大学出版社.
王学奎，黄见良，2015. 植物生理生化实验原理和技术 [M]. 3 版. 北京：高等教育出版社.
文树基，1994. 基础生物化学实验指导 [M]. 西安：陕西科学技术出版社.
巫光宏，何平，黄卓烈，2016. 生物化学实验技术 [M]. 2 版. 北京：中国农业出版社.
杨荣武，李俊，张太平，等，2012. 高级生物化学实验 [M]. 北京：科学出版社.
余瑞元，袁明秀，陈丽蓉，等，2012. 生物化学实验原理和方法 [M]. 2 版. 北京：北京大学出版社.
张龙翔，张庭芳，李令媛，1997. 生化实验方法和技术 [M]. 2 版. 北京：高等教育出版社.
张志良，吴光耀，1986. 植物生物化学技术和方法 [M]. 北京：中国农业出版社.
赵赣，陈鑫磊，2000. 生物化学实验指导 [M]. 南昌：江西科学技术出版社.
周楠迪，崔文璟，田亚平，2020. 生物化学实验指导 [M]. 2 版. 北京：高等教育出版社.
Michael R Green，JosephSambrook，2012. Molecularcloningalaboratorymanual [M]. NewYork：ColdSpring-HarborLaboratoryPress.

图书在版编目（CIP）数据

生物化学实验技术原理和方法 / 张杰道，齐盛东主编．—3 版．—北京：中国农业出版社，2022.5（2024.7 重印）
普通高等教育农业农村部“十三五”规划教材
ISBN 978-7-109-29423-3

Ⅰ.①生… Ⅱ.①张… ②齐… Ⅲ.①生物化学－实验－高等学校－教材 Ⅳ.①Q5-33

中国版本图书馆 CIP 数据核字（2022）第 081991 号

中国农业出版社出版
地址：北京市朝阳区麦子店街 18 号楼
邮编：100125
责任编辑：宋美仙 郑璐颖
版式设计：杜 然 责任校对：沙凯霖
印刷：中农印务有限公司
版次：2002 年 9 月第 1 版 2022 年 5 月第 3 版
印次：2024 年 7 月第 3 版北京第 2 次印刷
发行：新华书店北京发行所
开本：787mm×1092mm 1/16
印张：16.75
字数：392 千字
定价：41.80 元
